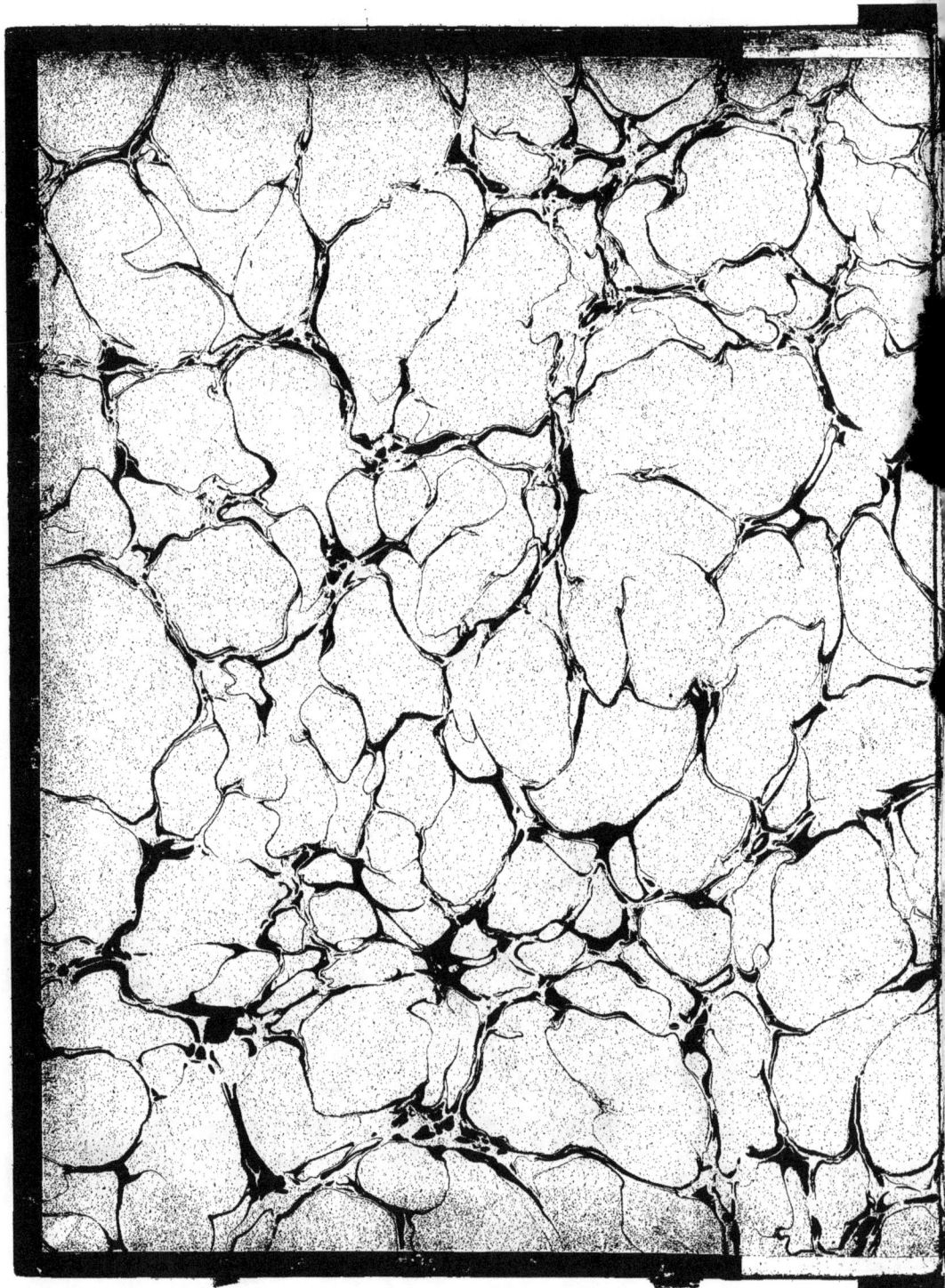

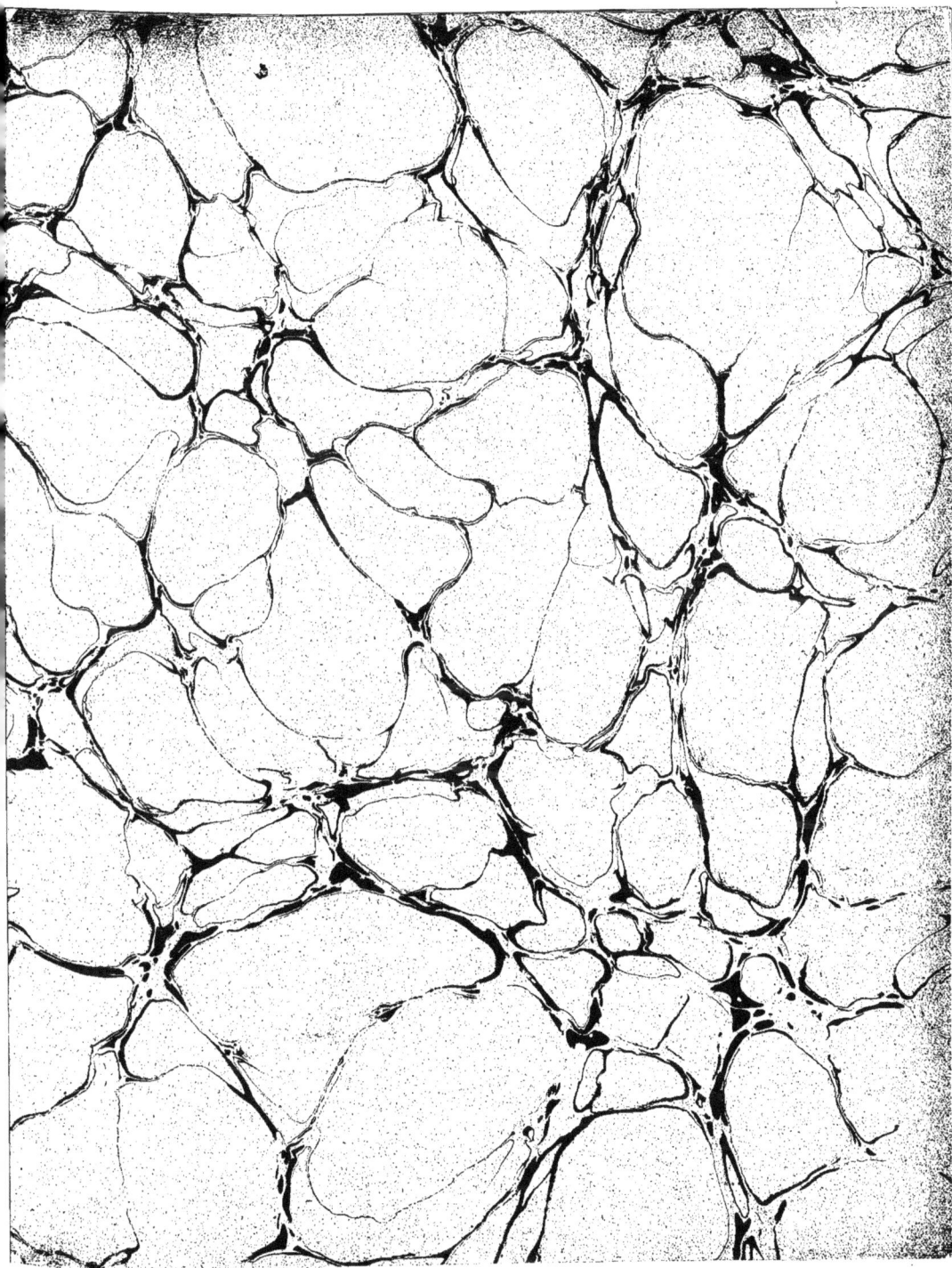

SOCIÉTÉ DES SCIENCES NATURELLES DE SAONE-ET-LOIRE

Sous la présidence du Dr F. B. DE MONTESSUS.

TREMBLEMENTS DE TERRE

ET

ÉRUPTIONS VOLCANIQUES

AU CENTRE - AMÉRIQUE

Depuis la conquête espagnole jusqu'à nos jours.

Mémoire récompensé par l'Académie des sciences et honoré d'une prime d'encouragement en faveur de la Société savante de Saône-et-Loire, nommée plus haut

PAR

F. DE MONTESSUS DE BALLORE

CAPITAINE D'ARTILLERIE
ANCIEN ÉLÈVE DE L'ÉCOLE POLYTECHNIQUE
EX-INSTRUCTEUR DES TROUPES DE LA RÉPUBLIQUE DU SALVADOR
MEMBRE DE LA SOCIÉTÉ DES SCIENCES NATURELLES DE SAÔNE-ET-LOIRE ET DE LA SEISMOLOGICAL SOCIETY OF JAPAN.

« Malgré le soin avec lequel on interroge la
» nature, on revient de la cime d'un volcan
» moins satisfait qu'on ne l'était quand on se
» préparait à y aller. »
(HOFFMANN.)

DIJON

IMPRIMERIE ET LITHOGRAPHIE EUGÈNE JOBARD
9, Place Darcy, 9

1888

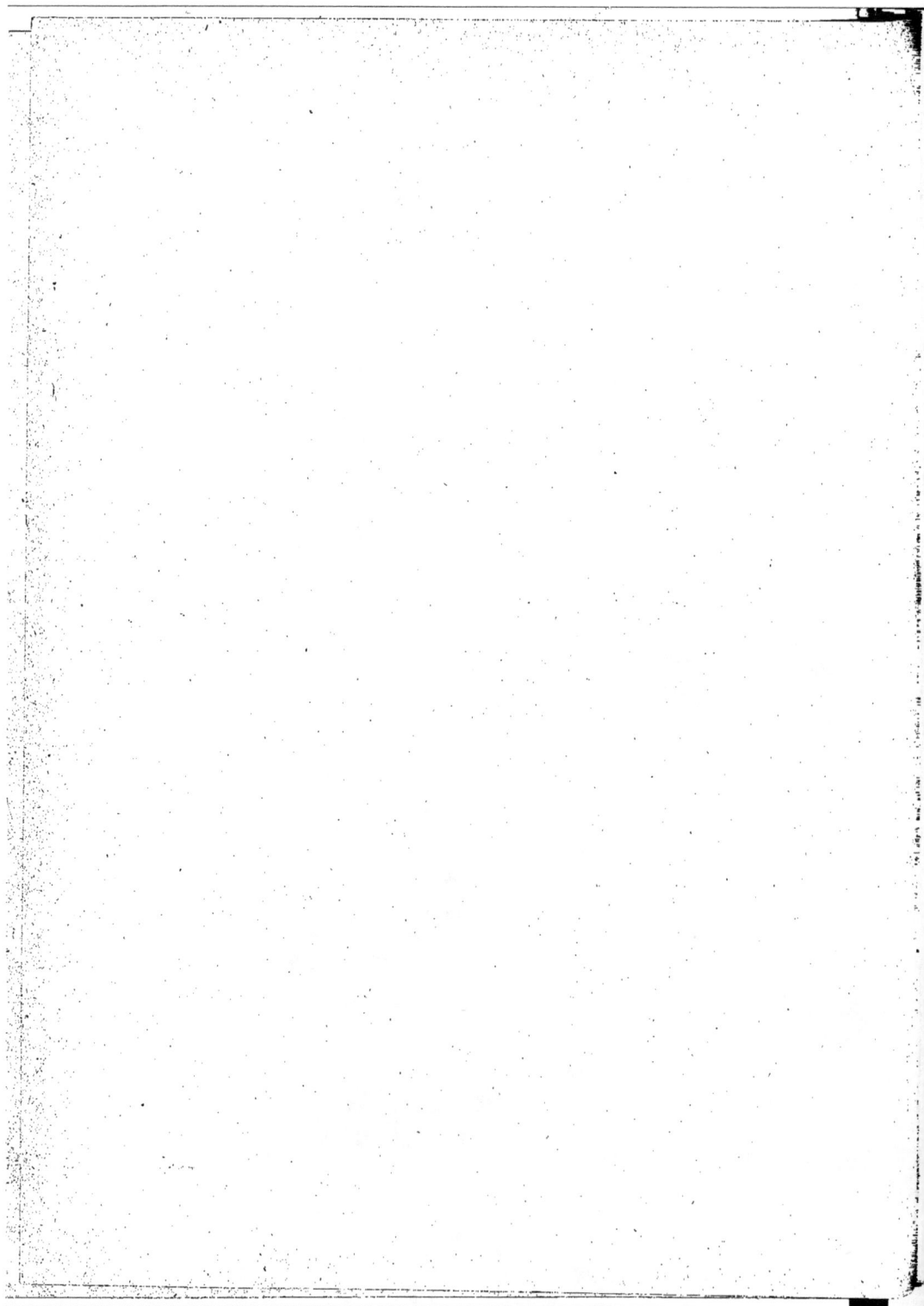

TREMBLEMENTS DE TERRE

ET

ÉRUPTIONS VOLCANIQUES

AU CENTRE-AMÉRIQUE

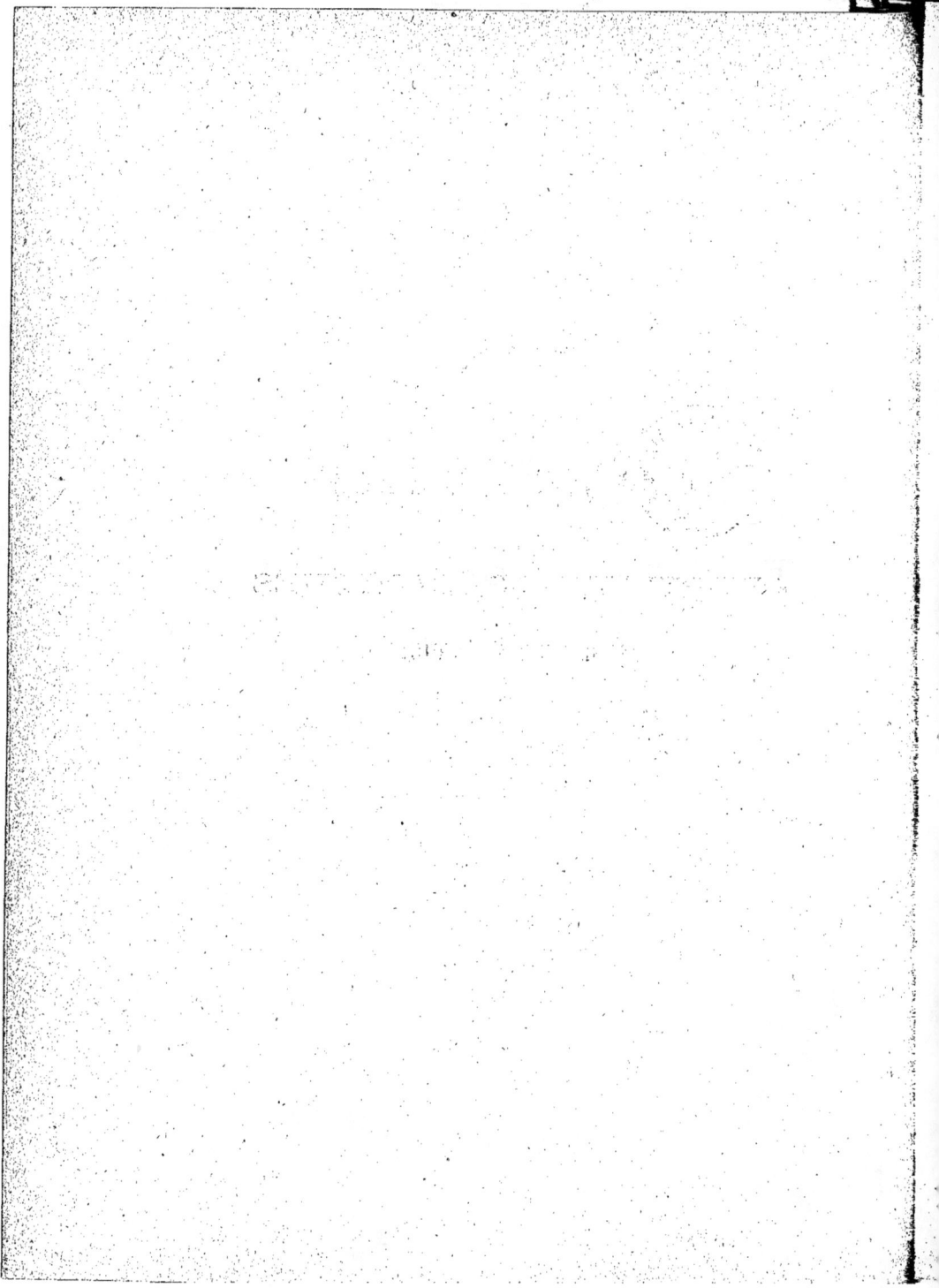

SOCIÉTÉ DES SCIENCES NATURELLES DE SAONE-ET-LOIRE

Sous la présidence du Dr F. B. DE MONTESSUS.

TREMBLEMENTS DE TERRE

ET

ÉRUPTIONS VOLCANIQUES

AU CENTRE-AMÉRIQUE

Depuis la conquête espagnole jusqu'à nos jours.

Mémoire récompensé par l'Académie des sciences et honoré d'une prime d'encouragement en faveur de la Société savante de Saône-et-Loire, nommée plus haut

PAR

F. DE MONTESSUS DE BALLORE

CAPITAINE D'ARTILLERIE

ANCIEN ÉLÈVE DE L'ÉCOLE POLYTECHNIQUE

EX-INSTRUCTEUR DES TROUPES DE LA RÉPUBLIQUE DU SALVADOR

MEMBRE DE LA SOCIÉTÉ DES SCIENCES NATURELLES DE SAÔNE-ET-LOIRE ET DE LA SEISMOLOGICAL SOCIETY OF JAPAN.

> « Malgré le soin avec lequel on interroge la
> » nature, on revient de la cime d'un volcan
> » moins satisfait qu'on ne l'était quand on se
> » préparait à y aller. »
>
> (HOFFMANN.)

DIJON

IMPRIMERIE ET LITHOGRAPHIE EUGÈNE JOBARD

9, Place Darcy, 9

—

1888

TABLE DES MATIÈRES

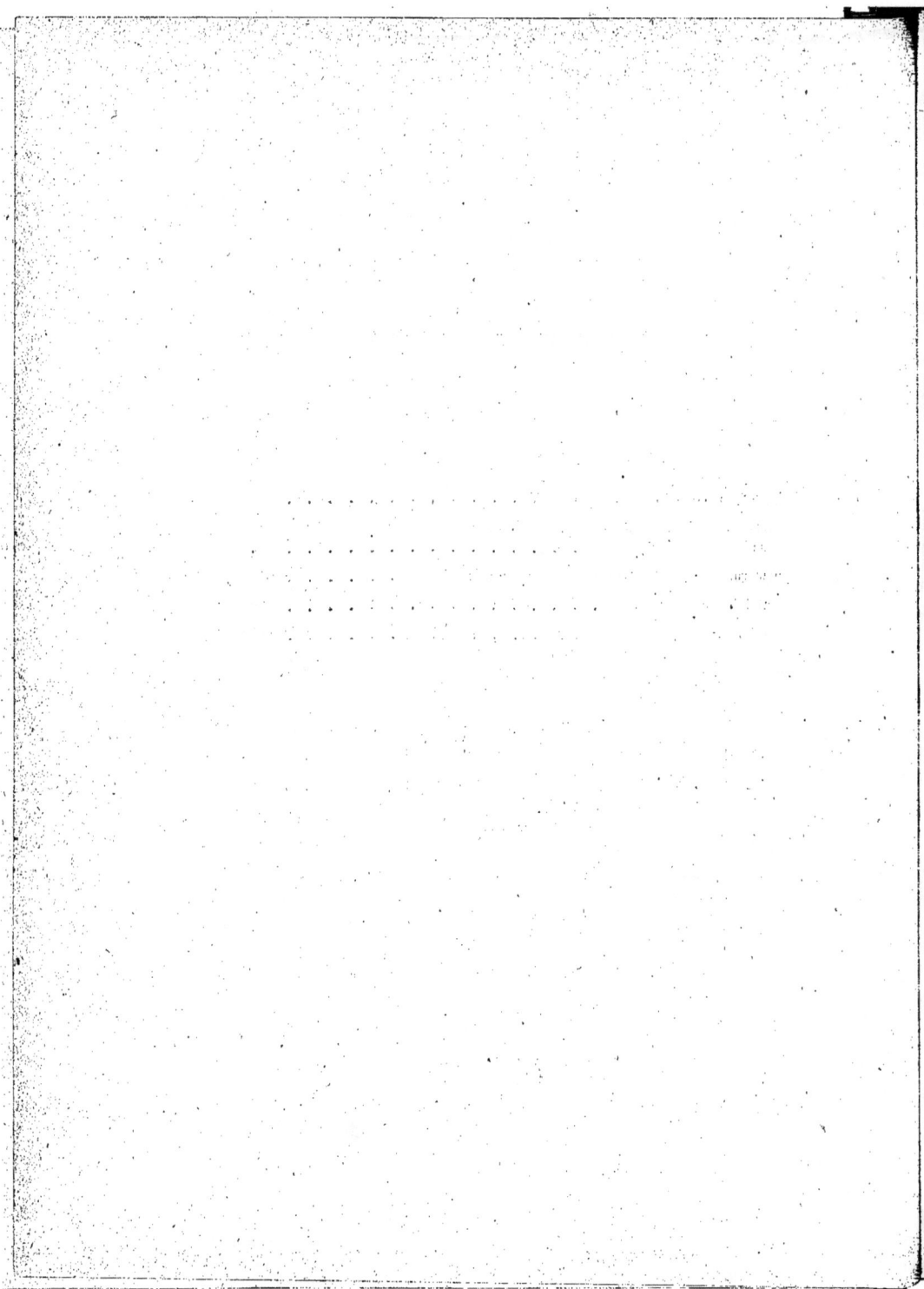

INTRODUCTION

SOMMAIRE ANALYTIQUE DE L'INTRODUCTION

1. Prologue.
2. Période anthropomorphique des hypothèses sismiques.
3. Période prescientifique des hypothèses sismiques; méthode des coïncidences.
4. Théories astronomiques et magnétiques. Taches du soleil. Travaux de Wolff et de Kluge.
5. Influence des astéroïdes inférieurs; théories du Cap. Chapel. Bélier hydraulique; nœuds et ventres. Superficialité de certaines secousses.
6. Influence sismique de la lune. Lois de Perrey.
7. Prédictions du Cap. Delaunay.
8. Répartition des séismes tout le long de l'année.
9. Autre méthode pour étudier la répartition des séismes tout le long de l'année, par l'emploi des séries.
10. Répartition horaire des séismes.
11. Théories météorologico-sismiques. Loi de Laur.
12. Relations des séismes avec les perturbations magnétiques.
13. Caractère commun de périodicité des théories précédentes.
14. Théories chimico-géologiques.
15. Multiplicité des causes de séismes. Desiderata de la sismologie en France.
16. Plan général de ce mémoire.
17. Coup d'œil d'ensemble sur la géographie et l'orographie du Centre-Amérique.
18. Coup d'œil hydrographique.
19. La civilisation s'est concentrée le long des grandes voies de communication inter-océaniques.
20. Conséquences sociales de cette loi.
21. Coup d'œil géologique sur le Centre-Amérique.
22. Vue d'ensemble sur le système des volcans du Centre-Amérique.
23. Séries linéaires de volcans actifs modernes.
24. Anciennes séries linéaires Guatémaltéco-Salvadorénienne et Nicaragüienne.
25. Groupements transversaux.
26. Marche simultanée vers l'ouest de la faille volcanique principale et du rivage océanique depuis l'époque miocène.

1. — Prologue.

Le Centre-Amérique, ou la région comprise entre les isthmes de Panama et de Tehuantepec, est une des parties du globe où se manifestent avec le plus de grandeur, de variété, de fréquence et de continuité les forces naturelles, d'origine encore bien mystérieuse, dont l'effet est de secouer plus ou moins violemment l'écorce terrestre et de donner naissance aux bouches volcaniques et aux phénomènes thermaux, tous phénomènes dont la concomitance est indéniable. Les tremblements de terre et les éruptions volcaniques ont imprimé un cachet indélébile à la géographie, à l'histoire, et même aux mœurs de ce pays, dont ils forment la caractéristique la plus saillante aux yeux du voyageur et de l'observateur.

Appelé, par suite d'une mission d'instruction militaire, à faire au Salvador un assez long séjour (1881-1885), j'ai pu observer de près cet admirable champ d'études sismiques, à peine encore exploré, scientifiquement du moins, et j'expose dans ce mémoire les résultats des études que j'ai pu faire moi-même, ainsi que l'histoire sismique, peut-on dire, de cette région.

J'ai été ainsi amené par la force des choses à étudier les phénomènes dont il s'agit d'une manière plus générale et en dehors de ce qu'ils ont produit au Centre-Amérique, puis à continuer les travaux statistiques des Mallet, des Kluge et des Perrey. Ces recherches de longue haleine ne sont encore qu'ébauchées, et je ne fais qu'en donner les commencements, me réservant de les continuer avec toute la patience qu'elles comportent.

2. — Période anthropomorphique des hypothèses sismiques.

Depuis longtemps et même sûrement depuis que l'homme réfléchit à tout ce qui l'entoure, les tremblements de terre ont attiré l'attention, tant par la terreur inspirée par leurs effets destructeurs, que parce qu'ils renversent la foi pour ainsi dire innée que nous avons en la fixité du sol sur lequel nous vivons. Aux temps primitifs c'était là un phénomène d'autant plus paradoxal, que l'on faisait de la terre le centre et le but même de l'univers. Grâce à ces causes, peu de forces naturelles ou leurs effets ont donné lieu à autant d'hypothèses. Il semble du reste que le nombre des théories dont a été l'objet une des propriétés du milieu dans lequel la nature nous a jetés, est précisément en raison inverse de la connaissance que nous en possédons. A ce point de vue les perturbations sismiques et volcaniques tiennent un des premiers rangs. Tout d'abord elles ont passé, comme les autres phénomènes extérieurs, par la phase des explications que l'on peut appeler anthropomorphiques, c'est-à-dire qui consistent à les attribuer à quelque être surnaturel, bâti d'autant plus semblablement à notre image ou à sa caricature, que ces conceptions étaient créées par des peuples plus primitifs et plus ignorants. C'est ainsi que le vent a été attribué à un dieu ou à un animal soufflant de derrière la montagne et les tremblements de terre à un autre respirant ou se secouant dans les profondeurs infernales. L'histoire des religions fourmille de faits de ce genre, parmi lesquels il suffit de citer le buisson ardent du Sinaï (éruption volcanique), la trompette de Josué devant Jéricho (tremblement de terre), etc... Notre science orgueilleuse n'a pas besoin, au XIXe siècle, de retourner loin en arrière pour retrouver trace de ces enfantines explications.

3. — Période prescientifique des hypothèses sismiques.
Méthode des coïncidences.

Nous sortons maintenant à peine, quant aux phénomènes sismiques, de la phase des théories basées sur un trop petit nombre de bonnes observations et à laquelle on pourrait appliquer l'épithète de prescientifique. C'est ce qu'a bien compris la Commission suisse d'études sismologiques, dont nous parlerons plus loin, et qui a inauguré, peut-on dire, la période vraiment scientifique de ces études.

Le procédé généralement employé jusqu'à présent et avec lequel il faut rompre à tout prix, est basé sur la statistique des coïncidences. Il consiste à choisir, par suite d'idées souvent préconçues, un certain phénomène plus ou moins périodique, supposé à priori en connexion avec ceux qui nous occupent ici, et à dresser des catalogues parallèles des uns et des autres. De leur examen on déduit un certain nombre de coïncidences plus ou moins approchées entre les faits des deux ordres ou entre les périodes pendant lesquelles les uns et les autres semblent présenter un maximum ou un minimum. D'autres fois on se contente même d'établir que tel tremblement de terre remarquable, ou quelques-uns seulement, se sont présentés dans telles ou telles circonstances astronomiques, météorologiques ou autres. On se hâte, bien entendu, de mettre sous le boisseau tous les faits qui ne cadrent point. Puis, ce premier effort exécuté avec beaucoup de patience et autant de condescendance paternelle, quoique souvent inconsciente, en faveur de l'hypothèse que l'on veut mettre au jour, on échafaude une théorie, car l'on veut expliquer les coïncidences constatées; heureux encore quand on n'a pas suivi la marche inverse en bâtissant la théorie d'abord, puis en mettant ensuite en lumière les coïncidences des deux statistiques. C'est dans cette seconde partie du travail qu'on dépense sans compter des talents qui auraient trouvé meilleur emploi à de bonnes statistiques ou observations. Si je fais aussi vivement le procès de ces malheureuses méthodes, c'est qu'on ne peut en dire, comme de certains remèdes, que s'ils ne font pas de bien, du moins ils ne font pas de mal. Mais si, elles en font du mal, et beaucoup même, en égarant les travaux des chercheurs subséquents par l'autorité qui souvent et à bon droit s'attache à leurs auteurs.

EXTRAIT DES COMPTES RENDUS DE L'ACADÉMIE DES SCIENCES

T. CIV, p. 1148 (Note de M. de Montessus, présentée par M. Cornu).

Note sur la méthode de recherche de la corrélation entre deux ordres de faits.

Une note récente de M. de Parville : « *Sur une corrélation entre les tremblements de terre et les déclinaisons de la lune* », mérite d'attirer l'attention, non-seulement au point de vue d'un certain nombre de dates approchées seulement à un et même deux jours près, mais surtout relativement à la méthode employée par ce savant. Étant d'un usage fréquent, il n'est pas inutile d'en signaler les dangers.

Voici en quoi elle consiste essentiellement. On prend deux catalogues chronologiques de faits naturels entre lesquels on suppose à priori une relation et on cherche leurs coïncidences. Or, que je sache du moins, on n'a point abordé analytiquement le problème suivant : Étant données deux séries de points disposés sur deux lignes droites suivant des lois dont l'une est connue (déclinaison de la lune par exemple) et l'autre à trouver (tremblements de terre), quel sera pour 100 points le nombre minimum de coïncidences à constater sur les deux échelles pour arriver à croire (légitimement) à une corrélation de cause à effet entre les deux ordres de phénomènes? Malheureusement, ce problème, que suppose résolu la méthode des coïncidences, est à peu près indéterminé ; car d'abord il faut définir la coïncidence des deux points. Exigera-t-on qu'elle soit exacte ou fixera-t-on une longueur d'intervalle dans laquelle les deux points devront tomber? Dans ce dernier cas, l'intervalle d'un jour fixé par M. de Parville est très certainement trop large ; car avec la fréquence reconnue des séismes, il y en aura toujours un en quelque point du globe, et même très probablement d'une certaine importance.

De plus la question analytique posée suppose pour ainsi dire sa réponse, en ce sens que les points non coïncidents de la seconde série représentent des faits non en corrélation avec les phénomènes du premier ordre

Loin de moi la pensée, dans ce travail provisoire, d'examiner en détail toutes les théories émises en en montrant le peu de fondement ; encore moins d'en émettre moi-même. Tous les phénomènes naturels étant, du reste, liés les uns aux autres, on peut d'une certaine manière les tenir toutes pour vraies dans quelque limite, puisque l'univers est ainsi fait qu'à cause du principe de la conservation de l'énergie le mouvement d'une seule molécule entraîne *ipso facto* modification du mouvement de toutes les autres. Je me contenterai de parler des principales hypothèses.

4. — Théories astronomiques et magnétiques. — Taches du soleil.
Travaux de Wolff et de Kluge.

Presque tous les phénomènes et les plus disparates, en apparence du moins, ont passé par cette folle épreuve des coïncidences avec les séismes. Et d'abord ceux que nous présentent les corps célestes. C'est que la terre, honteusement déchue de son rôle d'astre central par les progrès des sciences astronomiques, s'est trouvée tout d'un coup et par réaction outre mesure soumise à leur influence.

On s'est adressé au soleil et à ses taches. Loomis et Wolff ont établi que les déviations de l'aiguille aimantée, les aurores boréales et les taches du soleil

à loi connue, et l'on pense ainsi les séparer de ceux qui en dépendent. Il paraît donc évident que cette méthode ne peut mener à rien, et de fait, pour les tremblements de terre, elle n'a rien produit de solide jusqu'à présent. C'est à son emploi que l'on doit les lois de Perrey, qui n'ont guère été acceptées ; c'est elle qui a permis à Audrand de lier les séismes aux inondations en un point quelconque du globe, à Kluge de les rapprocher des taches du soleil et par suite des aurores boréales, à Schurrer de leur attribuer les épidémies cholériques, etc.... Ces corrélations et d'autres se réfutent d'elles-mêmes.

Comment donc aborder la recherche d'une corrélation entre les mouvements des positions de la lune et la production des séismes, entreprise que je poursuis en ce moment sur les 30,000 secousses fournies par les catalogues combinés de Mallet, Perrey, Volger, Kluge, Castelnau, Fuchs, Smith et les annales des institutions sismologiques de Rome et de Tokio ? Il faut prendre une échelle de l'élément de la position lunaire que l'on considère et, pour tous les séismes portés en ordonnées, une longueur représentative, soit constante, soit proportionnelle à son intensité calculée d'après une échelle conventionnelle, celle de Rossi-Forel par exemple. On obtiendra alors une surface limitée par une courbe et c'est de l'étude de cette courbe que l'on pourra conclure scientifiquement. La surface du rectangle limité par l'horizontale menée par le point le plus bas de la courbe renfermera tous les séismes dus à des causes non en relation avec la position de la lune ; et l'aire comprise entre cette horizontale et la courbe, au contraire, ceux que nous pourrons légitimement croire en dépendance avec lui ; car, s'il n'y a réellement aucune dépendance, les séismes se répartiront sur un simple rectangle, mais on n'obtiendra ce résultat satisfaisant qu'en opérant sur des nombres considérables, ce que n'a point fait Perrey. D'autre part, si l'on veut faire intervenir la position du lieu où se produit le séisme, il faut introduire un troisième élément, et alors on est amené à l'étude d'une surface topographique.

On conçoit combien est importante la question, ancienne déjà, de la relation entre les mouvements de la lune et ceux de l'écorce terrestre. Elle ne tend à rien moins qu'à la démonstration pour ainsi dire expérimentale de l'hypothèse de la fluidité du noyau central, et c'est ce qui explique les nombreuses tentatives faites dans ce sens, mais non couronnées de succès.

forment pour les quelques 150 années d'observations suivies que nous avons actuellement à notre disposition trois séries dont les maximums et les minimums coïncident sensiblement avec une période d'environ 10 ans, sans compter une autre périodicité séculaire encore mal déterminée. C'était là une belle base pour des théories dont il ne m'appartient pas de discuter la réalité, et qui, du reste, n'ont rien à faire avec mon sujet. Je me contenterai d'énoncer la loi de Wolff : *Les nombres des taches et les variations moyennes en déclinaison sont soumis à la même période de 10 ans 1/3, mais ces périodes coïncident jusqu'au moindre détail, de manière que les nombres des taches arrivent à leur maximum à la même époque que les variations.*

On aurait dû s'en tenir là et ne point ajouter, comme l'ont fait d'autres savants, des phénomènes que l'on peut à bon droit s'étonner de trouver en semblable compagnie, le prix du blé (Herrschell), le nombre des faillites, celui des suicides, etc..... Il n'y avait pas de raison pour s'arrêter dans une voie si féconde et de fait les forces sismiques et volcaniques ont été ajoutées par Boué, plus systématiquement par Kluge, à cet imposant faisceau de phénomènes à périodes coïncidentes.

On sait que ces recherches n'ont rien produit, et si un assez grand nombre de séismes se sont trouvés accompagnés de perturbations magnétiques, il ne faut pas y voir, au moins quant à présent, plus que des coïncidences probables *à priori* de phénomènes fréquents les uns et les autres. J'aurai à revenir sur ces relations magnétiques à propos des tremblements de terre de La Union en août et septembre 1859 et de la grande secousse du 8 décembre de la même année dans tout le Centre-Amérique.

5. — Influence des astéroïdes inférieurs.
Théories du capitaine Chapel. — Bélier hydraulique ; nœuds et ventres. Superficialité de certaines secousses.

On ne s'étonnera point de voir que l'on ait songé dans l'antiquité et le moyen âge à l'influence des comètes sur les tremblements de terre. Que n'a-t-on du reste attribué à ces astres errants autant qu'aberrants? Mais leur vogue est actuellement bien éclipsée par celle des anneaux d'astéroïdes. Eux aussi ont payé leur tribut d'explications aux séismes. Dans une brillante synthèse le capitaine Chapel les a rendus responsables des phénomènes météorologiques les plus divers, des vibrations sismiques de l'écorce terrestre et même des grandes épidémies, ressuscitant ainsi les théories de Schurrer, qui fait coïncider les grandes périodes de tremblement de terre avec les principales apparitions du choléra. Dans ce travail, les deux théories à la mode de notre époque, les microbes et les astéroïdes, infiniment petits du monde physiologique et du monde astronomique, se donnent la main, tant il est vrai que l'esprit de l'homme ne peut se passer d'explications, pour si hasardées qu'elles soient. Cet auteur pense que les tremblements de terre, ou certains d'entre eux, sont directement produits par le choc des astéroïdes contre le globe terrestre. Je veux bien admettre que certains des énormes aérolithes connus, animés de la grande vitesse que l'on sait, aient produit des vibrations très locales autour du point de chute. Mais il y a loin de là à faire de la terre une cible pour les innombrables chocs de projectiles cosmiques, qu'il faudrait supposer pour expliquer ainsi tous les tremblements de terre (c'est là une vraie théorie d'artilleur), car il n'est point douteux qu'en un point ou un autre l'écorce terrestre ne soit en perpétuel mouvement, les récentes études de Forel en Suisse, Smith en Grèce, de Rossi en Italie, Milne au Japon et d'Abbadie en France, ne le montrent que trop. Notre planète devrait être littéralement criblée de bolides, et d'ailleurs comment expliquer que certaines régions comme le Centre-Amérique et en général toute la grande dépression qui prend le monde d'écharpe en passant par l'archipel Indien, la mer Rouge, la Méditerranée, les Antilles et les îles du Pacifique nord soient pour les séismes de vrais points d'élection?

Le capitaine Chapel trouve pour ses idées météorologico-sismiques une confirmation apparente dans ce fait que pour certaines secousses on a des exemples de mouvements ascensionnels brusques, bien constatés et impliquant l'existence d'une force verticale agissant de bas en haut. Poey avait déjà eu la même idée sur la force ascensionnelle qu'exercent les ouragans, comme pouvant donner lieu à des séismes. Or on peut trouver une explication plus rationnelle de ces faits. De Caligny a pensé à des effets de bélier hydraulique dans la masse fluide interne après un mouvement quelconque de l'écorce à la suite de son refroidissement progressif. Il me semble en outre qu'en admettant les idées de Villeneuve-Flayosc sur les nœuds et les ventres de la surface vibrante, une sorte de battement suffira pour expliquer les brusques mouvements non ondulatoires parfois observés. Notons en passant que ce dernier savant conclut de l'établissement des nœuds et des ventres à la perpétuité des secousses et à la disposition relative des surfaces émergées et submergées. Quant aux influences des astéroïdes sur les phénomènes généraux de la physique du globe, le capitaine Chapel ne fait que développer, comme il l'observe lui-même, mais en les généralisant et en leur donnant une forme plus moderne, les idées de l'abbé Berthollon. Il oublie cependant les travaux plus récents de Poey et de Dary, lesquels, d'ailleurs, ne semblent pas mieux étayés dans l'état actuel de la sismologie.

Enfin, comme Heim et Virlet d'Aoust, il regarde les tremblements de terre comme tout à fait superficiels. Il est vraiment trop facile de baser ainsi une telle affirmation sur un petit nombre de constatations aussi difficiles, n'ayant que quelques cas d'observations particulières dans les mines où des séismes n'ont pas été sentis à quelques cents mètres de la surface (Californie, Hartz, Westphalie, département du Nord). Perrey voit là des effets de nœuds et de ventres sur la verticale. D'autre part les théories de Boussingault, d'après lesquelles les tremblements de terre seraient dus à des tassements dans les régions élevées de récente formation (les Andes par exemple), et par suite à un équilibre encore instable, rendent suffisamment compte de la superficialité de certaines secousses, les couches anciennes et plus profondes étant nécessairement mieux liées entre elles par les pressions qu'elles se transmettent de l'extérieur à l'intérieur.

6. — Influence sismique de la lune. — Lois de Perrey.

La lune, accusée de tant de méfaits, pour des influences météorologiques, agricoles, médicales et autres pendant toute l'antiquité et le moyen âge et même encore à notre époque par un public resté nombreux, malgré les travaux de Babinet, s'est naturellement vu attribuer les tremblements de terre par la formation d'une marée interne du noyau central supposé fluide. Perrey est le sismologue qui a le plus patiemment dirigé ses recherches sur les relations entre les tremblements de terre et les mouvements de notre satellite. La conclusion de ses nombreux mémoires sur cette question consiste dans l'énoncé des lois suivantes :

1o *La fréquence des tremblements de terre augmente avec les syzygies ;*

2o *Elle augmente aussi dans le voisinage du périgée de la lune et diminue au contraire avec l'apogée ;*

3o *Les secousses sont plus fréquentes lorsque la lune est dans le voisinage du méridien que lorsqu'elle en est à 90o.*

Dès leur apparition ces relations soupçonnées par Baglivi et Toaldo, appuyées par Zantedeschi et Edmonds, furent battues en brèche. Delaunay leur a objecté le nombre insuffisant des faits qui leur servaient de base, 14,500 cependant, le peu de prédominance des maximums sur les minimums et surtout ce fait que les nombres de séismes augmentant, cette prédominance diminuait graduellement, montrant ainsi une tendance à l'égalité. Or l'hypothèse de la fluidité du noyau interne et par suite celle d'une marée dans ce milieu m'ont semblé assez probables pour que j'aie cru devoir reprendre les calculs de Perrey sur ces trois lois au moyen de mon catalogue centre-américain, et de 4,142 autres secousses, parmi lesquelles un millier environ font partie des 14,500 utilisées par cet auteur. Nous avons donc là une masse d'environ 20,000 séismes. Malheureusement les œuvres de ce grand sismologue sont disséminées dans beaucoup de mémoires séparés et il n'y a pas eu de travail d'ensemble. Je n'ai pu les combiner aux calculs effectués par moi sur 5,000 nouveaux faits et je ne puis que donner pour le moment mes résultats personnels, me réservant de reprendre le tout sur 40,000 secousses, la compilation des catalogues postérieurs à ceux de Perrey permettant d'arriver à ce chiffre énorme, évidemment suffisant pour résoudre définitivement la question.

1re LOI DE PERREY.

La fréquence des tremblements de terre augmente avec les syzygies.

Le tableau et le graphique ci-joints montrent que si cette loi est exacte, elle est du moins peu nettement accusée encore. Il faut reconnaître néanmoins que ce tableau, ajouté à ceux de Perrey, semble lui donner un assez grand degré de probabilité. Nous verrons qu'il en est de même pour la 3e loi.

Tableau N° 1.

RÉPARTITION DES SÉISMES PAR RAPPORT AUX PHASES DE LA LUNE.

Totaux.	30	29	28	27	26	25	24	23	22	21	20	19	18	17	16	15	14	13	12	11	10	9	8	7	6	5	4	3	2	1	JOURS DE LA LUNE.
1080	50	45	38	42	36	40	30	36	45	34	47	44	51	46	41	38	34	36	30	35	31	33	33	34	38	30					Antilles.
923	48	37	45	38	38	40	30	31	34	42	46	30	40	33	44	36	30	34	31	33	38	39	36	35	38	43	31				Pérou.
127	4	10	6	4	5	5	5	3	8	4	5	8	5	6	10	7	10	6	7	5	4	4	9	5	5	7	3				Japon.
543	11	11	19	17	18	18	9	17	17	19	13	20	15	15	17	15	14	18	19	18	19	19	22	19	19	14	15				Archipel des Indes.
801	13	37	28	30	36	30	30	30	17	18	28	17	13	18	19	16	30	19	30	34	15	30	17	29	26	33	23				Centre-Amérique.
423	9	13	18	30	30	18	7	9	10	9	9	20	17	13	11	55	13	5	15	9	13	17	34	15	12					Suisse.
1046	33	44	54	49	38	36	37	32	31	44	30	33	30	44	36	39	30	38	33	37	36	35	33	33	30	17	24				Divers.
4943	165	186	192	208	187	161	145	137	140	163	149	148	161	180	175	172	170	149	166	175	156	160	170	162	165	164	181				TOTAUX.

Graphique N° 1.

1re LOI DE PERREY.

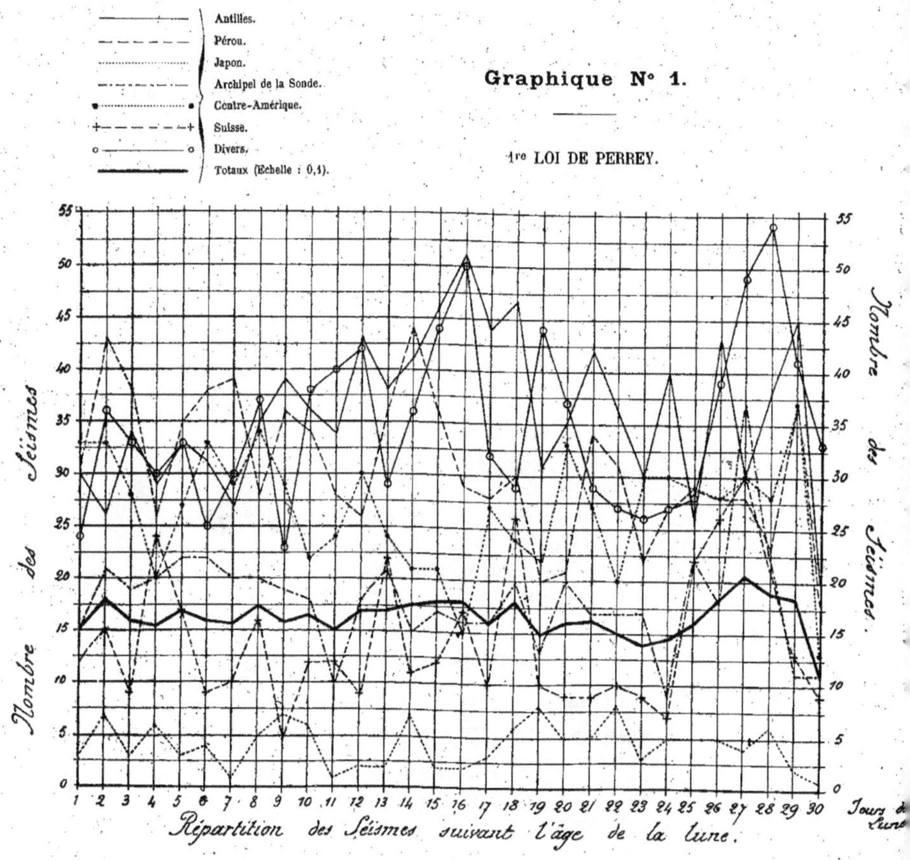
Antilles.
Pérou.
Japon.
Archipel de la Sonde.
Centre-Amérique.
Suisse.
Divers.
Totaux (Echelle : 0,1).
Nombre des Séismes
Jours de Lune
Répartition des Séismes suivant l'âge de la lune.

2ᵉ LOI DE PERREY.

La fréquence des tremblements de terre augmente aussi dans le voisinage du périgée de la lune et diminue au contraire avec l'apogée.

Dans le tableau et le graphique ci-joints, calculés en divisant en 14 parties la révolution moyenne de la lune du périgée à l'apogée, je ne trouve pas confirmation de cette loi. Il y a, il est vrai, 2,543 secousses du côté du périgée contre 2,400 du côté de l'apogée, mais le périgée et l'apogée y correspondent à des minimums. Je ne serais pas éloigné de penser que cette statistique combinée avec celle de Perrey ferait disparaître et ses maximums à l'apogée et au périgée et mes deux minimums, donnant ainsi des nombres égaux de séismes pour les 14 ordonnées. On conçoit en effet que si la marée interne se produit réellement, c'est là un point que je développerai plus loin quant à la formation des séismes, l'influence de cet astre se manifestera bien plutôt en relation avec sa position, c'est-à-dire ses phases, 1ʳᵉ loi, et surtout ses culminations, 3ᵉ loi, que par la variation de sa distance à la terre, 2ᵉ loi, l'excentricité de son orbite étant trop faible pour agir efficacement sur le nombre des séismes par la plus ou moins grande attraction du satellite. On ne peut donc se prononcer encore. On voit combien il faut être prudent pour énoncer une loi. Mes documents en donneraient une toute autre que celle de Perrey.

Graphique N° 2.

2e LOI DE PERREY.

RÉPARTITION DES SÉISMES PAR RAPPORT AU PÉRIGÉE
ET A L'APOGÉE DE LA LUNE.

———————— Antilles.
— — — — — Pérou.
- - - - - - - Japon.
—·—·—·—·— Archipel de la Sonde.
+—+—+—+ Suisse.
············· Centre-Amérique.
—o—o—o— Divers.
———————— Totaux (Echelle de 0,1).

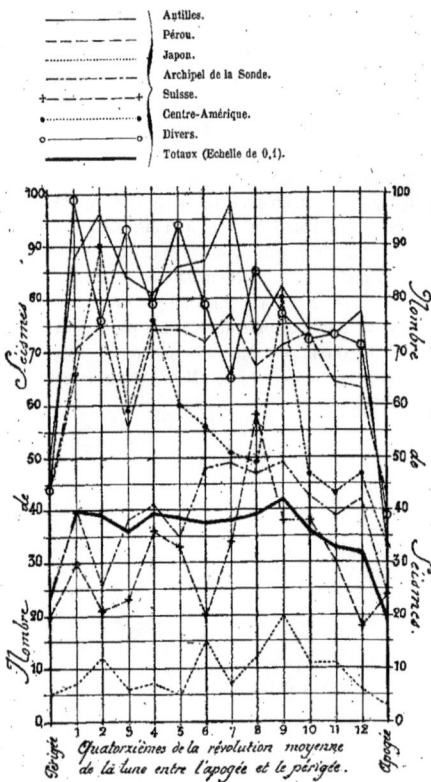

Quatorzièmes de la révolution moyenne
de la lune entre l'apogée et le périgée.

Tableau N° 2.

RÉPARTITION DES SÉISMES PAR RAPPORT A L'APOGÉE
ET AU PÉRIGÉE DE LA LUNE.

	Antilles.	Pérou.	Japon.	Archipel des Indes.	Centre-Amérique.	Suisse.	Divers.	TOTAUX.
Périgée	50	43	5	23	44	20	44	229
1	88	71	7	40	66	30	99	401
2	96	75	12	26	90	21	76	396
3	84	56	6	38	59	23	93	359
4	81	74	7	41	76	36	79	394
5	86	74	5	35	60	33	94	387
6	87	72	15	48	56	20	79	377
7	98	77	7	49	51	34	65	381
8	73	67	12	47	49	58	85	391
9	82	71	20	49	60	38	77	417
10	74	73	11	48	47	38	72	358
11	73	64	11	39	43	30	73	333
12	77	63	6	42	47	18	71	324
Apogée	31	43	3	23	33	24	39	195
TOTAL.	1080	923	427	543	801	423	1046	4943

Quatorzièmes de la révolution synodale moyenne.

3e LOI DE PERREY.

Les secousses sont plus fréquentes lorsque la lune est dans le voisinage du méridien que lorsqu'elle en est à 90°.

Le tableau et le graphique ci-joints donnent un maximum relatif assez net pour la culmination supérieure. Si l'on observe que les ordonnées extrêmes ne représentent chacune que 25', donnant en tout 50' au lieu de 60', à cause du retard journalier d'environ 50' pour le passage au méridien, on voit que le maximum à la culmination inférieure, s'il n'est aussi apparent, au moins est assez indiqué. Il tremble plus avant qu'après le passage au méridien supérieur dans la proportion de 1858 à 1731.

On a fait observer que l'influence de la lune doit être plus manifeste près de l'équateur qu'aux latitudes moyennes. Mes statistiques ne mettent pas ce fait en évidence. Il faudrait de plus grands chiffres incontestablement.

Si dans ce tableau le Centre-Amérique entre pour 1,163 séismes au lieu de 801 comme dans les précédents, cela vient de ce que j'ai tenu compte de la grande série d'Ilopongo (1879-80), dans un cas et non dans l'autre, car dans l'un elle aurait forcément faussé les résultats, ce qui n'était point à craindre dans les tableaux horaires.

Quoi qu'il en soit du plus ou moins de probabilité de la marée interne, on conçoit que si les lois de Perrey sont exactes pour une classe particulière de tremblements de terre (et il semble bien que la première et la troisième le soient), elles tendront dans les statistiques à être masquées par la présence de ceux dus à d'autres causes et que l'état actuel de la science ne nous permet pas de séparer. Par conséquent il faut absolument un bien plus grand nombre de séismes pour se prononcer définitivement, surtout pour la deuxième loi.

Enfin, pour ce qui concerne l'influence de la lune, je n'ai pas trouvé de confirmation à la loi de Edmonds *(Cornwal. polytech. soc. j. et Edinb. n. phil. j.* 1845, t. XXXVIII, p. 271 et t. XXXIX, p. 386), dont l'énoncé est d'ailleurs peu scientifique :

Plusieurs des plus terribles chocs ont eu lieu le jour avant le premier quartier de la lune.

Les grands chocs se sont produits à des phases quelconques de la lune.

Notons pour mémoire le récent travail de M. de Parville sur l'influence de la position de la lune et du soleil, n'ayant pu m'en occuper encore.

Graphique N° 3.

3e LOI DE PERREY.

RÉPARTITION DES SÉISMES PAR RAPPORT AU PASSAGE
DE LA LUNE AU MÉRIDIEN.

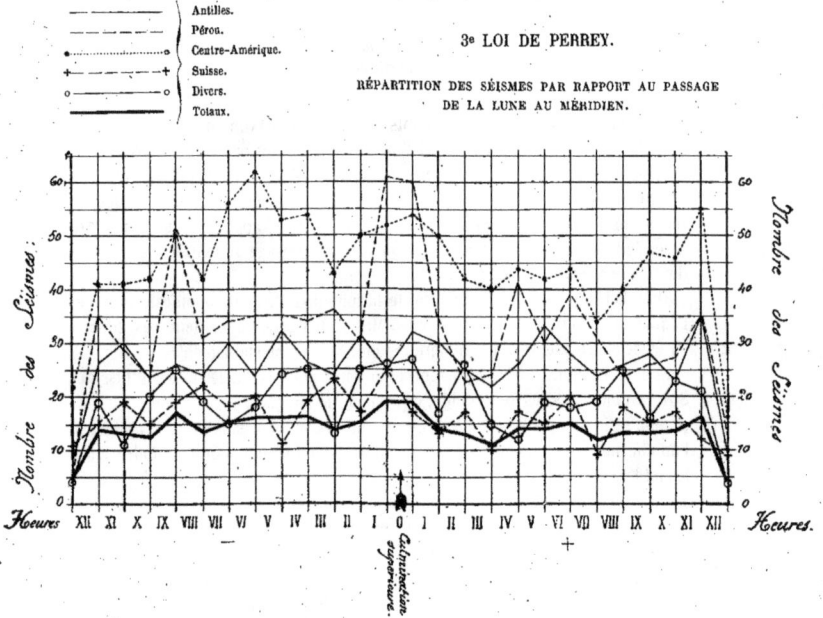

7. — Prédictions du capitaine Delaunay.

Le capitaine Delaunay s'est fait remarquer par la hardiesse de ses prédictions de tempêtes sismiques. Nous ne pouvons donc passer ses travaux sous silence. Il table sur deux périodicités, très contestables d'ailleurs, de 12 et de 28 ans, déduites des catalogues. Les rapprochant des durées des révolutions de Jupiter et de Saturne, dont elles sont assez voisines, il conclut à l'influence mystérieuse de ces deux planètes. Voyant ses prédictions de 1877 confirmées en 1883 par les événements d'Ischia et du Krakatoa, il ajouta l'influence de l'essaim de la Saint-Laurent. M. Faye a judicieusement fait observer que ledit essaim est à cette époque passé à quelques 100 millions de lieues de Jupiter, et encore s'agissait-il là d'un minimum de distance. On peut donc se tranquilliser au sujet de la tempête sismique prédite pour 1886, il est vrai que la Grèce et les Etats-Unis auraient le droit de réclamer et regarder comme fortuite l'exactitude de la prédiction pour 1883,5. M. Faye trouve que rattacher, comme on l'a fait, les taches du soleil aux aspects des planètes et aux faillites de la place de Londres constitue une idée moins hardie que la précédente.

La périodicité sismique de 19 ans (cycle de Méthon), mise en avant par Gautier, n'est établie que par des compromis avec les faits et en négligeant nombre de faits.

8. — Répartition des séismes tout le long de l'année.

Comme intermédiaire entre les théories sismiques basées sur l'astronomie, précédemment esquissées à grands traits, et celles basées sur la météorologie, nous avons à parler des hypothèses que nous pourrions appeler saisonnières et qui par conséquent font intervenir, sans que leurs auteurs en donnent raison, l'influence de la position de la terre sur son orbite.

Kluge, non content d'ajouter, comme nous l'avons vu, les phénomènes sismiques à ceux de périodes coïncidentes (déviations magnétiques, taches du soleil et aurores boréales) d'après Loomis, Boué et Wollf, veut en outre que les éruptions volcaniques soient plus fréquentes en août pour l'univers entier et au moment des orages annuels pour une région déterminée.

De très nombreux auteurs, Perrey, Mallet, Smith, Fuchs, Elysée Reclus, Volger, von Hoff, Merian, Kluge, etc., etc., ont formé des tables ou des graphiques représentant des relations entre les saisons et les tremblements de terre, ou pour mieux dire la répartition des séismes tout le long de l'année.

Ils en concluent presque tous à un maximum hivernal très général.

Mais le nombre des faits sur lesquels ils s'appuient est encore beaucoup trop restreint pour donner des résultats concluants et surtout qui ne soient pas contradictoires de pays à pays ou d'hémisphère à hémisphère. De plus les statistiques saisonnières sont très délicates en sismologie, car il me semble nécessaire de les exécuter simultanément de plusieurs manières, par secousses isolées, et par jours de secousses. Aux Antilles je trouve, contrairement aux résultats de Poey, et avec son propre catalogue, égalité entre le printemps et l'hiver, l'une et l'autre saison étant plus riches que les deux autres, presque égales aussi de leur côté.

Au Pérou, maximum en été. Mais là l'été y correspondant à notre hiver, ladite loi serait vérifiée.

Pour le Japon, un trop petit nombre de séismes ne me permet pas de tirer une conclusion d'un maximum en été.

Pour l'archipel Indien, égalité en hiver et au printemps; ce devrait être le cas inverse des Antilles, puisque ces deux régions sont situées dans des hémisphères différents.

Au Centre-Amérique, presque égalité entre l'été et l'hiver, un maximum au printemps, un minimum en automne.

En Suisse, maximum d'automne et minimum de printemps.

On voit combien il est difficile d'admettre que la loi du maximum hivernal soit une de celles qui s'imposent à la conviction.

Cela est tellement vrai que dès que l'on opère sur de grandes séries on voit les différents mois de l'année tendre à l'égalité, à mesure qu'augmente le nombre des phénomènes observés et enregistrés, du moins leurs différences diminuer et cela aussi bien pour le monde entier que pour une région isolée, à condition dans ce dernier cas de ne pas tenir compte de certaines séries anormales.

Quant au maximum volcanique d'août de Kluge, le Centre-Amérique semble en présenter un, mais faible en juillet. Il est assez peu marqué pour faire penser qu'il disparaîtrait si l'on connaissait cette région depuis un peu moins de quatre siècles.

Donc les séismes et les éruptions semblent se répartir très irrégulièrement tout le long de l'année suivant les régions et cela sans loi évidente. Il faut dans ces statistiques avoir la précaution précédemment indiquée, car sans cela le mois de décembre par exemple au Centre-Amérique serait d'un coup enrichi des 700 secousses qui, en décembre 1879, ont précédé la formation du volcan du lac d'Ilopango, au Salvador. En fait les divers mois tendent pour le globe entier à une égalité qui serait plus parfaite encore et ne nécessiterait point la précaution sus-indiquée si par exemple au Centre-Amérique les auteurs espagnols avaient enregistré les innombrables secousses dont ils furent les témoins, au lieu de se contenter de nous dire que telle année il trembla journellement à Guatémala, à San-Salvador ou à Léon. Malheureusement ils ne l'ont pas fait, de telle sorte que nous devons, provisoirement au moins, éliminer ces belles séries, comme celles d'Ilopango, qui viendraient enrichir indûment tel ou tel mois, faussant ainsi la répartition des séismes et pouvant, dans le cas cité, faire penser à une influence du solstice d'hiver. Nous verrons cependant qu'on peut les utiliser dans les statistiques.

Cette idée d'une absence de loi saisonnière, au moins dans l'état actuel de la sismologie, n'est pas nouvelle et ne m'est point personnelle, car cette question a été l'objet des préoccupations d'Arago, qui dans ses instructions relatives à la physique du globe, rédigées au nom de l'Académie des sciences pour le voyage de circumnavigation de la *Bonite,* posait le problème suivant :

Les tremblements de terre sont-ils plus fréquents au Chili dans une saison que dans l'autre ?

Il y fut répondu négativement par Dumoulin, ingénieur hydrographe à bord de l'*Astrolabe,* d'après un catalogue de 150 secousses observées par Vermoulin à Conception en 1833 et d'un autre de 1,200 notées par le même observateur du 20 février 1835 jusqu'au passage de l'expédition. J'ai d'autant plus confiance à m'appuyer d'Arago dans cette négation provisoire d'une loi saisonnière que ce savant était, pour les tremblements de terre, extrèmement porté à les relier à nombre de phénomènes de tout genre.

D'autre part les statistiques combinées de Volger et de Forel, portant sur plus de 1,500 secousses observées en Suisse, donnent une périodicité estivale avec un maximum de fréquence en hiver et un minimum en été. Si donc on admet pour la Suisse cette répartition des séismes en regardant les nombres employés comme suffisamment grands, ce qui n'est pas mon avis, on doit se demander si au Chili, au Pérou et au Centre-Amérique, ou plus généralement le long de la côte occidentale du Pacifique, les causes qui donnent lieu aux tremblements de terre ne sont pas d'un autre ordre que celles qui se manifestent en Suisse et auxquelles Forel a donné le nom si heureux d'orogéniques. Si les uns sont liés à des phénomènes saisonniers, les autres ne le seraient pas. Comme en Suisse les forces purement volcaniques n'entrent certainement jamais en jeu, l'on pourrait peut-être admettre que leur prédominance le long de la grande chaîne des Andes masque la relation des secousses orogéniques avec les saisons. Nous trouvons là une première indication de la diversité des causes de séismes, d'où une très grande difficulté, sinon impossibilité de les soumettre à des lois générales, tant qu'on ne sera pas arrivé à les différencier, et c'est là une des plus fortes convictions auxquelles j'arrive.

Je crois pouvoir aussi protester contre la croyance populaire, qui dans toute l'Amérique espagnole, attribue un plus grand nombre de secousses aux mois pendant lesquels les saisons sèche et pluvieuse se changent l'une en l'autre, et aussi contre le préjugé salvadorénien de même ordre et dont on connaît beaucoup d'analogues, suivant lequel les éruptions de l'Isalco, normalement espacées de quart d'heure en quart d'heure, se précipitent lorsque les pluies deviennent plus abondantes, ce qu'on appelle dans le pays temporal ou Tapaiagua. L'observation fréquente en toute saison de ce volcan à régime strombolien ne m'a rien décelé de semblable. Tout au plus pourrait-on admettre que la chute brusque d'une violente averse comme il en fait sous les tropiques, pût, au contact des matières incandescentes de son cratère multiple, opérer des décompositions rapides et énergiques en avançant le moment d'une explosion.

En résumé, les relations saisonnières des séismes sont encore à trouver, et cependant ce sont celles sur lesquelles les affirmations des auteurs sont les plus nettes. C'est que les saisons constituent un phénomène complexe, astronomique pour le premier et plus important terme de la fonction qui le représente en empruntant le langage mathématique, et géographique et topographique pour le second.

Pour moi cette question reste entière.

Suivent les graphiques et les tableaux correspondants.

Graphique N° 4.

RÉPARTITION DES SÉISMES PAR MOIS.

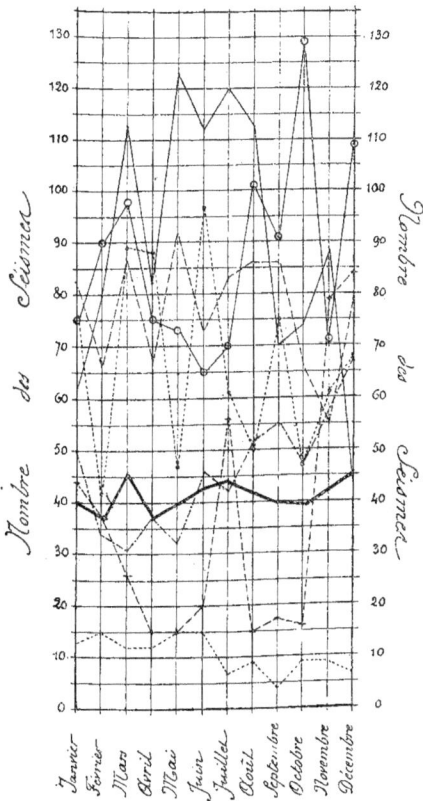

———————		Antilles.
—— — —— —		Pérou.
··················		Japon.
—— · — · — · —		Archipel de la Sonde.
+— — — — —+		Suisse.
··············		Centre-Amérique.
o —————— o		Divers.
————————		Totaux (Echelle de 0,1).

Tableau N° 4.

RÉPARTITION DES SÉISMES PAR SAISONS.

	Antilles.	Pérou.	Japon.	Archipel de la Sonde.	Centre-Amérique.	Suisse.	Divers.	TOTAUX.
Automne . . .	207	201	22	123	159	152	291	1155
Eté.	234	252	42	118	205	143	273	1207
Printemps . .	310	235	37	149	237	50	278	1305
Hiver. . . .	320	235	26	153	200	78	204	1216
	1080	923	127	543	801	423	1046	4943

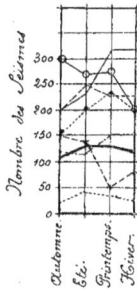

Graphique N° 5.

RÉPARTITION DES SÉISMES PAR SAISONS.

9. — Autre méthode pour étudier la répartition des séismes le long de l'année, par l'emploi des séries.

Pour utiliser les séries de nombreux séismes qu'il serait regrettable de négliger dans l'étude de leur relation avec les saisons, et que nous nous sommes vus plus haut dans la nécessité d'éliminer, on peut les rapporter sur un axe horizontal et calculer ensuite pour chaque mois ou chaque saison les sommes des produits des nombres de jours par les nombres des séries qui leur correspondent et comparer les résultats obtenus pour les courbes annuelles de secousses isolées, soit pour une région déterminée, soit pour l'univers entier. C'est ce que j'ai fait pour le Centre-Amérique. Si on connaissait la densité, peut-on dire, d'un assez grand nombre de séries, c'est-à-dire le nombre approché des secousses dans un intervalle de temps donné, on en tiendrait compte. Pour le Centre-Amérique on voit qu'on obtient comme précédemment un maximum de surface schématique au printemps. Mais par la première méthode le minimum se présente en automne et en hiver pour la seconde. Il est probable *à priori* que les deux procédés doivent donner le même résultat pour un assez grand nombre de documents et par suite se corroborer l'un l'autre. Quand j'aurai de plus nombreux faits à ma disposition, je me propose de continuer cette recherche spéciale.

Le graphique ci-joint rend compte de la différence énorme entre le nombre de 801 séismes centre-américains de ce mémoire et celui de 2,332 donné dans mon ouvrage « *Temblores y erupciones volcánicas en Centro-America* » de 1884, et cela malgré quelques faits nouveaux, car maintenant je ne tiens plus compte des séries d'un nombre approximativement connu de secousses que pour un tremblement de terre, conformément à la méthode de la Commission suisse d'études sismologiques.

10. — Répartition horaire des séismes.

On admet généralement qu'il tremble plus de nuit que de jour ; les statistiques ne laissent guère de doute à ce sujet. Les études de la Commission sismologique suisse conduisent à un maximum de fréquence un peu après minuit et à un minimum un peu après midi. Les travaux de Julius Schmidt sur 2,000 chocs bien définis en Grèce donnent un maximum entre IV et VI heures du matin et un minimum entre midi et II heures. Il y a peu d'accord avec la statistique Forel. Quoi qu'il en soit, cette répartition diurne nocturne me semble très propre à fixer l'attention, et en attendant que les appareils enregistreurs aient complètement élucidé ce fait remarquable, je vais discuter la question.

Sainte-Claire Deville a pensé qu'il n'y avait là qu'une erreur systématique purement physiologique, mais Poey a montré que les plus grandes facilités d'observation pour nos sens ne se présentaient pas dans la période du maximum, supposé résultat d'erreurs accumulées.

Mon catalogue centre-américain donne 65,3 p. % de tremblements de terre nocturnes et 75,4 p. % de retumbos (ou bruits souterrains) nocturnes. Mais à défaut de statistiques basées sur les observations d'appareils enregistreurs, qui eux sont à l'abri des erreurs physiologiques, les événements d'Ilopango, notés régulièrement pour plus de 700 secousses et de 1,000 retumbos de décembre 1879 à mars 1880, donnent respectivement les proportions de 78,8 et 66,0 p. %. Ces nombres sont très sensiblement égaux aux précédents, ce qui est très remarquable et très en faveur de leur réalité en dehors de toute erreur des sens, puisqu'ils dérivent d'une part d'un catalogue de faits isolés, observés par des personnes très diverses et nombreuses, se répartissant sur près de quatre siècles, et d'autre part sur une très importante série observée par deux Commissions spéciales, dirigées par Goodyear pour les tremblements de terre et Rockstroh pour les retumbos, et mises par conséquent en garde contre les causes d'erreur.

C'est donc une très forte présomption en faveur de la réalité objective du maximum nocturne, et l'opinion de Sainte-Claire Deville n'est plus soutenable.

Les proportions résultantes de 77,1 et de 65,6 p. % de phénomènes nocturnes (retumbos et tremblements de terre) représentent en tout cas une répartition réelle avec beaucoup de chance d'approximation au moins pour le Centre-Amérique, car pour d'autres régions ces chiffres peuvent être un peu différents.

Cela ne veut point dire que l'on soit à l'abri des erreurs physiologiques et que l'observation des séismes ne soit pas un peu plus facile la nuit que le jour, ce qui ne ferait dès lors qu'augmenter un peu le maximum nocturne. Nous pouvons même croire que si en réalité la répartition horaire admise par tous les auteurs et confirmée par le tableau ci-joint est exacte, cette loi sera plus modifiée dans le même sens pour les tremblements de terre que pour les retumbos, car *à priori* et jusqu'à induction contraire les deux phénomènes doivent suivre la même loi. Cela vient de ce que les conditions dans lesquelles les sens les observent sont moins modifiées pour les seconds que pour les premiers par le changement du jour en la nuit, en d'autres termes que les sens nerveux et musculaire qui nous servent à percevoir les secousses sismiques sont plus sensibilisés par le fait de la nuit que celui de l'ouïe qui nous avertit des retumbos. Et il doit en être ainsi. Quelles sont, en effet, les causes qui nous font de nuit percevoir des tremblements de terre et des retumbos, qui de jour seraient restés inaperçus? C'est que d'abord au Centre-Amérique du moins, et il en est de même dans toutes les régions tropicales, la chaleur s'oppose à un sommeil bien profond et que les préoccupations et les bruits de la vie disparaissant avec le soleil, ces phénomènes trouveront nos sens bien moins encombrés de sensations la nuit que de jour et seront moins facilement perdus. L'on ne doit pas non plus oublier que les nombreuses et terribles catastrophes qui se sont présentées inopinément et par hasard plus souvent peut-être de nuit que de jour dans ces régions, ne doivent pas laisser que de préoccuper inconsciemment l'esprit plongé dans un léger repos là où chaque génération a assisté à un ou deux désastres. De plus la position horizontale sur des cadres en charpente légère et sans literie qui amortisse les vibrations, favorisera plus la perception des plus petites secousses que celle des retumbos étouffés par les parois des cases et masqués par les nombreux bruits des nuits tropicales, qu'il ne faut pas croire silencieuses comme les nôtres.

Nous concluons donc en nous ralliant à l'opinion de Poey, et grâce à la vérification par la série d'Ilopango, que la loi de répartition horaire des séismes, telle qu'elle est admise généralement, est parfaitement exacte, sensiblement la même pour toutes les régions, et que tout ce qu'on en peut dire, c'est qu'en raison de causes physiologiques mal définies, elle est peut-être légèrement faussée quant au rapport du maximum au minimum.

Cette loi, bien démontrée je crois, d'un maximum nocturne et d'un minimum diurne, est une de celles relatives à ces phénomènes dont il nous est le plus difficile de nous rendre compte, car il ne suffit pas de dire comme certains auteurs, Boscowitz par exemple, que l'hiver présentant un maximum sismique, il n'est point étonnant que la nuit, qui lui correspond, en présente un aussi.

C'est d'autant plus se payer de mots que le maximum hivernal n'est pas encore absolument certain, dans mon opinion du moins.

À une certaine période de mes recherches, je me suis cru sur la voie d'une explication, car je trouvais une courbe presque parallèle à la sinusoïde barométrique. Mais en poussant les calculs plus loin, cette espérance s'est évanouie, ce qui montre une fois de plus la réserve à apporter dans toutes ces questions et combien l'on doit se garder de tirer des conclusions prématurées, ce que j'ai été sur le point de faire alors relativement à une généralisation de la loi de Laur, lorsque je me suis vu sur la voie trompeuse d'une répartition horaire des séismes parallèle à la variation quotidienne de pression atmosphérique.

Constatons donc simplement la réalité d'un maximum nocturne mal défini entre XXII et II heures et d'un minimum diurne entre XII et XVI heures (temps civil).

Notons en passant que la courbe sismique n'a aucun rapport même inverse avec aucune des courbes météorologiques. On ne peut même pas la rapprocher de la courbe thermométrique moyenne reculée d'un certain nombre d'heures.

Dans le graphique ci-joint on remarquera un minimum près de minuit. Résulte-t-il d'un nombre insuffisant encore de séismes enregistrés? c'est probable, ou vient-il de ce qu'il y a un moment où les sens sont plus profondément soustraits aux phénomènes extérieurs? c'est ce que les instruments enregistreurs seuls pourront nous apprendre.

Dans le tableau ci-contre, les séismes s'accumulent sur les heures et les demi-heures à cause du peu de précision des observations. Cela n'a du reste aucune influence sur la répartition de ces phénomènes par rapport au passage de la lune au méridien, car les erreurs en plus et en moins tendent alors à se compenser.

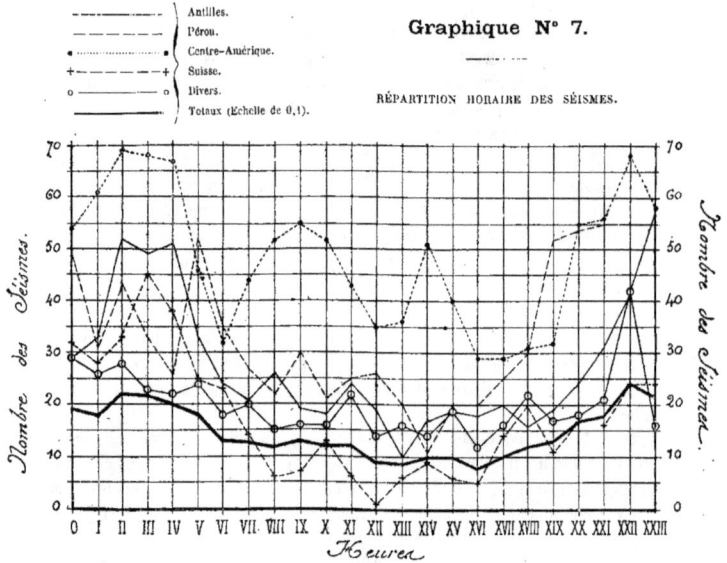

Graphique N° 7.

RÉPARTITION HORAIRE DES SÉISMES.

Légende :
- Antilles.
- Pérou.
- Centre-Amérique.
- Suisse.
- Divers.
- Totaux (Échelle de 0,1).

Heures

11. — Théories météorologico-sismiques. — Loi de Laur.

Après avoir esquissé à grands traits les théories rattachant les tremblements de terre à des phénomènes extérieurs à notre planète, et montré leur peu de fondement, il faut maintenant nous occuper de celles qui en cherchent l'origine dans l'atmosphère et les relient aux accidents météorologiques. Ce serait déjà un peu plus logique.

Le thermomètre et le baromètre ont été étudiés dans ce sens.

Ce n'est pas d'aujourd'hui que datent ces tentatives, vaines jusqu'à présent, témoin les travaux de Bertrand de Genève et surtout de Cotte.

Il n'y a pas grande attention à faire à l'observation d'Eben Meryam de Brooklyn, qui signale pour 10 tremblements de terre arrivés en Europe et aux Etats-Unis pendant l'année 1845, un état stationnaire du thermomètre et qui aurait atteint pour l'un d'eux une durée de onze heures consécutives, tous ayant été suivis d'un fort ouragan. Demander que prouvent 10 faits est répondre à la question. Il semble, d'ailleurs, à *priori* que les phénomènes thermométriques soient trop complexes pour ne pas être des derniers à manifester une relation simple avec les tremblements de terre.

Il règne au Centre-Amérique une croyance fortement enracinée, à savoir que les secousses sont précédées d'un grand calme atmosphérique. Il en est de même en Turquie, à preuve la question posée en 1842 à l'Académie des sciences par Archigènes, médecin de l'ambassade ottomane, au nom d'Emyn-Pacha, mais à laquelle il ne fut pas répondu, que je sache du moins. Quoi qu'il en soit, s'il est vrai qu'au Centre-Amérique les gros orages de la saison des pluies soient souvent précédés d'un très grand calme, fréquemment d'autant plus long et d'autant plus marqué que la perturbation atmosphérique doit être plus violente, je puis affirmer que pour cette région c'est là un phénomène qui n'a aucune relation avec les secousses; en ce cas, comme en beaucoup d'autres, la constatation de quelques coïncidences a suffi pour asseoir une croyance populaire, admise ensuite sans contrôle.

L'étude des séismes au Centre-Amérique ne m'a permis aucune observation relative aux rapports qu'ils pourraient avoir avec les grands mouvements de l'atmosphère ou cyclônes, ces phénomènes étant presque inconnus sur la côte tropicale du Pacifique américain. Quelques coïncidences désastreuses : 2 août 1837 aux Antilles, 19 novembre 1867 à Saint-Thomas, 4 novembre 1799 au Vénézuéla, 21 août 1856 en Algérie, etc..... ont suffi pour faire croire à une relation. Mais on remarquera que si Poey a pu mettre en évidence un certain nombre de faits de coïncidence pour les côtes et les îles du golfe du Mexique, où l'une et l'autre de ces terribles manifestations des forces naturelles sont si fréquentes, M. Mangeot n'est parvenu à en obtenir aucune pour l'Extrême-Orient, où séismes et cyclônes sont tout aussi fréquents, sinon plus. Il y a donc lieu de douter fortement de la concomitance de ces deux ordres de phénomènes, le nombre de faits connus à l'appui des théories de Poey et de Hœfer étant de l'ordre du nombre des coïncidences simplement probables, nombre que vraisemblement l'analyse mathématique ne pourra jamais fixer, le problème paraissant indéterminé.

Poulett Scrope, après avoir brillamment étudié les volcans d'Auvergne et donné une ingénieuse théorie de la formation du Puy-de-Dôme et du Puy-de-la-Goutte, a relié les éruptions de l'Etna à la marche du baromètre. Waltershausen en a fait autant pour le Stromboli.

J'ai suivi à ce point de vue spécial les éruptions stromboliennes si régulières de l'Izalco et n'ai trouvé aucune relation.

Actuellement M. Laur s'est lancé dans une série de travaux sur la concordance entre les phénomènes sismiques, volcaniques et thermaux et les dépressions barométriques brusques dans une région donnée. Partant d'une conséquence assez plausible de ces baisses, à savoir la rupture de l'équilibre de pression entre les masses gazeuses intérieure et extérieure à l'écorce terrestre, il fait intervenir des phénomènes de dissociation, dont il faudrait au moins vérifier la réalité, et il trouve une originale dénomination des volcans qu'il regarde comme de gigantesques Giffards. Il renouvelle les observations faites en Angleterre sur l'influence du baromètre sur les explosions de grisou, ce qui s'explique très bien. Quoi qu'il en soit, pour ce qui est du Centre-Amérique, je dois dire que l'étude minutieuse de vingt années d'observations météorologiques faites à Guatémala, au collège des Jésuites et à l'Institut national, de trois à Santa-Tecla (Salvador), au collège San-Luis, et de quatre faites à San-Salvador par moi-même, m'a prouvé que si les mouvements sismiques ou éruptifs sont directement fonction de ceux du baromètre, la loi est bien cachée. Il y en a peut-être une cependant, au moins pour certaines secousses, car enfin il doit bien évidemment se produire des effets d'action et de réaction à la surface de séparation de deux milieux fluides, comme l'atmosphère et la masse interne, si tant est que cette dernière soit en cet état. J'ai cherché pour environ 9,000 courbes barométriques quotidiennes, comment les tremblements de terre se répartissaient autour des deux minimums et des deux maximums de la sinusoïde si régulière qui représente la marche du baromètre sous les tropiques et aussi comment ils se groupaient par rapport aux périodes, soit de quelques jours pendant lesquels cet instrument monte, reste stationnaire, ou descend (tout en parcourant chaque jour une courbe presque superposable à celle du précédent ou du suivant, mais placée un peu plus haut ou un peu plus bas), soit de quelques mois pendant lesquels il oscille autour d'une position progressivement ascendante ou descendante. Le classement des tremblements de terre donne dans tous les groupements des chiffres sensiblement égaux.

Il est juste d'ajouter que M. Bartoldi, en Italie, aurait trouvé une loi de relation en opérant sur un nombre énorme de secousses microsismiques, on parle de 250,000.

J'en conclus que s'il y a là une cause de séismes, elle est loin d'être générale. A ce point de vue M. Laur me semble être tombé dans la même exagération que beaucoup de chercheurs, en étendant à tous les cas une cause, fût-elle reconnue exacte pour quelques-uns; et cette erreur a été fréquente en sismologie. Quant à voir dans un geyser, comme celui de Montrond, un appareil avertisseur des tremblements de terre, c'est à l'avenir de décider de la sûreté des indications qu'on en peut tirer. Remarquons enfin que si les théories de M. Laur étaient généralement exactes, il faudrait en conclure que dans une région déterminée, les activités thermale et volcanique doivent se présenter ensemble à leur maximum, tandis que c'est plutôt l'inverse qui semble se produire d'ordinaire, la première paraissant être pour un pays particulier la forme ultime de la seconde éteinte ou décroissante.

Enfin il est un autre accident météorologique que l'on a voulu rattacher aux séismes, les grandes pluies et les inondations, tant il est vrai que tous y devaient passer. De Conynck a pensé que les éruptions du Vésuve sont liées aux grandes inondations et Joly a cru trouver une relation entre les phénomènes volcaniques et les périodes de grandes pluies, ou plus exactement en entrevoir l'existence. Si la théorie des éruptions volcaniques, comme dues à l'infiltration des eaux de la mer et à leur contact subséquent avec les masses fluides de l'intérieur, était bien établie, ce qui n'est pas, on pourrait assimiler les deux hypothèses. Audrand a posé une loi tellement générale que dans son énoncé on pourrait remplacer le mot inondation par tel autre que l'on voudrait, puisque nous savons qu'il n'est pour ainsi dire pas de moment où la surface du globe ne soit secouée quelque part. La voici :

Chaque fois qu'un tremblement de terre a lieu quelque part, il est à présumer qu'une inondation se sera produite quelque part. Chaque fois qu'un fleuve déborde ou inonde ses rives par des crues soudaines, il faut tenir pour certain qu'un tremblement de terre se sera manifesté sur quelque point du globe.

Avec de telles lois on peut dire tout ce qu'on veut et je suis loin de professer pour ce beau théorème l'admiration de mon collègue le capitaine Chapel *(Aperçu sur le rôle des astéroïdes inférieurs dans la physique du globe,* p. 89). La saison des pluies devrait ainsi être sous les tropiques celle des éruptions volcaniques, ce qui n'est pas.

12. — Relations des séismes avec les perturbations magnétiques.

Les déviations magnétiques ont été mises en avant comme étant en relation avec les séismes. Boué et le capitaine Chapel ont donné un assez grand nombre de ces coïncidences et ont bâti des théories magnético-sismiques très exclusives. On peut y ajouter les observations de Capocci à Naples après l'éruption du Vésuve en janvier 1839, celles de Mermet à Marseille avant et après la secousse du 19 mai 1839, et du R. P. Ambar, de l'Institut des Méchitaristes, au tremblement de terre de Smyrne du 29 juillet 1880. A Arequipa, Espinosa aurait observé pendant plusieurs années que toute secousse était précédée de la chute d'un morceau de fer adhérent à un aimant. Il s'était ainsi constitué une sorte d'avertisseur. Aguilar a signalé des faits de même ordre à Quito. Enfin en 1875, Destieux, chef du bureau télégraphique de Fort-de-France à la Martinique, a rapporté des perturbations considérables de ses appareils. Nous devons donc penser que certaines classes de séismes ont probablement une action temporaire sur les solénoïdes terrestres, si tant est qu'ils existent. Mais à présent il ne faut pas aller plus loin que cette explication due à Mermet.

Il est cependant d'autres phénomènes magnétiques dont je connais seulement deux exemples bien avérés et qui me paraissent devoir fortement attirer l'attention des sismologues; je veux parler de déviations restées permanentes après la secousse. L'un a été donné par de Humboldt et de Bompland après le grand tremblement de terre de Cumana le 4 novembre 1799, et l'autre a été observé à Guatémala par le R. P. Canudas après celui du 8 décembre 1859, xx h. 15'. Faut-il songer à un dérangement des couches sous-jacentes assez considérable, ou à une modification suffisante de leur état moléculaire, pour donner lieu à un changement stable des courants terrestres dans la région?

Qu'il nous suffise de mentionner pour mémoire la théorie purement électrique de F. Hœfer, qui regarde les tremblements de terre comme la deuxième classe des orages électriques, divisés par lui en atmosphériques, souterrains et aéroterrestres, ceux-ci les plus terribles, pense-t-il.

13. — Caractère commun de périodicité des théories précédentes.

Les phénomènes météorologiques et astronomiques, qu'on a cherché à relier aux forces sismiques et volcaniques par des tentatives non acceptées par tout le monde, au moins jusqu'à présent quant au plus grand nombre d'entre elles, et dont nous venons d'esquisser les plus connues et les plus saillantes, présentent tous un caractère commun, celui d'une certaine périodicité. Celle de ceux-ci résulte de l'observation des mouvements des corps célestes, et de l'étude des formules mathématiques au moyen desquelles on peut les représenter. Celle de ceux-là est encore à peine soupçonnée, quoiqu'il soit très probable qu'elle existe, embrassant toutefois un nombre considérable d'années; je ne fais pas allusion aux périodes millénaires de Croll. Elle est en outre compliquée et masquée par de nombreuses influences accessoires, dont les principales tiennent à la constitution topographique, géographique et géologique même de chaque point de la surface terrestre. Dans ces conditions la méthode de com-

paraison de catalogues, contre l'abus de laquelle je ne croirai jamais trop protester sans craindre de me répéter, devient assurément très féconde, surtout
en négligeant, comme on le fait le plus souvent de bonne foi, les faits qui ne
viennent pas s'encadrer dans les séries que l'on compare. Si un nombre jugé
respectable d'événements d'une certaine importance rentrent sans trop d'efforts
dans le système préconçu, on se hâte de les étaler pompeusement, en se gar-
dant bien de dire combien de moins connus refusent de se laisser coucher dans
ce lit de Procuste scientifique. Il est presque naïf de dire qu'avec une telle
méthode on pourra toujours étayer telle relation qu'on voudra des manifestations sismiques et volcaniques avec celles d'un phénomène d'une espèce quelconque; c'est en effet ce que nous montre l'histoire de la sismologie, et cela
s'est trouvé d'autant plus facilité que le nombre des tremblements de terre est
infiniment plus grand qu'on ne se l'imagine généralement, tant dans le temps
que dans l'espace, et que les documents que nous avons à notre disposition
remontent à peu de siècles en arrière pour la majeure partie du globe terrestre,
où précisément se trouvent des régions récemment découvertes, qui, comme
le Centre-Amérique, se distinguent par un nombre effrayant de tremblements
de terre et d'éruptions. On s'en rendra compte par la richesse du catalogue
que j'ai établi pour cette région, fraction bien faible cependant de l'immense
chaîne sismique et volcanique formée par la Cordillère des Andes entre le
détroit de Behring et le cap Horn, et pour laquelle les documents historiques
et surtout scientifiques manquent presque absolument.

14. — Théories chimico-géologiques.

La logique aidant, on est descendu de l'espace cosmique et des hauteurs
atmosphériques pour demander l'explication des phénomènes sismiques et volcaniques au milieu même dans lequel ils se produisent, à l'écorce terrestre. Il
n'entre pas dans mon plan d'étudier en détail les diverses théories chimico-
géologiques auxquelles ces recherches ont donné lieu. Je me contenterai d'énoncer les principales, en y ajoutant quelques réflexions quand l'occasion s'en présentera.

Soulèvements et effondrements plus ou moins brusques de portions grandes
ou petites de la surface. On admet généralement que par suite de différences
de conductibilité pour la chaleur des océans relativement aux masses continentales, celles-ci se rétracteront moins que celles placées sous les mers par suite
du refroidissement graduel de notre planète. Cela expliquerait pourquoi les

régions à volcans sont toutes, sauf une exception en Mongolie, situées au voisinage de la mer. Nous reviendrons sur ce point illustré par la longue polémique Prévost-Cordier.

Glissements de couches les unes sur les autres, plissements et dislocations, toujours par suite de ce refroidissement et de la diminution de rayon terrestre qui en est la conséquence. Nous touchons là aux plus hautes et plus délicates théories de la géologie.

Frottements accidentels de la masse interne supposée fluide contre la pellicule solide externe, quand par suite de causes laissées dans l'ombre la vitesse de rotation ou la température vient à varier en quelqu'un de ses points, ou, ce qui revient au même, action et réaction réciproques du milieu interne et de son enveloppe.

Instabilité de certaines régions composées de couches disloquées et sans grande adhérence entre elles. Cette théorie a été appliquée brillamment aux tremblements de terre de l'Andalousie (1884-1885) et se rapproche de celle de Boussingault, après son exploration des Andes, et qui regarde une région comme d'autant plus sujette aux tremblements de terre qu'elle est plus élevée et d'une époque géologique plus récente, d'où moins d'agrégation entre les couches qui la composent. Heim a fait une classe spéciale de ces séismes de dislocation et Forel les a étudiés sous le nom de secousses orogéniques. Disparition de strates dissoutes et entraînées à la longue, molécules à molécules, par les sources thermales et les décompositions produites à leur contact. On peut rattacher à cette théorie les dislocations donnant lieu à des forces verticales dues à un foisonnement occasionné dans certaines couches par des transformations chimiques d'après Girard et la théorie volcanique d'ordre purement chimique d'Humphry Davy.

Marée lunaire et solaire de la masse fluide interne se traduisant par des pressions contre l'écorce terrestre et par suite pouvant ébranler celle-ci. Nous reviendrons sur ce point spécial pour montrer que cette marée, si elle a toutefois lieu réellement, s'exerce peut-être avec un transport mécanique de matière, contrairement à ce qui se passe dans le cas des marées océaniques. Les coups de bélier de de Caligny se rapportent à cette théorie, qui a du reste pour elle, plus ou moins implicitement, tous les partisans du noyau fluide interne.

Réactions chimiques d'une incomparable intensité s'exerçant au contact des laves incandescentes centrales avec la croûte solide externe.

Infiltrations des eaux de la mer jusqu'à ces mêmes laves, d'où explosions produites par leur rapide décomposition, ce qui aurait l'immense avantage d'expliquer pourquoi les volcans se présentent soit le long des côtes, soit dans les archipels. On a objecté à cette séduisante théorie, appuyée par de nombreux sismologues, Fouqué par exemple, l'absence de l'iode et du brôme dans les déjections volcaniques, et ce fait bizarre que certaines grandes masses d'eau douce, Afrique centrale et Canada par exemple, ne jouiraient pas de la même propriété, puisqu'il n'y a pas de volcans sur leurs rives. Mais les lacs tertiaires d'Auvergne et de Hongrie font tomber cette seconde objection, d'autant plus que Daubeny a montré qu'en Auvergne et en Hongrie les volcans se sont précisément éteints avec la disparition des grands lacs. Gay-Lussac a fait remarquer que dans cette hypothèse les laves devraient suivre le même chemin que les eaux, ce qui ne semble pas arriver, sauf peut-être pour certaines bouches sous-marines. Cette objection me semble du reste facile à réfuter.

Tel est le bilan des principales théories chimico ou mécanico-géologiques des tremblements de terre et des éruptions volcaniques, tour à tour mises en avant, tour à tour battues en brèche, au moins en tant que générales et exclusives les unes des autres. Mais si toutes jusqu'à présent se sont heurtées à de graves difficultés, cela tient en partie à ce que chacune d'elles veut condamner irrémédiablement toutes les autres et à ce qu'elles s'appuient sur une hypothèse assez contestable et contestée, celle du feu central, fait difficile à ne pas admettre, je l'accorde, en l'état actuel de nos connaissances, mais inaccessible à toute vérification, à moins que notre époque ne voie exécuter le fantastique projet de l'Argentin Martinez, de percer un trou à la terre, humbug lancé le 1er mai 1885 à la Nouvelle-Orléans. Cette hypothèse d'une masse de laves centrales est une conséquence de la théorie cosmogonique de Laplace et est déduite tant de la valeur connue de la densité de la planète, que d'une extension au delà des limites de l'observation directe de la loi de l'accroissement de la température dans les couches solides externes. Les travaux de nombreux savants : Delaunay, Thomson, Hopkins, Roche, etc..., ainsi que les discussions auxquelles ils ont donné lieu, montrent bien toute l'incertitude que nous laissent sur ce sujet les données astronomiques et les valeurs connues de la précession et de la nutation, qui ont permis de soutenir également le pour et le contre, en partant des mêmes formules de mécanique rationnelle. L'épaisseur de l'écorce est très diversement évaluée par ces savants, et cependant les théories volcaniques en cours exigent pour l'enveloppe une épaisseur relativement faible. Quoi qu'il en soit, nous voyons qu'elles reposent en définitive sur une hypothèse sujette à discussion, et qui demande vérification, malgré sa très grande probabilité.

Nous croyons en somme que toutes ces théories ont chacune un certain fonds de vérité et doivent, chacune indépendamment des autres, donner lieu à des éruptions volcaniques et à des tremblements de terre. La difficulté, non encore abordée, consiste à démêler la cause de chaque fait en particulier.

15. — Multiplicité des causes de séismes. — Désidérata de la sismologie en France.

Il me semble en tout cas que ces phénomènes sont dus à des causes multiples et parfaitement indépendantes les unes des autres, d'où l'impossibilité absolue d'en faire une théorie générale, illusion qui a fait échouer les efforts des savants qui s'en sont jusqu'à présent occupés. Si nous admettons cette variété de causes, il faudrait chercher tout d'abord un classement au moins provisoire. Pour cela il y a lieu pour le passé de compléter les catalogues sismiques régionaux existants, et il y a fort à faire dans ce sens, témoin le présent travail, relatif cependant à la bien petite surface du Centre-Amérique, et cela malgré les immenses travaux de Perrey. Pour le présent et l'avenir nous devons soigneusement enregistrer tous les faits qui se produisent, en portant une grande attention sur les circonstances extérieures qui accompagnent chacun d'eux. Tout cela ne peut aller qu'avec la connaissance topographique et géologique du point ébranlé. Alors seulement on pourra tenter le classement différentiel des phénomènes observés, puis ensuite la théorie particulière de chacun d'eux. Mais il ne faut pas se faire illusion, il sera nécessaire d'accumuler un nombre de bonnes observations d'autant plus grand que nous n'avons guère comme substratum d'étude d'un séisme donné que la vibration imprimée à l'écorce terrestre, soit un caractère commun à tous. On devra donc attacher d'autant plus d'importance aux circonstances extérieures, quelque faible relation parussent-elles avoir avec le fait à étudier et quoique même d'apparence futile.

Les sismologues italiens et suisses, et même japonais, ont bien compris cette nécessité, et il serait à souhaiter que la France ne se laissât point devancer dans cette voie de patiente observation en suivant l'exemple de ces pays, si souvent éprouvés, le premier surtout, par les tempêtes sismiques. Il nous faudrait une société sismologique, création qui aurait tout autant d'intérêt que celle de météorologie. Il nous faudrait des observatoires destinés à ces études qui ne forment encore qu'une humble annexe de ceux consacrés aux phénomènes atmosphériques. L'idéal futur de ces aspirations serait de couvrir le sol français d'un réseau de ces établissements, permettant de tracer les courbes concentriques ou non, représentant la marche de chaque séisme à la surface du pays tout entier. Et qu'on ne croie pas que les séismes soient rares, même en France. Il n'y a qu'à feuilleter les immenses catalogues de Mallet et de Perrey pour s'en rendre compte, encore sont-ils bien incomplets, surtout pour les régions non civilisées. Malheureusement l'on ne peut compter voir cette idée réussir auprès des masses et des gouvernements et faire son chemin dans le monde aussi facilement que celle des observatoires météorologiques, encore qu'ils aient mis pas mal de temps à y parvenir, parce que notre pays n'ayant pour ainsi dire jamais souffert sérieusement des tremblements de terre (ce n'est plus vrai depuis le 23 février 1887) et encore moins des éruptions volcaniques, l'attention générale est peu attirée vers ces phénomènes. Au reste, le succès des observatoires météorologiques est principalement dû à l'annonce des tempêtes formées sur l'Atlantique nord et occidental et aux prévisions agricoles, résultats pratiques s'il en fut; mais les sismologues ne peuvent rien promettre de semblable.

On entrevoit déjà le moment où le dépouillement des archives météorologiques d'une longue période permettra de trouver les lois des mouvements aériens, puis plus tard leur théorie générale, de même que Képler a déduit les lois du mouvement elliptique des corps célestes au moyen des innombrables observations astronomiques faites avant lui et que Newton en a conclu la théorie de la gravitation universelle, qui en forme la synthèse. Plus tard la même carrière pourra être parcourue pour les phénomènes sismiques et volcaniques, si nous préparons pour l'avenir une masse suffisante de documents et d'observations.

16. — Plan général de ce mémoire.

Je pense que l'on saisira sans peine maintenant l'esprit dans lequel a été conçu et exécuté le présent travail. J'étais arrivé au Centre-Amérique riche d'hypothèses relativement aux tremblements de terre et surtout aux volcans et aux manifestations thermales, que j'avais plusieurs années durant étudiés dans la chaîne des pays d'Auvergne. Toutes se sont bientôt évanouies au souffle de l'observation, et ce qui en reste est ce modeste catalogue, œuvre de compilation, je l'accorde, mais qu'il serait bien désirable de voir imiter pour toute la chaîne des Andes, du cap Horn au détroit de Behring, immense chapelet presque ininterrompu de volcans actifs nombreux encore et éteints, et aussi pour toutes les régions volcaniques du globe.

Dans cette région, plus peut-être que partout ailleurs, les phénomènes sis-

5

miques et volcaniques sont presque inséparables, et l'étude, donnée plus loin, de la constitution géologique de la région isthmique de l'Amérique centrale m'a mis sur la voie de faits d'observation qui donnent, à ce qu'il me semble du moins, une très forte présomption en faveur de l'hypothèse d'inégales épaisseurs de la croûte terrestre sous les continents et les océans.

Quant au catalogue en lui-même, chaque événement y est étudié pour son compte et d'une manière infiniment plus complète et plus sûre que dans mon premier essai : « *Temblores y erupciones volcanicas en Centro-America ;* San-Salvador, 1884, » grâce aux nombreux documents que j'ai pu me procurer à mon retour en France et qui m'avaient fait défaut au Salvador. C'est donc dans le détail que l'on trouvera l'influence des causes géologiques, topographiques et autres de tout ordre, sans qu'il me soit possible d'en faire un exposé didactique.

Je crois avoir ainsi mieux servi les intérêts bien compris de la science, qu'en me hasardant à embroussailler le terrain des connaissances humaines de quelque nouvelle théorie sismique, plus ou moins séduisante et superficielle, et dont on aurait bientôt pu demander comme de tant d'autres « et où sont les neiges d'antan ? » J'ai donc patiemment dépouillé à peu près tout ce qui a été écrit sur le Centre-Amérique par les voyageurs et les historiens, et compulsé les archives du Salvador, et la collection presque complète des journaux de la région depuis 1847, époque de l'apparition de la presse dans le pays, jusqu'à nos jours. Je n'ai point oublié les grands catalogues des Mallet, des Perrey, etc..., ni la littérature sismologique ; mais celle-ci moins complètement encore que je ne l'eusse désiré. A cette masse de matériaux, discutés et rangés par ordre chronologique, j'ai ajouté le stock de mes propres observations.

17. — Coup d'œil d'ensemble sur la géographie et l'orographie du Centre-Amérique.

Avant de développer les quelques résultats obtenus par l'exposé des phénomènes sismiques et volcaniques au Centre-Amérique et d'attirer l'attention sur quelques cas spéciaux noyés au milieu du grand nombre de faits catalogués chronologiquement, je crois utile, nécessaire même, de donner une vue d'ensemble sur la géographie et l'orographie de ce pays, afin d'éclairer la lecture de ce mémoire. Nous passerons ensuite à une étude de la chaîne volcanique elle-même.

Le Centre-Amérique est la série d'isthmes qui forme trait d'union entre les deux grandes masses continentales du nord et du sud du nouveau monde. Elle commence par celui du Darien (Colombie) et se termine par celui de Tehuantepec (Mexique), avec celui intermédiaire d'Izabal (Guatémala), ce dernier correspondant au golfe de Honduras sur l'Atlantique. D'une manière très générale cette région est constituée par la chaine de la Cordillère des Andes, très surbaissée entre la Colombie et le Mexique, et qui sous des noms divers s'étend du cap Horn au détroit de Behring, formant ainsi la partie principale et caractéristique de l'ossature orographique du continent américain. Cette grande muraille, presque constamment à pic vers l'ouest et descendant par des pentes relativement douces vers l'est, présente dans la région qui nous occupe des sinuosités sans grande importance et sans influence sur sa direction générale et qui forment par exemple les golfes d'Urraba et de Panama. Nous allons cependant les détailler, car il importe de montrer l'indépendance de la Cordillère centrale avec la chaine volcanique, tandis que jusqu'à présent presque tous les auteurs s'accordent, sur la foi d'observateurs peu attentifs, à les confondre ensemble.

Le système Guatémaltèque s'étend depuis le Tehuantepec, sur lequel il tombe à pic par les hauteurs du Chiapas, jusqu'au col de Guajoca, dans la vallée de Comayagua (Honduras). C'est là la dépression découverte par Squier du haut du volcan de Conchagua, et sur lequel nous aurons à revenir. Le massif des Altos de Quetzaltenango et de la Lacandonie forme la partie principale de cette première section assez irrégulière et non très rapprochée du Pacifique. Elle lance de grands rameaux sur l'Atlantique pour former les plaines basses du Yucatan jusqu'au cap Catoche.

La seconde section s'étend de ce col de Guajoca jusqu'à la dépression du Rio San-Juan, déversoir des lacs du Nicaragua. Il est très remarquable que ce second système, important par la masse et l'altitude des montagnes de Ségovia et de Metagalpa, ne forme plus la ligne de partage des eaux, rôle dévolu à la Cordillère secondaire qui longe toute la côte nicaraguïenne du Pacifique. Elle lance au cap Gracias-à-Dios la grande Cordillère inexplorée de Dipilto.

La troisième section coupe diagonalement le Costarica, et de la partie méridionale de cet état ne forme plus jusqu'en Colombie qu'une étroite arête peu élevée dont les deux talus tombent à pic sur les deux océans, que l'on peut voir ensemble de l'un de ses volcans, l'Irazu.

Ces trois sections seraient, d'après Durocher, alignées sur le grand cercle qui va de l'Orizaba (Mexique) au Tolima (Colombie). Ce serait l'axe du soulèvement principal, auquel viendraient s'en adjoindre trois autres secondaires : 1° celui du Coseguina au cap Gracias-à-Dios, donnant naissance au massif de

Segovia; 2° celui de la côte nord du Honduras, entre le même cap et le golfe d'Amatique et rentrant dans le cercle des volcans mexicains et vénézuéliens; et enfin 3° le système des côtes orientales, Mosquitie et Bélize, sur le cercle dodécaédrique rhomboïdal des îles Gallapagos. Il a fallu le désir de trouver, coûte que coûte, une vérification aux idées d'Elie de Beaumont pour torturer ainsi l'orographie centre-américaine et la forcer à se coucher sur des cercles tracés à l'avance.

Au Guatémala et au Salvador jusqu'à la baie de Fonseca, et au Nicaragua jusqu'à l'angle sud-ouest du lac du même nom, s'étendent des Cordillères secondaires, rectilignes et très rapprochées du Pacifique. La troisième seule, comme nous l'avons dit, fait partie de la ligne de partage des eaux. Ce sont les plus importantes pour nous, puisque c'est là que se trouve si développée l'action volcanique et non sur la Cordillère principale, sauf au Costarica, où elles se sont confondues, par suite probablement du peu d'espace laissé libre entre les deux océans, nous aurons plus loin à le rappeler avec détail.

Il résulte de cette constitution que les côtes orientales sont plus basses, plus chaudes, plus humides et partant plus malsaines que celles abruptes de l'océan Pacifique. Il en est résulté aussi une plus grande exubérance de la végétation de ce même côté. La salubrité toute relative des côtes occidentales les a fait bénéficier du principal effort colonisateur des Espagnols, d'autant plus qu'elles faisaient face aux grandes Indes orientales, leur objectif constant, tandis que les bords du golfe du Mexique, les premiers découverts et explorés cependant par les Colomb, les Grijalva et les Cortés, sont restés jusqu'à présent le patrimoine presque exclusif de tribus indiennes sauvages et insoumises, réfugiées dans des régions difficilement habitables pour les Européens. Par une coïncidence heureuse pour la sismologie autant que désastreuse pour les descendants des conquistadores, c'est justement l'étroite bande comprise entre le Pacifique et la Cordillère axiale que se sont développées les grandes manifestations sismiques et volcaniques dont je fais l'histoire.

18. — Coup d'œil hydrographique.

La relation entre les vallées secondaires qui débouchent sur le Pacifique et les failles volcaniques de second ordre, dont nous parlerons plus loin, me conduit à esquisser l'hydrographie centre-américaine. D'après les conditions orographiques données précédemment, il n'est pas étonnant que les fleuves principaux de notre région, comme le Rio San-Juan et son affluent le Serapiqui, le Rio Grande, le Wanks, les Rios Ulua, Tinto, Motagua, Ulumacinta et Coatzacoalcos, soient tous des tributaires de l'Atlantique, et que le versant du Pacifique ne présente que des torrents sans importance, et presque tous à sec pendant six mois de l'année, à l'exception du Rio Soconusco, là où la chaîne centrale s'éloigne un peu plus du Pacifique en s'abaissant sur l'isthme de Tehuantepec, et du Rio Lempa au Salvador, fleuve illustré par la défense longue et énergique opposée aux Espagnols par le cacique Lempira. Encore ce dernier petit fleuve se serait-il déversé dans l'Atlantique, si le massif du Mérendon n'était venu le dévier et le forcer à travers mille obstacles à se jeter dans le Pacifique parallèlement auquel il court longtemps, séparé qu'il en est par la Cordillère secondaire du Salvador.

Au Nicaragua, le soulèvement de la petite Cordillère côtière a rejeté vers l'Atlantique les eaux qui se sont réunies en formant les lacs de Managua et de Nicaragua et en profitant de la vallée du Rio San-Juan. Mais au Salvador ce soulèvement a eu un autre effet par suite de l'absence de dépression orientale ou en conséquence de la trop grande masse de la Cordillère centrale. Là le Rio Lempa a dû franchir la chaîne côtière, et la partie de sa vallée parallèle au Pacifique est l'homologue du Thalweg des lacs du Nicaragua. A part ces deux exceptions, Soconusco et Lempa, tous les torrents qui se jettent dans cet océan suivent des vallées parallèles aux fractures transversales à la faille volcanique principale dont nous parlerons plus loin.

19. — La civilisation s'est concentrée le long des grandes voies de communication interocéaniques.

Il est intéressant de montrer succinctement qu'en dehors de la côte du Pacifique les seules parties habitées et un peu civilisées du Centre-Amérique se trouvent alignées le long de projets de communications entre les deux océans, objet constant des préoccupations et des efforts des conquistadores courant après le passage imaginaire des grandes Indes. Chacune des dépressions de la Cordillère devint ainsi l'axe linéaire d'une colonisation distincte, remarque qui n'avait point encore été faite, que je sache du moins. Nous allons les passer rapidement en revue du sud au nord.

La Colombie nous présente la dépression de l'Atrato, qui a donné lieu à un projet de canal, puis la voie de Nombre-de-Dios, suivie longtemps par les produits du Pérou, et enfin la route de Panama-Colon par la vallée du Rio Chagres, à la veille d'être percée par M. de Lesseps.

Le Costarica, la partie la plus anciennement colonisée du Centre-Amérique proprement dit, n'est guère habité que le long de la ligne Puntarenas-Limon, dont les deux extrémités sont actuellement des amorces de voies ferrées, que d'indignes spéculations financières ont jusqu'à présent empêchées de se rejoindre.

Le Nicaragua civilisé se borne au rivage occidental des lacs et à la côte du Pacifique. On doit cependant faire exception pour les départements de Métagalpa et de Ségovia, qui doivent leur existence aux mines d'or et d'argent de leurs affreuses montagnes. La magnifique voie fluviatile formée par le Rio San-Juan, le grand lac de Nicaragua, le Rio Tipitapa, le lac de Managua, et débouchant sur le Pacifique par l'Estero-Real dans la baie de Fonseca, a été l'objet de trop d'études (Belly, Squier, Napoléon III, etc.....) pour que nous nous y arrétions plus longuement, quoique cette question soit d'un intérêt tout actuel à cause des projets que font les Nord-Américains pour l'ouvrir et l'opposer à l'œuvre française du canal de Panama. Renvoyons seulement le lecteur aux tremblements de terre de 1663 pour ce qui concerne son utilisation au xviie siècle.

La Mosquitie est la partie atlantique presque inhabitée et d'ailleurs très imparfaitement connue encore, des états de Nicaragua et de Honduras, de chaque côté du cap Gracias-à-Dios et de la grande lagune de Caratasca. Sa partie méridionale est un peu plus connue que l'autre à cause des entreprises des flibustiers aux xviie et xviiie siècles, et des tentatives anglaises de prise de possession de 1825 à 1850, caractérisées par la farce diplomatique du roi de Mosquitie, et qui aboutirent au fameux traité Clayton-Bulwer, application de la doctrine de Monroë « *L'Amérique aux Américains* ».

Le Honduras avec son étroit débouché sur le Pacifique à Amapala (île du Tigre) dans la baie de Fonseca, présente aussi sa voie intérocéanique, à savoir la dépression entre ce port et le golfe de Honduras vers Puerto-Cortès par Comayagua, bien connue des Espagnols, mais oubliée, puis redécouverte en 1852 par Squier, qui l'aperçut nettement du haut du volcan de Conchagua, lequel avec le terrible Coseguïna, garde l'entrée de cette rade, peut-être une des plus belles du monde. A deux reprises différentes depuis cette époque les Nord-Américains ont tenté d'ouvrir cette voie au commerce par des voies ferrées; mais sans succès jusqu'à présent à cause de difficultés d'ordre purement financier.

Le riche et turbulent Salvador est étouffé entre le Pacifique et la Cordillère centrale.

Le Guatémala, la plus grande et la plus puissante des cinq Républiques du Centre-Amérique, est établi sur trois voies de communication. L'une est interocéanique ; c'est celle d'Izabal, Gualan, Guatémala, Escuintla et San-José de Guatémala. Elle a été fort fréquentée par les marchandises péruviennes et espagnoles, quand les flibustiers eurent rendu intenable celle de Nombre-de-Dios, et dernièrement (1885) elle n'a pas été étrangère à la guerre qui s'est terminée sur le champ de bataille de Chalchuapa, où Rufino Barrios, président du Guatémala, et mon camarade de mission, le capitaine Touflet, ont trouvé la mort, en ce sens que les souscriptions forcées destinées à la construction de cette grande ligne ferrée, ont été employées à préparer la tentative avortée d'asservissement des quatre autres Républiques. Les deux autres grandes routes que nous présente le Guatémala sont celle du Mexique par Quetzaltenango, en suivant l'espace compris entre les Cordillères côtière et principale, parcourue par l'Adelantado Pedro de Alvarado, marchant à la conquête du pays, et enfin celle de Lacandonie, du Peten et de la Alta-Verapaz, illustrée par la marche de Cortès contre Olid, son lieutenant révolté, et la mort du malheureux Guatimotzin.

Enfin, dans la région isthmique centre-américaine et à son extrémité nord, le Mexique a sa voie de Tehuantepec, étudiée par le colonel Barnard et objet du fantastique projet de chemins de fer à navires du capitaine Eads.

20. — Conséquences sociales de cette loi.

Nous avons ainsi la clef de la constitution politique du Centre-Amérique, et de la manière dont la population y est répartie actuellement, si différemment de ce qu'elle y était au temps de la grande civilisation précolombienne. Alors en effet les puissantes nations plus ou moins tributaires de l'empire mexicain occupaient surtout les hauts plateaux, où nous retrouvons sous la forêt vierge et au milieu de quelques pauvres tribus indiennes errantes et dégradées, les splendides ruines de Copan, Quirigua, Uxmal, Palenqué, Lorillard-City, etc..., pour ne citer que les principales, et qui ne le cèdent en rien aux monuments kmers de l'Indo-Chine. Ces nations avaient bien compris les obstacles mis par la nature à l'occupation des côtes chaudes et malsaines. Elles s'étaient éloignées des bords du Pacifique désolés par les tremblements de terre et les éruptions volcaniques. Aussi, sous l'influence d'un climat plus frais et d'une nature exigeant plus de travail et d'énergie pour le *Struggle for life,* elles étaient devenues des races fortes et viriles, tandis que les créoles, descendants cependant de la poignée de ces vaillants conquistadores qui en un clin d'œil ont renversé les empires indiens, arrivés au moment psychologique de la vie des peuples où la décadence va succéder à trop de grandeur, n'ont rien pu fonder de stable, abâtardis qu'ils ont vite été par la facilité de l'existence sans travail que procure l'exubérante végétation des tropiques et par l'abus du hamac.

C'est pour cela que les Républiques Centre-Américaines, si bien douées par la nature, donneront au monde l'affligeant spectacle de leurs dissensions politiques et de leur décrépitude sociale, tant qu'elles ne s'établiront pas sur les hauts plateaux de l'intérieur pour y échapper à l'influence du climat des côtes. C'est pour cela que les villes espagnoles, renversées périodiquement comme des châteaux de cartes par les tremblements de terre, ne présentent que ruines sur ruines, sont sillonnées de profondes crevasses, et nous rappellent à chaque pas le triste spectacle des nombreuses catastrophes qui les ont si souvent désolées, tandis que les villes indiennes ont leurs magnifiques temples (Teocalli), leurs innombrables statues et leurs palais gigantesques encore debout au milieu de la végétation qui les a recouverts, malgré les intempéries et les siècles, et malgré surtout, disons-le à la honte des fanatiques espagnols, la pioche et le feu des conquistadores, conduits par des prêtres fanatiques et ignorants, qui n'ont heureusement pas pu tout abattre.

21. — Coup d'œil géologique sur le Centre-Amérique.

Nous nous étendrons sur cet intéressant sujet tout juste ce qu'il faut pour faire bien comprendre ce qui suit sur la chaîne volcanique, parce que la géologie centre-américaine n'est connue que dans ses grandes lignes, et cela seulement depuis les travaux de Dollfus et de de Montserrat, nous réservant de donner, quand ils se présenteront, les détails qui ont eu une influence directe sur les phénomènes sismiques et volcaniques.

Un premier soulèvement primitif, O. 22° S. — E. 22° N., a donné lieu à la chaîne centrale de la Cordillère avec ses granits et ses gneiss. Les dépôts sédimentaires postérieurs les plus anciens connus consistent en grès triasiques dans le Chirriqui et en quelques lambeaux jurassiques sur le versant atlantique du Guatémala.

On ne connaît avec certitude aucun dépôt crétacé.

Puis un soulèvement porphyro-trachytique est venu donner au Centre-Amérique son relief actuel ou à peu près. Il est probablement exactement parallèle au premier, quoique Dollfus et de Montserrat lui donnent une direction un peu différente. Il est très certainement postérieur au terrain jurassique et antérieur à l'époque éocène, au commencement de laquelle s'est produit du seul côté occidental de l'arête granitique le soulèvement de l'arête formée par la Cordillère côtière, dont on a déjà parlé. Les roches trachytiques et porphyriques renferment seules des filons métallifères.

Ensuite s'est produit en grand, dès l'époque éocène et jusqu'à la période actuelle, le phénomène volcanique lié à cette Cordillère pendant la formation des dépôts éocènes, miocènes, pliocènes et quaternaires. Il y a eu alors plusieurs alternances de dépôts marins et lacustres ou fluviatiles, ceux-ci peu importants.

Le quaternaire est caractérisé au Centre-Amérique par de nombreux dépôts formés aux dépens des amas de ponces et de laves et au-dessus desquels on trouve sur d'immenses espaces depuis la Sonora (Haut-Mexique) jusqu'au Nicaragua une couche d'argiles jaunes qui constituent un problème non encore abordé de la géologie de cette partie de l'Amérique, et certainement très important en raison même de son caractère de généralité, mais dont on ne peut espérer trouver la clef que dans les Altos du Mexique et du Guatémala.

Notons seulement pour mémoire que c'est le Guatémala qui donne son nom à l'équateur de l'époque des blocs erratiques de de Boucheporn, entre le tertiaire supérieur et son premier quaternaire, et qui passe au Cap et à Bornéo.

Avec les données orographiques, hydrographiques et géologiques précédentes nous pouvons aborder la question qui nous occupe spécialement, à savoir l'étude de la chaîne volcanique en elle-même.

22. — Vue d'ensemble sur le système des volcans du Centre-Amérique.

C'est dans la longue et étroite bande comprise entre le Pacifique et la Cordillère centrale, dont les contreforts occidentaux, sauf dans la partie nord-ouest du Guatémala, viennent tomber à pic sur cet océan, que s'est développée l'activité volcanique et sismique. Cette région se sépare donc nettement de sa voisine, celle des Antilles. Elles sont indépendantes l'une de l'autre à ce point de vue. Nous signalerons, seulement pour mémoire et pour n'y plus revenir, les volcans éteints signalés en Mosquitie et à Omoa, au fond du golfe de Honduras. Leur volcanicité est d'ailleurs contestée et dans tous les cas ils font sûrement partie du système des Antilles et non de celui qui nous occupe ici. Voir aussi à l'année 1764 la question du volcan plus que douteux le Mano-Blanco près de Trujillo (Honduras), dont Ordinaire donne alors une éruption.

Cette bande étroite depuis l'Atrato, au point où l'isthme du Darien se

détache du grand continent méridional *(tierra firme),* ou depuis le Chirriqui, à
la limite du Costarica et de l'état colombien de Panama, jusqu'au Soconusco,
dans l'état mexicain du Chiapas, renferme le nombre énorme d'environ
140 volcans, tant actifs qu'éteints, ou montagnes volcaniques sur une ligne
d'environ 750 milles géographiques seulement, soit un volcan tous les 10 ou
15 milles, en raison de leur disposition sur des lignes parallèles. Trente d'entre
eux sont actifs ou ont eu des éruptions depuis la conquête.

Les divers auteurs les considèrent comme formant une ligne droite continue,
ou comme disposés le long d'une ligne brisée en deux ou trois points sous
des angles très obtus. Une étude plus serrée de leur disposition relative va
nous montrer combien cette idée n'est qu'une grossière approximation de la
réalité. Le principe qui nous a guidés dans cette question consiste à penser
que si des pics volcaniques en assez grand nombre se trouvent sur la carte
en ligne droite, ce ne peut être un effet du hasard et qu'il faut les considérer
comme en dépendance mutuelle. On trouverait en effet une très faible probabilité pour que 140 boules jetées sur la carte du Centre-Amérique tombassent
en formant les groupes linéairés indiqués sur la carte-croquis jointe à ce
mémoire, et une plus faible encore en y adjoignant les lacs qui sont en rèla-
tion avec eux et aussi en exigeant les rapports d'ancienneté que nous trouve-
rons dans chacun de ces groupes et dans leur ensemble.

Nous avons donc cherché à débrouiller le chaos apparent de cette masse
de pics volcaniques, et nous croyons y être arrivés comme il suit.

23. — Séries linéaires de volcans actifs modernes.

Tout d'abord les volcans actifs actuellement ou qui l'ont été à de plus ou
moins nombreuses reprises depuis la conquête forment, sauf deux exceptions,
dont une douteuse au moins, six séries linéaires que nous allons détailler
successivement du nord au sud, en y ajoutant les volcans éteints qui accompagnent les premiers.

1. — *Groupe Mexico-Guatémaltèque.*

Une première ligne comprend le Soconusco, éteint et peu connu, le
Tacana (act.) et le Tajamulco (act.). Ils forment une ligne droite et je ne les

---

La mention *actif* signifie qu'un volcan a eu des éruptions depuis la conquête, a fumé ou fume encore de
temps en temps, ou présente sur ses flancs des fumarolles.

aurais peut-être point placés ensemble, si le système volcanique mexicain n'avait présenté une grande lacune bien avérée au travers de l'isthme de Tehuantepec. Cette série appartient donc bien au Centre-Amérique. Le peu de connaissances que l'on possède sur la frontière du Chiapas et du Guatémala permet de penser que l'intervalle assez grand du Soconusco au Tacana pourra peut-être se combler par des études postérieures. On notera le grand angle de cette ligne avec la suivante infiniment mieux caractérisée.

2. — *Série Guatémaltèque.*

Elle comprend le Santa-Maria ou Quetzaltenango (act.), le Zunil, le Santo-Tomas, le Santa-Clara, le San-Pedro, l'Atitlan (act.), le Toliman, le système de l'Acatenango (act.) et du volcan de Fuego (act.), le volcan de Agua ou Huhnapu, et le Pacaya (act.). Cette ligne présente les lacs d'Atitlan et d'Amatitlan et est remarquable par sa parfaite rectilignité, comme aussi par la fréquence et la grandeur des éruptions du volcan de Fuego et du Pacaya. Elle constitue le système actif moderne du Guatémala. Si on la prolongeait, elle se confondrait presque avec celle des Marrabios du Nicaragua, en passant par le Chingo. Peut-être la coïncidence de ces deux séries et de celle intermédiaire du Salvador a-t-elle été simplement dérangée par les effets du soulèvement de la chaîne côtière du Salvador. Un volcan actif, ou pour mieux dire dont on connaît une seule éruption historique (1469), se trouve en dehors de cette ligne, c'est le Suchitan ou Santa-Catarina-Mita, car le San-Antonio n'a eu que des symptômes d'activité.

3. — *Série Salvadorénienne.*

La série Salvadorénienne commence dans la partie sud-est du Guatémala et se termine à la baie de Fonseca. Elle comprend toujours, en allant dans le même sens, le Tecuam ou mieux Tecpam-Burro (act.?), le Moyuta et le Conguaco, les Ausoles d'Auachapan, le beau groupe linéaire des Marrabios du Salvador, composé du Lagunita-Verde, du San-Juan, de l'Aguilas, du Naranjos, du Tamagastepeque (montagne du boa), du Lamatepeque (montagne père) ou Santa-Ana (act.) et de l'Izalco (act.), puis le San-Salvador ou Quetzaltepeque (act.), le petit cône de Quetzaltepeque (act.?) (v. 1806), le San-Jacinto ou Amatepeque (montagne des Amates, *ficus indica)* et le Texacuangos, qui sont deux montagnes volcaniques plutôt que des volcans, l'Ilopango (act.), le Cus-Cus, montagne volcanique, le San-Vicente ou Chichontepeque (montagne à deux tétons, act.), le Tecapa (act.), le Chinameca et l'Usulutan, le San-Miguel ou Chaparrastique (act.), le Conchagua (act.), le Conchaguïta, le Mianguera, le Tigre (Amapala), et peut-être le Guanacaure, dans le Nicaragua. Tous ces volcans alternent avec l'étang ou marais d'Ahuachapan, le marécage de Zapotitan, les lacs d'Ilopango et du Camalotal, et la rade de Fonseca.

4. — *Première série du Nicaragua. Los Marrabios.*

La première série du Nicaragua, de la rade de Fonseca au grand lac de Managua, est plus près encore que les précédentes de la côte du Pacifique. Commençant au fameux Coseguïna (act.), elle comprend ensuite le magnifique groupe des Marrabios, composé du Chonco, du Viéjo (act.), du Santa-Clara (act.), du Telica (act.), de l'Orota (act.), du Las Pilas (act.), du Momotombo (act.) et du Momotombito (act.). Elle est pour ainsi dire tout entière active, le Coseguïna et le Momotombo seuls, cependant, ayant eu de grandes éruptions historiques.

5. — *Deuxième série du Nicaragua.*

Il est difficile de faire entrer les volcans suivants dans la même série. Nous devons en faire un second groupe linéaire. Ce sont le Chiltepeque, le Motastepe, le Nanzintepeque (?), le Masaya ou Popocatepe (montagne fumante, act.), le Mombacho et le Nandaïme (?), le Zapatero, le Concepcion ou Omotepeque (montagne des deux tétons, act.), et le Madeira, dans l'île de Zapatera, et les îles volcaniques des Solentenami. C'est le groupe du lac de Nicaragua. Prolongé, il passe par l'Irazu ou Cartago (act.) au Costarica.

Le Costarica nous présente trois alignements, les deux extrêmes chacun avec un seul volcan actif et l'intermédiaire avec deux.

6. — *Première série du Costarica.*

Elle comprend l'Orosi (act.), le Rincon de la Vieja, la Hedionda, le Miravalles, le Cucuilapa, le Tenorio et le Cerro-Pelado.

7. — *Série intermédiaire du Costarica.*

Elle comprend le Santa-Rosa, le Buenavista, le Chomes, l'Aguacate, le Poas ou Votos, le Chibusu, le Barba, l'Irazu (act.) et le Turrialba (act.).

8. — *Troisième série du Costarica.*

Enfin toute cette chaine presque ininterrompue se termine à l'Atlantique par le Reventazon, un volcan innommé (peut-être Pico-Blanco ou Rovalo), le Chirripo et le Chirriqui (act. ?).

Il faut observer que les deux directions volcaniques extrêmes du Costarica, si elles ne sont pas exactement parallèles aux deux qui enserrent le lac de Nicaragua, dont une déjà décrite au moins les comprennent entre elles (voyez le rumb des directions sur la carte), et que de plus la ligne de l'Omotepeque coupe au volcan de Barba le système 7 et passe par l'Irazu. On ne peut donc regarder comme absolument indépendants les trois alignements du Costarica, relativement aux deux lignes volcaniques, l'une ancienne, l'autre moderne, entre lesquelles est situé le lac de Nicaragua. Il y aurait peut-être lieu de faire au Costarica un seul groupe Orosi-Chirriqui, ou même d'en faire le prolongement du groupe 5, mais dans lequel la rectilignité aurait été dérangée par la présence de la Cordillère centrale, les pics se plaçant irrégulièrement à droite et à gauche de cette ligne.

Enfin le Costarica nous présente encore un pic actif isolé, la Herradura (mars 1885), à l'extrémité de la chaîne du Dota, qui, si on la connaissait mieux, fournirait peut-être d'autres pics volcaniques éteints à relier à celui-ci.

Dans le Darien nous trouvons comme intermédiaire les traces volcaniques de Gatun, mais probablement sans connexion avec le système centre-américain, le groupe de l'Atrato que j'indique par une convenance géographique, très contestable du reste.

La position de ces séries donnant un nombre de 80 volcans est exactement indiquée sur la carte-croquis annexée à ce travail.

J'ai cru hors de saison de détailler chaque volcan, ce serait répéter en grande partie ce qu'en ont dit Dollfus et de Montserrat dans leur grand ouvrage, et je réserve quelques détails inédits au catalogue historique lorsque l'occasion s'en présentera.

24. — Anciennes séries linéaires Guatémaltéco-Salvadorénienne et Nicaraguïenne.

Mais ce n'est pas tout. Nous trouvons en outre un certain nombre de volcans que l'on peut classer en séries anciennes en relation avec les séries actives précédentes. Ce sont les suivantes :

1° Coban, Ticanlu, Cacaguatique, Sociedad, et peut-être les basaltes de Pasaquina, sur le bord de la baie de Fonseca. Les lacunes qui se manifestent dans cette ligne s'expliquent par une très grande ancienneté, qui a pu faire disparaître le caractère nettement volcanique de points intermédiaires ;

2º Mumus, Jumay, peut-être Ipala et Monterico, San-Diégo et Masatepeque (montagne du daim) et Siguatepeque (montagne de la femme);

3º San-Antonio, Altatate, Suchitan ou Santa-Catarina-Mita, éteint depuis 1469, Guazapa, Cojutepeque (montagne des paons), et le cirque de Santa-Clara, qui est peut-être un ancien cratère très étendu;

4º Pochil, Cerro-Redondo, le 2º Jumay et Chingo.

Malgré de nombreuses lacunes le parallélisme parfait de ces quatre lignes m'a forcé de considérer comme en connexion les volcans qui se répartissent sur chacune d'elles, et d'y voir plus qu'un jeu du dessin. En outre il y a pour cela une raison géologique beaucoup plus concluante et sur laquelle nous insisterons, la contemporanéité, car j'avoue que la description précédente serait loin à elle seule d'entrainer la conviction. On pourrait confondre les lignes 2 et 3 et en faire une seule série volcanique d'une certaine profondeur.

Si ces trois ou quatre lignes sont parallèles entre elles, mais non aux lignes actuellement actives du Guatémala et du Salvador, à cause du soulèvement côtier, il en est autrement au Nicaragua, dont le grand lac est compris entre le système Masaya-Omotepeque et une série éteinte, récemment découverte par P. Lévy, exactement parallèles l'une à l'autre. Celle-ci se compose du Guïsisil, du volcan de Las Uvas, du Cacalotepeque, de La Palma, du Cuïsaltepe, du Juicalpa, du Pan-de-Azucar, du Jaen, de La Picara et du volcan de Las Ventanillas.

25. — Groupements transversaux.

Il est extrèmement intéressant de voir que les volcans de ces systèmes anciens et modernes au Guatémala et au Salvador se groupent transversalement le long de lignes toutes parallèles et perpendiculaires à la première des quatre lignes précédentes, c'est-à-dire Coban-Sociedad, et viennent se terminer aux deux lignes actives : Quetzaltenango-Pacaya et Tecpam-Burro-Conguaco en un volcan, actif pour neuf d'entre elles, éteint pour les quatre autres.

Ce sont :

1º Santa-Clara, Pochil, Mumus et Coban;

2º Acatenango et San-Antonio;

3º Cerro-Redondo et les deux Jumay;

4º Tecpam-Burro et Altatate;

5º Moyuta et Conguaco, Suchitan, Ipala, Monterico et Ticanlu;

6º Ausoles d'Ahuachapan, Chingo, San-Diego et Masatepeque;

7° Isalco et Santa-Ana;

8° San-Salvador et Guasapa;

9° Ilopango et Cojutepeque (?);

10° San-Vicente et Apastepeque;

11° Tecapa et Cacaguatique;

12° San-Miguel et Sociedad;

13° Miangüera et Nacaome.

Ces groupements, qui ne se composent en général que de deux ou trois points bien définis en tant que volcan, n'auraient pas grande signification si d'autres considérations ne venaient donner une grande probabilité à leur existence réelle. En premier lieu toutes ces lignes, parallèles entre elles, et perpendiculaires à la direction Sociedad-Coban, sont parallèles aux vallées des torrents qui se jettent dans le Pacifique, ou pour mieux dire au plus grand nombre d'entre elles. Ce ne peut être l'effet du simple hasard. En outre, et c'est là le point le plus important à signaler :

En général, les volcans sont d'autant plus anciens et éteints depuis plus longtemps, qu'ils sont plus éloignés de la ligne Sociedad-Coban.

L'on ne peut donc supposer qu'il s'agisse là d'un groupement artificiel fait après coup sur la carte. Je dois à la justice due à de savants explorateurs de dire que Dollfus et de Montserrat ont soupçonné cette disposition en séries transversales; mais ils ont donné une direction N.-S. à ces lignes, et trouvé seulement que le point actif de chacune d'elles en était l'extrémité méridionale. Ils étaient donc sur la voie de la véritable disposition de ce réseau que nous allons étudier au point de vue chronologique et quant à ses relations avec les positions successives de la côte du Pacifique.

Le Nicaragua ne m'a rien donné d'analogue pour les deux séries Chiltepeque-Madeira et Guïsisil-Ventanillas, peut-être à cause de la présence du lac.

26. — Marche simultanée vers l'ouest de la faille volcanique principale et du rivage océanique depuis l'époque miocène.

En étudiant les couches du Centre-Amérique, et surtout leurs rapports avec les déjections volcaniques de tout ordre, on peut classer les volcans de la région en au moins trois systèmes d'âges et de constitutions différents, qui n'étant point disposés exactement sur des lignes géométriques, mais bien suivant des bandes étroites, mais toutefois d'une certaine profondeur transversale, empiètent forcément les uns sur les autres, ce qui en complique la délimitation.

Le plus ancien et le plus élevé est très rapproché de la ligne de faîte de la Cordillère principale, dont il s'éloigne notablement dans sa partie sud-est. Il est représenté par des éruptions trachytiques et basaltiques considérables et correspond dans le temps à un rivage miocène, actuellement assez éloigné de la côte, mais pourtant facile à retrouver le long de falaises anciennes. Il y a donc eu soulèvement après cette époque et par suite progression du rivage de l'est à l'ouest, sauf en certains points où il est resté stationnaire, au moins en projection, soit qu'il n'y ait pas eu là de soulèvement, soit, ce qui est plus probable, qu'une trop grande profondeur de l'Océan n'ait point permis un mouvement horizontal sensible auxdits points. Les sommets volcaniques de cette période ont généralement disparu, et en maints endroits il n'en reste de trace que les coulées, souvent en partie détruites elles-mêmes, ou recouvertes de puissantes assises sédimentaires ou volcaniques plus récentes. Une des parties des mieux conservées est celle de la petite chaîne de collines qui s'étend à l'ouest de Pasaquina le long de la rade de Fonseca. On en voit aussi près de Suchitoto, au Guarumal, au delà d'Ateos, sur la route du Sitio-del-Niño à Armenia, etc... On peut citer comme contemporains les lignites de la vallée du Rio-Torola et les argiles à poterie d'Ilobasco, je pense. Ce système ainsi démantelé et recouvert est resté ignoré jusqu'à maintenant.

Le système suivant est à une altitude moyenne inférieure à celle du précédent et se trouve plus rapproché de la côte. Étant moins ancien, il est plus facile à reconnaître, et il a donné lieu à des produits dont la composition et les propriétés physiques se rapprochent davantage de celles de ceux des volcans actuels. Il correspond à des traces d'un rivage pliocène plus rapproché lui-même de la côte moderne que le précédent miocène et naturellement aussi à un niveau inférieur. Comme dans le cas précédent, certains points sont restés stationnaires au moins au plan et pour les mêmes causes. Ce système comprend des pics élevés que le temps n'a pas encore pu dénuder suffisamment pour rendre leur recherche trop difficile. Quelques cratères plus ou moins égueulés subsistent encore. Le lac d'Ayarza, la lagune de Guïja, et le cirque démantelé de Santa-Clara, probablement volcanique, doivent ressortir à ce système.

Enfin un troisième groupe de volcans, soit éteints, mais bien conservés, soit encore en pleine activité, correspond à la côte actuelle (quaternaire et moderne), qui semble avoir assez peu changé depuis l'époque pléistocène, quoique cependant on puisse trouver, par exemple dans la plaine de Zacatecoluca et dans la vallée du Rio Paz des traces de deux ou trois rivages successifs, mais très rapprochés. Comme le commencement de cette troisième période correspond sûrement à la formation de la petite Cordillère côtière, sur le flanc nord-est de laquelle est situé presque constamment le système des volcans actifs de notre époque (sauf pour le Suchitan), on doit penser que le changement de direction avec la ligne Sociedad-Coban dans les deux périodes précédentes est précisément dû à ce soulèvement. Il m'a paru très probable, grâce à la disposition des déjections volcaniques de cette époque, tant au commencement qu'à la fin, relativement à la couche d'argiles jaunes dont nous avons déjà parlé, que tout d'abord les anciennes directions ne se sont pas éteintes immédiatement après le soulèvement de la Cordillère côtière et sont restées actives au moins jusqu'à la formation encore très obscure de cette couche. Les tufs volcaniques de San-Jacinto, des Texacuangos et un très remarquable pic isolé situé près du gué du Rio Jiboa, sur la route de Zacatecoluca à San-Salvador, me paraissent contemporaines au soulèvement sus-indiqué.

J'ai été conduit à ces périodes par une connaissance assez complète des volcans d'Auvergne et aussi par les travaux du *Geological Survey* des Etats-Unis et de Marcou, sur le synchronisme des terrains tertiaires de l'Amérique du Nord et de l'Europe. Quelques fossiles m'ont fourni d'utiles renseignements, ainsi que la nature des déjections volcaniques dont la série est très comparable à celle de la France centrale. Cela ne veut point dire qu'il n'y ait pas lieu plus tard de modifier les périodes précédentes dans le détail, mais je considère leur ensemble comme très fortement établi. N'ayant pas à faire une étude géologique du Centre-Amérique, ou plutôt du Salvador que je connais plus spécialement, je ne m'étendrai pas plus longuement sur ce sujet, dont les grandes lignes seules nous importent.

Cette constitution, si simple en apparence, de notre région volcanique dans le temps et dans l'espace, ne doit être considérée, je m'empresse de le dire, que comme une représentation schématique de la réalité, en ce sens que bien des détails ne s'y conforment point, un ancien volcan pliocène pouvant se trouver à l'est d'une ancienne coulée trachytique ou basaltique miocène, ou une autre soit quaternaire, soit moderne, être à l'est de quelqu'une des deux plus anciennes périodes et, par conséquent, être signalée plus près de la Cordillère centrale et plus loin du rivage.

Il semble donc qu'à mesure que les Cordillères s'élevaient, la grande centrale pour les deux premières périodes, la côtière pour la troisième, que l'on pourrait probablement dédoubler, et que le rivage, par suite de ce soulèvement lent et progressif, se portait parallèlement à lui-même de plus en plus à l'ouest, la ligne

7

suivant laquelle les forces volcaniques et sismiques pouvaient s'exercer et se manifester, ou ce qu'on est convenu d'appeler la faille volcanique, était obligée de suivre le même mouvement.

C'est maintenant que nous allons pouvoir trouver la signification des groupes transversaux.

27. — Faille volcanique primitive et failles secondaires transversales.

Il est impossible de fixer encore d'une manière définitive la position de la faille volcanique la plus ancienne. Les études géologiques dans ce pays sont très difficiles à cause du climat, de la végétation qui encombre tout et surtout en l'absence des coupes que nous donnent en Europe les routes, les chemins de fer et les travaux industriels de toute nature. Mais il est certain, cependant, que les plus anciennes manifestations volcaniques continentales ont eu lieu très près de la ligne de faîte de la Cordillère centrale, et dans sa direction, par conséquent très près de la ligne Sociedad-Coban ; je dis continentales, car je soupçonne des formations volcaniques sous-marines très anciennes, sans pouvoir les affirmer complètement toutefois. Nous pouvons donc, par approximation, prendre cette direction comme représentant la faille primitive. Or cette ligne est trop longue pour s'être produite sans que le terrain environnant ne se soit brisé ou, pour mieux dire, n'ait eu au moins sa résistance diminuée perpendiculairement à elle, et cela surtout du côté opposé à la Cordillère centrale formant obstacle. Puis l'activité plutonique a traversé une longue période pendant que le soulèvement lent portait le rivage de plus en plus à l'ouest. Admettant la proximité nécessaire des failles volcaniques et des rivages, nous reviendrons sur ce point, il est arrivé un moment où leur distance est devenue trop grande et les points actifs ont fait place à d'autres plus occidentaux, mais tout naturellement situés sur les lignes de fracture secondaires préexistantes, ou le long desquelles le terrain avait perdu de sa résistance ; elles se sont donc ouvertes de plus en plus sous l'effort même du soulèvement qui se continuait lentement. Ces nouveaux centres d'activité sont ainsi restés disposés à peu près sur une ligne parallèle à l'ancienne faille, mais qui, point très important, n'a pas d'autre réalité que celle de la carte, au contraire de ce qui a lieu pour les transversales. La nouvelle ligne a subi le même sort que la première, et l'activité volcanique suivant toujours le mouvement du rivage s'est transportée en des points de plus en plus occidentaux des fractures transversales, qui continuaient à s'ouvrir. Nous avons ainsi les séries linéaires parallèles à la faille primitive. Plus tard est arrivé le soulèvement de la Cordillère côtière dans deux directions légèrement obliques par rapport à l'ancienne ligne. Il en est résulté deux failles volcaniques nouvelles, qui ont donné lieu respectivement aux systèmes volcaniques du Salvador et du Guatémala aux époques quaternaire et moderne. Mais l'existence antérieure de fractures transversales a fait que la plupart des nouveaux points actifs se sont précisément trouvés à leurs intersections avec les deux nouvelles failles et non sur de nouvelles lignes secondaires perpendiculaires exactement. C'étaient, en effet, des lignes de moindre résistance toutes trouvées.

28. — Soulèvement actuel.

Actuellement le soulèvement général continue. Il paraît qu'on en a des preuves à la Costa-Cuca (Guatémala). Je ne puis me prononcer à ce sujet. Mais au Salvador j'en ai vu, comme Dollfus et de Montserrat, les effets près d'Acajutla. On peut le reconnaître aussi le long des falaises, le long de la Costa-del-Balsamo, entre ce port et celui de La Libertad, et dans la plaine de Zacatecoluca, près de Miraflores. La partie méridionale du cours des Rios Lempa et San-Miguel s'avance dans la mer et les esteros de Jaltepeque et de Jiquilisco, qui formaient autrefois le delta du premier de ces fleuves, comme celui de Carrera correspondant au second, sont en train de se combler rapidement. Ces deux fleuves avaient autrefois une embouchure commune à l'île d'Espiritu-Santo. Les atterrissements ne suffisent point pour expliquer ce phénomène, parce que ces bras de mer se comblent par le haut, sans recevoir d'apports liquides, et cependant, c'est par en bas que les deux fleuves devraient tendre à les remplir d'alluvions pendant la saison des pluies. Il se formerait des lagunes comme à la côte nord-ouest du Chiapas et du Tehuantepec, tandis que le rivage extérieur s'étend en se couvrant de plages marécageuses. Le croquis ci-joint servira à appuyer ces preuves de soulèvement.

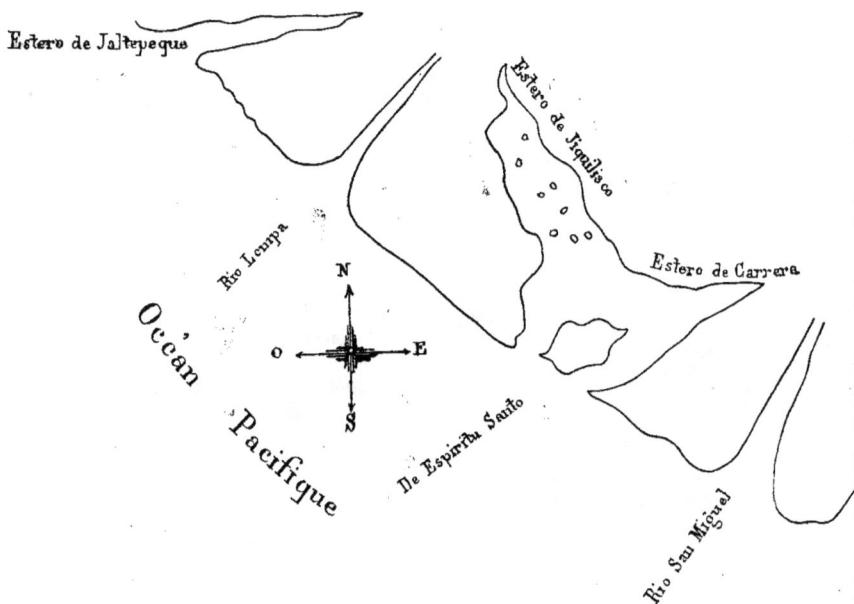

DELTAS DES RIOS LEMPA ET SAN-MIGUEL.

La baie de Fonseca se comble aussi plus que ne peuvent l'expliquer les apports des Rios Pasaquina, Goascoran et de l'Estero-Real. Il est facile de voir qu'à une époque peu éloignée elle s'étendait beaucoup plus profondément dans l'intérieur des terres jusque vers Nacaome. Le Jicaral du Rio Sirama est un dépôt argileux très récent.

Les divers voyageurs ne sont pas d'accord pour décider si la diminution constatée de la profondeur du lac de Nicaragua est due à un soulèvement du fond ou aux apports de ses affluents.

La baie de Corinto se comble rapidement sans apports fluviatiles et le port espagnol de Realejo ou Rio Lexa a disparu.

La rade de Nicoya est fermée depuis le présent siècle par une barre maintenant presque infranchissable à Puntarenas.

Enfin l'île de Coiba, en face de l'Azuero (état de Panama), a été visiblement soulevée à plusieurs reprises, l'état de ses falaises le prouve surabondamment.

Le soulèvement actuel est donc appuyé d'un ensemble satisfaisant de preuves.

29. — Observations sur les systèmes volcaniques du Nicaragua et du Costarica.

Au Nicaragua, la loi de la marche de l'activité volcanique vers des points de plus en plus occidentaux se vérifie encore, puisque la chaîne des volcans éteints située à l'est des lacs a été remplacée par celle de l'ouest située entre le rivage de ces lacs et la côte du Pacifique. Mais il me semble que l'apparition de ces phénomènes y est beaucoup moins ancienne que dans la région du Guatémala et du Salvador. On ne retrouve plus trace de fractures transversales, car elles sont masquées, si toutefois elles ont existé, ce qui est probable, par la dépression des lacs de Managua et de Nicaragua.

Au Costarica nous trouvons trois failles volcaniques déjà signalées, mais qui ne semblent pas avoir obéi à la même marche. Là les phénomènes ont probablement été dérangés par l'existence des deux océans voisins, attirant pour ainsi dire l'activité volcanique des deux côtés à la fois. Je ne connais du reste pas assez cette région pour en parler à l'aise.

30. — Alternance des volcans et des lacs.

Il est une disposition topographique très accentuée au Centre-Amérique et sur laquelle je crois devoir attirer l'attention, à savoir l'alternance des volcans et des lacs, mais sans chercher à l'expliquer. Les plus importants et les plus connus sont ceux de Nicaragua et de Managua, qui ont donné lieu à tant d'études relatives à une voie interocéanique. M. Durocher admet que leur niveau s'élève actuellement, mais il laisse à décider s'il faut y voir un effet de soulèvement ou d'atterrissement. D'autres faits nous ont montré qu'il faut surtout invoquer la seconde de ces deux causes. Entre le Nicaragua et le Salvador nous trouvons

la rade de Fonseca, ancien lac, mis probablement en communication avec la
mer par les bouleversements dus aux deux volcans qui en balisent l'entrée, le
Cosegüina et le Conchagua. Elle représente une lacune dans le soulèvement de
la Cordillère côtière. Au Salvador on rencontre ensuite le Camalotal, réduit à
l'état de marécage par l'éruption du San-Miguel en 1835 ; le lac d'Ilopango,
sujet de nombreux mythes indiens, voisin du Cus-Cus, mont Ararat des Nahuatls,
et signalé en 1879-80 par la formation en son centre d'un nouveau, mais éphémère volcan ; le grand marécage de Zapotitan, dû très probablement à une
coulée du San-Salvador, et auprès duquel mon camarade Touflet a découvert
une immense fortification en terre analogue aux constructions des Mount-Bilders
de l'Ohio ; enfin l'étang d'Ahuachapan, à l'extrémité de la région des Ausoles,
curieux et grandiose phénomène volcanico-thermal, dont nous parlerons plus
tard. Au Guatémala les lacs d'Amatitlan et d'Atitlan complètent la série. Les
beaux lacs de Chamnico et de Coatepeque sont cratériques et constituent un
cas différent.

A l'est de cette chaine moderne s'en présente une plus ancienne alternant
aussi avec les volcans qui lui étaient contemporains, mais qui sont éteints maintenant. Elle comprend au Salvador le cirque desséché de Santa-Clara près
d'Apastepeque, et le lac de Guïja, formé très probablement d'après des traditions indiennes par les coulées du San-Diego et du Masatepeque. On y voit,
dit-on, en temps de basses eaux, les sommets de colonnes de temples antiques.
Je n'ai point eu le bonheur de pouvoir vérifier ce fait intéressant. Au Guatémala
le lac d'Ayarsa fait partie du même système, dont il faudrait peut-être éliminer
le Santa-Clara et le Guïja. Je dois à la bonne foi scientifique de dire que j'ai
cependant quelques doutes sur l'ancienneté réelle de cette seconde ligne et sa
contemporanéité avec une ligne volcanique antérieure à l'actuelle. Des études
subséquentes pourront infirmer ou confirmer ces vues qui cependant ont pour
moi un grand degré de plausibilité.

Si la rade de Fonseca est un ancien lac, ce qui me semble excessivement
probable, il pourrait se faire aussi que celle de Puntarenas ou golfe de Nicoya, en
train de se refermer, celle de Chirriqui et celle d'Azuero, mais avec beaucoup
moins de vraisemblance toutefois, fussent dans le même cas que la première
et soient dues aux causes inconnues qui au Centre-Amérique, comme dans
l'Eifel, la Hongrie et l'Auvergne, ont fait alterner lacs et volcans sur les mêmes
alignements. Cela n'infirme point le soulèvement actuel démontré plus haut.

Quoi qu'il en soit, il ne faut point abuser des généralisations et assimiler à ces
derniers cas les lagunes qui bordent les côtes basses de la Costa-Cuca au Guatémala et celles de l'isthme de Tehuantepeque. Celles-ci sont dues au soulève-

ment lent de la côte là où la Cordillère principale plus large, plus élevée et moins éloignée du Pacifique présente des pentes douces à l'ouest et à l'action des marées sur les alluvions apportées par les torrents, phénomène bien connu.

31. — Cratères et lacs cratériques.

Les cratères et les lacs qui les remplissent souvent, ne sont remarquables au Centre-Amérique que par leur nombre, leur conservation souvent admirable, leurs dimensions et leur parfaite régularité. Rien de spécial à signaler, puisque je n'ai pas à entrer dans le détail des accidents volcaniques du Centre-Amérique.

C'est enfoncer une porte ouverte que d'observer qu'ils ne sont pas plus souvent éguculés à l'ouest qu'à l'est. Quelques géologues, comme Mme Melloni, de Buck, etc., ont en effet émis l'idée qu'il doit en être ainsi; les laves se présentant à l'orifice du cône avec la vitesse de rotation correspondant à la profondeur dont elles proviennent et par conséquent inférieure à celle de la surface extérieure, il doit en résulter un choc contre la paroi occidentale du cratère, qui est elle-même animée d'une plus grande vitesse de l'ouest à l'est, d'où rupture. Les cratères centre-américains ne donnent pas de prédominance à cette cause de rupture et sont indifféremment éguculés dans toutes les directions. C'est que trop d'autres causes liées à la constitution propre de chaque volcan et plus puissantes viennent le plus souvent masquer la plus grande probabilité de rupture vers l'ouest sous l'influence de l'effet d'inertie expliqué plus haut.

Il est presque inutile de dire que je n'ai point trouvé non plus confirmation de la loi de Bylandt : « *Au nord de l'équateur les volcans ont tous leurs orifices tournés vers l'ouest et épanchent leurs laves au sud. C'est l'inverse pour les volcans au sud de l'équateur.*

32. — Analogies entre les systèmes volcaniques du Centre-Amérique et de l'Auvergne.

Ce bel ensemble linéaire de volcans et de lacs présente une similitude presque parfaite, frappante à l'œil même le moins exercé, avec le système des lacs desséchés de la Limagne, d'Issoire et de Brassac, en connexion avec la chaine des Puys, l'homologue des Marrabios du Nicaragua. L'analogie est complétée par les trois immenses coulées récentes du San-Salvador (1659), du Masaya (1772),

et du San-Miguel (1819), qui rappellent à s'y méprendre les Cheyres de Pont-
gibaut et de Mercœur. On les nomme Malpais, nom bien caractéristique de ces
régions rendues impraticables par l'amoncellement des roches arrivées à l'état
visqueux à la base des volcans qui les ont vomies, et qu'une végétation épi-
neuse autant que rabougrie recouvre à peine. L'une et l'autre région ont eu
leurs éruptions trachytiques et basaltiques, dont les bouches ont en général
disparu. L'analogie peut être poussée encore plus loin en considérant le Rio
Tipitapa, entre les lacs de Managua et de Nicaragua, comme l'homologue de
l'étranglement de l'Allier entre les lacs d'Issoire et de Clermont-Ferrand à
Coudes et à Vic-le-Comte, le Rio San-Juan comme celui de cette même rivière
française vers Saint-Germain-des-Fossés, et enfin le Serapiqui, comme celui de
la Sioule. L'une des deux régions ne manifeste plus l'activité volcanique représentée encore toutefois par de nombreuses sources thermales et quelques dégagements gazeux ; l'autre au contraire est encore en pleine activité et a conservé
ses lacs. Dans l'une et l'autre l'homme a été le témoin de violentes convulsions
volcaniques. Enfin toutes deux se sont alignées près de la mer ; mais celle du
plateau central français a vu éteindre ses cônes avec le retrait de la mer tertiaire et la disparition des lacs, de même qu'en Hongrie, d'après Daubeny.

On ne s'étonnera point de la multiplicité des sources thermales de toute
composition et de toute température que l'on rencontre à chaque pas au
Centre-Amérique, aussi bien qu'en Auvergne. Plusieurs volcans inactifs ou
éteints depuis plus ou moins longtemps, comme le San-Vicente, le Tecapa, le
Pacaya et l'Acatenango, etc... présentent sur leurs flancs, et comme dernier
symptôme d'activité plutonique, des fumerolles ou infiernillos (petits enfers),
qui sont en réalité des Ausoles isolés. Cette grande activité thermale est une
conséquence directe du grand nombre des volcans, auxquels elle est probablement destinée à survivre.

33. — Conséquences sismiques.

Je ne me serais pas si longuement étendu sur les détails géographiques et
géologiques précédents, s'ils n'avaient eu directement de l'influence sur les
tremblements de terre au Centre-Amérique. Or dans cette région, en dehors
des secousses de grande étendue sinon de grande force, les plus rares du reste
ici comme partout, les chocs ne se localisent ni le long de la mer ni le long de
la Cordillère centrale, mais bien le long des failles volcaniques actuelles ; et le
long de ces lignes dangereuses les points les plus exposés sont non pas tant

seulement ceux voisins des volcans actifs, mais surtout les points d'intersection avec les failles transversales secondaires. Cela résulte clairement du catalogue historique. On est d'après cela en droit de penser que les tremblements de terre purement volcaniques, fréquents auxdits points de moindre résistance de l'écorce terrestre, sont ceux qui ont le plus éprouvé le Centre-Amérique.

Cela confirme cette opinion ancienne que les séismes volcaniques constituent un phénomène très local.

En fait, au Centre-Amérique les villes construites près des volcans actifs ont toujours moins souffert que celles qui, tout en faisant partie de la zône dangereuse, sont plus éloignées de leurs flancs, ou se trouvent au pied des cônes éteints. Cette affirmation, en apparence paradoxale, est facile à prouver par l'histoire locale, et il serait aisé de la généraliser en dehors de catastrophes trop connues. Guatémala a été détruite sept fois de 1541 à 1773, tant qu'elle a été voisine du volcan éteint de Agua, et n'a plus subi de grands désastres depuis son transfert en 1775 à sa position actuelle près du volcan, si actif cependant, de Fuego, dont on connaît plus de quarante éruptions. La ville d'Izalco, située sur les flancs mêmes du volcan de même nom, qui, depuis sa formation en 1770, fait explosion toutes les vingt minutes environ, sans compter vingt et une grandes éruptions, n'a jamais été détruite, non plus que celles de Santa-Anna, San-Miguel et Masaya, élevées sur les flancs ou au pied des volcans actifs de même nom, et qui ont eu respectivement sept, dix et six grandes éruptions depuis la conquête. Par contre San-Salvador est à la base du Quetzaltepeque, presque éteint, puisqu'on ne lui connaît que l'éruption de 1659, et cependant elle a été quatorze fois détruite de fond en comble. Enfin Omoa et Jucuapa ont été respectivement détruites en 1856 et 1878, et ces deux villes sont bâties sur les pentes de volcans éteints, celui d'Omoa contesté, il est vrai, en tant que volcan.

En outre du danger des secousses orogéniques se manifestant aux intersections des failles principales et secondaires, il semblerait donc ainsi que les éruptions ne pouvant plus se faire jour par la cheminée obstruée d'un cône éteint depuis longtemps, les forces mises en jeu se transforment en formidables et désastreux tremblements de terre. Nous aurons à confirmer ces inductions pour San-Salvador et le volcan d'Ilopango.

Enfin nous pouvons observer que San-Salvador est bâtie sur un terrain très meuble et friable, qui a, croit-on dans le pays, fortement augmenté les dangers auxquels elle est exposée, tandis que Santa-Tecla, beaucoup plus près de la bouche du grand volcan du Quetzaltepeque, n'a encore subi aucun désastre, protégée qu'elle est par une base solide. On pourrait citer au Centre-Amérique plusieurs autres exemples analogues. Nous ne devons pourtant pas oublier de dire que la question de savoir si une ville bâtie sur un terrain meuble est plus exposée qu'une autre élevée sur de solides assises n'est point complètement résolue. Le phénomène sismique est trop complexe au point de vue mécanique pour qu'on puisse lui appliquer d'une façon claire les principes de la dynamique et les lois des mouvements ondulatoires et du choc des corps plus ou moins élastiques. Les sismologues sont divisés sur ce point particulier, comme sur tant d'autres d'ailleurs, et il n'a point été fait de statistique spéciale.

34. — Quelques mots sur les retumbos.

Les retumbos constituent une variété de faits sismiques et volcaniques ou un de leurs effets, que Dollfus et de Montserrat ont à tort regardés comme dus à des causes purement électriques, et ne se manifestant, du moins quand ils se produisent en dehors des chocs, qu'au voisinage des cônes isolés et couverts d'une végétation puissante, et encore seulement alors qu'ils sont enveloppés de nuages épais. Or ceux de San-Jacinto, montagne volcanique absolument pelée près de San-Salvador, ne peuvent cadrer avec cette hypothèse. Pour moi, en dehors de ceux qui accompagnent les tremblements de terre et les éruptions, les retumbos isolés doivent être, sans conteste, regardés comme produits dans les profondeurs par un travail volcanique ou sismique avorté, quelle qu'en soit du reste la cause, et impuissant à produire une secousse de tremblement de terre ou à faire sortir des laves au dehors, quand ils se présentent dans les régions situées au-dessous d'un volcan éteint, ou encore lorsqu'ils sont le prélude de l'apparition d'un volcan en un point nouveau, avant que les forces à mettre en jeu, pour y parvenir, aient acquis pour cela une intensité suffisante.

On doit s'attendre *a priori* à voir les retumbos obéir aux mêmes lois statistiques que les séismes. Mais cela n'est encore pour moi un résultat acquis que dans le cas de la répartition diurne-nocturne.

35. — Considérations sur la proximité des volcans et des océans et sur le noyau fluide interne.

Admettant comme démontré, dans l'état actuel de nos connaissances, l'état fluide interne de notre planète, cherchons à la suite de la géologie moderne à nous rendre compte des faits remarquables précédemment exposés, quant aux relations des failles volcaniques avec le rivage maritime au Centre-Amérique.

Tant à l'époque actuelle que pendant les périodes tertiaire et quaternaire, et cela sur toute la surface du globe (une seule exception importante, celle de l'Ouyûne Kholdonghi, Mandchourie), les volcans se sont constamment disposés soit en files plus ou moins rectilignes le long des rivages des grandes nappes d'eau, océans, mers intérieures et grands lacs, c'est-à-dire le long des bords des dépressions notables de l'écorce terrestre, soit au sein même de la mer en chapelets d'îles brûlantes. C'est là un fait incontestable d'observation historique et géologique, que l'on a expliqué par deux théories principales, celle de l'infiltration de ces masses d'eau (comme annexe celle de l'infiltration des eaux thermales ou de celles qui imprègnent les roches par capillarité) jusqu'au contact des laves fluides internes et l'hypothèse du refroidissement amenant le retrait de l'écorce et son plissement au droit des rivages.

Dans la première hypothèse, l'eau de mer traversant l'écorce terrestre sous-jacente et élargissant même les voies d'accès par des phénomènes de dissolution, finit par arriver en masse au contact des laves fluides du noyau central, ce qui donne naissance à des phénomènes chimiques et mécaniques d'une énergie suffisante pour secouer l'enveloppe et même la rompre en donnant lieu aux volcans. Dans le cas de rupture on conçoit facilement que l'eau se décomposant à ce contact dans des espaces libres très restreints, les gaz produits doivent rapidement acquérir une pression largement suffisante pour faire monter les laves centrales incandescentes, en les forçant à se frayer une route par les explosions successives dues à la brusque décomposition de l'eau, d'où les tremblements de terre et les éruptions volcaniques. Cette séduisante et assez ancienne théorie, soutenue par de nombreux savants : Fouqué, Bete Jukes, Richtofen, Carl Vogt (quoique cependant ce dernier regarde ironiquement la croyance au feu central comme un simple souvenir atavique des théories infernales), etc., a rencontré quelques objections; celle de Gay-Lussac et de Ch. Sainte-Claire Deville, déjà détruite, est relative à ce fait que l'on ne rencontrerait pas dans les déjections volcaniques de tout genre tout ce qui devrait s'y trouver en conséquence de la composition de l'eau de mer. Fouqué y a répondu après ses missions à l'Etna et à Santorin par des considérations chimiques qu'il ne m'appartient pas de juger, vu mon incompétence. On a objecté les cent et quelques kilomètres qui séparent tels volcans des rivages. Mais on peut se demander si cette distance n'est pas très petite par rapport à l'épaisseur parfaitement inconnue de l'écorce et pour laquelle les évaluations les plus diverses ont cours. Enfin l'objection de Contejean n'a pas encore été réfutée : comment se fait-il que, dans la plupart des éruptions, l'émission de vapeurs précède celle des laves au lieu de la suivre, comme elle devrait faire si l'eau était la cause déterminante du phénomène éruptif ?

Quoi qu'il en soit, la théorie des infiltrations, plus ou moins modifiée, conserve de nombreux partisans, car elle explique assez bien, à première vue tout au moins, la proximité des volcans et des rivages. L'autre, celle du refroidissement, est obligée pour cela de recourir à un artifice en admettant que les grandes fractures de l'écorce doivent se produire entre les continents et les océans et non ailleurs. Il est toutefois plus exact de dire que maintenant on a renversé l'ordre des facteurs en disant que les dépressions générales sont limitées précisément par les principales lignes de fracture ou de ridement. Dès lors c'est le long de ces lignes que doivent apparaître les volcans, car les laves auront toujours tendance, si elles viennent du milieu fluide, à s'épancher par les voies qui lui sont ouvertes là et non ailleurs.

Je vais maintenant chercher à montrer qu'en admettant l'inégalité d'épaisseur de la croûte terrestre au droit des océans, soupçonnée par Herschell, et mise en lumière par Faye et d'autres, cette proximité des limites des dépressions externes et des lignes de feu peut s'expliquer simplement.

Mais comme l'hypothèse de la fluidité du noyau central est la base des théories volcaniques et sismiques en cours, et que de plus elle semble pour les théories cosmogoniques et géologiques une arche sainte à laquelle il est presque défendu de toucher, je me permettrai d'en dire quelques mots. Elle rentre trop directement du reste dans notre sujet pour être passée sous silence. Je réserve à une note spéciale le résumé des discussions y relatives. On est arrivé à cette hypothèse à la suite de la brillante cosmogonie de Laplace, et on doit reconnaître que la formation du système solaire par la condensation progressive de la nébuleuse primitive, l'apparition des anneaux qui donneront plus tard naissance aux planètes et à leurs satellites, etc... est une théorie, qui, surtout depuis son perfectionnement par Faye, et malgré quelques exceptions de détail, quant à la grandeur et au sens de la rotation de certains éléments du système, rend parfaitement compte de la constitution dudit système, ou pour mieux dire est adéquate à son sujet, partant possible, tant qu'on n'aura pas trouvé mieux, et la théorie plus récente de l'agglomération météorique n'est pas faite pour l'ébranler beaucoup. Mais ce n'en est pas moins une hypothèse, rien de plus, et quelque grande que soit sa probabilité, on ne doit l'accepter qu'autant qu'on ne pourra en trouver de meilleure expliquant les quelques anomalies reconnues. La loi de l'accroissement de la température avec la profondeur est venue la corroborer, et, en généralisant les observations, on en a conclu la fluidité du noyau terrestre central en regardant les laves volcaniques et leur uniformité relative de composition à une époque géologique donnée, comme preuves décisives de cette déduction. Mais les objections n'ont point manqué. La fameuse discussion entre Hopkins et Delaunay, et les travaux de Thomson, H. Darwin, Fisher, David Forbes, Roche, etc... en font foi. De nombreux travaux, étayés sur les valeurs de la précession et de la nutation, montrent que le problème qui consiste à en déduire la valeur du rayon du noyau fluide, est susceptible d'admettre diverses solutions, dans l'état actuel de la science, solutions comprises dans d'assez grandes limites. La mécanique des fluides et surtout celle des corps à l'état visqueux, ne sont point assez avancées pour qu'on puisse savoir au juste ce qui peut bien se passer dans une masse aussi considérable que la terre, et animée de la vitesse énorme que l'on sait; et en effet on a vu quelle perturbation a produite dans les idées reçues la découverte de ce fait extraordinaire que la vitesse de rotation du soleil est légèrement variable avec la latitude suivant une loi jusqu'ici empirique et mal connue. Rien ne nous empêche donc de croire que la terre à l'état de nébuleuse a dû présenter le même phénomène. En admettant cela on voit bien que l'enveloppe n'a pu se former que très lentement et en subissant des torsions et des bouleversements gigantesques. Une fois le refroidissement suffisant, l'enveloppe solide formée n'a pu tourner que suivant la loi d'égalité de rotation angulaire de tous ses points, mais peut-on dire que la masse interne soit dans le même cas? Nous n'en savons rien, et c'est même peu probable ; s'il est vrai qu'avec le temps ce cas limite doive être atteint, nous ne pouvons affirmer qu'il en soit actuellement ainsi. Et en effet, que le soleil soit à l'état de fluides élastiques, soumis à des pressions et à des températures énormes, et qui défient non-seulement nos mesures, mais même nos conceptions physiques, ou que la terre possède un noyau central dans un état quelconque de fluidité ou de viscosité, dans l'un ou l'autre cas, si l'on admet la formation de ces deux astres par la condensation progressive et de la nébuleuse principale et de l'un de ses anneaux, la loi des aires nous conduit fatalement à admettre que les couches internes doivent, au moins pendant une certaine période, posséder une vitesse de rotation plus grande que celle des couches externes. Cette période prendra fin ou aura pris fin, quand par suite des frottements des unes sur les autres, celles de plus grandes vitesses auront communiqué une partie de leur force vive à celles de plus faibles vitesses qui leur servent pour ainsi dire de frein, et dont le mouvement tendra à s'accélérer aux dépens de celui des premières. Mais il faut bien voir que cette tendance à l'égalité de vitesse angulaire est successive, tandis que le refroidissement étant continu, ainsi que la diminution de volume de la masse qui en est la conséquence, quelque lente qu'elle puisse être d'ailleurs, il s'ensuit que d'après la loi des aires l'accélération des couches internes, par rapport aux couches externes, produira un effet continu opposé aux réactions réciproques qui tendent à donner lieu à cette égalité de vitesse de rotation. Par conséquent, tant que toute la masse ne sera pas solidifiée, l'égalité de vitesse angulaire ne peut être atteinte et doit être regardée comme un cas limite, ou pour mieux dire asymptotique vraisemblablement. Ces considérations, admises par le P. Secchi, nous montrent que la formation de la couche solide externe a dû être beaucoup plus longue qu'elle n'eût été sous la seule influence du refroidissement, et c'est là un élément dont il n'a jamais été tenu compte, que je sache du moins, dans les calculs relatifs au temps nécessité par cette formation (Fourrier, Helmholtz). L'idée que des couches internes peuvent posséder une vitesse de rotation supérieure à celles de couches externes est en quelque sorte corroborée expérimentalement par l'observation des taches du soleil ; les sauts en avant, les mouvements en latitude et en longitude des masses éruptives lors de leurs grandes perturbations, en font foi. Enfin le capitaine Boulangier *(Etudes sur le relief du sol)* est arrivé pour la masse fluide interne, mais en se basant sur des considérations théoriques toutes différentes, sur lesquelles je n'ai pas à me prononcer, à des conclusions tout à fait analogues.

La pensée que les diverses parties visqueuses de l'intérieur de la terre ne sont peut-être point animées de vitesses exactement proportionnelles à leurs distances à l'axe fictif de rotation, ouvre un vaste champ aux théories sismiques et volcaniques ; c'est là où je voulais en venir. On conçoit en effet que dans cette hypothèse nous avons là une masse non plus invariable, mais au sein de laquelle des mouvements très complexes doivent se produire. Il semble démontré que dans les fluides toutes les fois que des couches ou des nappes contiguës possèdent des vitesses différentes, il en résulte des mouvements giratoires ou tourbillonnaires. La masse terrestre centrale sera donc brassée par de semblables mouvements d'une énergie considérable. Il pourra très bien arriver ainsi que la vitesse de rotation de la première couche fluide différant sensiblement de celle de l'écorce, il se produira à leur contact des frottements assez considérables pour faire varier momentanément l'épaisseur de celle-ci par suite de la transformation de la force vive en chaleur. Cette diminution, par suite de la différence des roches de la couche ainsi entamée, ne sera pas uniforme, et on voit que ces variations d'épaisseur, quoique n'empêchant pas, mais retardant seulement la solidification progressive de la masse de l'extérieur à l'intérieur, produiront des mouvements tumultueux, des coups de bélier, etc..., en raison de la différence des vitesses de rotation, c'est-à-dire du mouvement relatif des masses fluide et solide en contact.

Revenons à ce qui se passe dans le soleil pour arriver à nous rendre compte de l'état interne de notre planète, mode de raisonnement parfaitement légitime, si on admet l'hypothèse de Laplace. Les éruptions formidables qui se produisent sur cet astre indiquent des transports de matière de l'intérieur à l'extérieur, non suivant la direction du rayon, mais en avant par rapport au mouvement moyen de rotation, je dis moyen, car la rotation solaire varie notablement suivant le parallèle sur lequel on choisit une tache pour en déduire sa valeur. C'est ce que prouvent les études de Carrington et de Spörrer sur les mouvements en longitude et en latitude des taches et des phénomènes accessoires. S'il en est ainsi dans l'intérieur de la terre, les masses qui tendront à monter à la surface sous l'influence des causes inconnues, mais dont nous n'avons pas à nous préoccuper, se heurteront obliquement à l'écorce, d'où production de séismes et de phénomènes éruptifs s'il y a une issue. On voit ainsi comment tout se tient dans la nature et comment l'étude de la constitution du soleil, si imparfaite encore cependant, est appelée à jeter un grand jour sur le milieu qui est à nos pieds et qui pour être plus rapproché de nous est peut-être moins accessible que l'astre central de notre système à nos moyens d'investigation.

Nous sommes ainsi sur la voie d'une cause de séismes et d'éruptions volcaniques. Mais on peut en trouver une autre basée soit sur une inégale épaisseur de la croûte terrestre au droit des mers et des continents, théorie soutenue par Faye pour faire concorder les mesures géodésiques exécutées avec les oscillations pendulaires ou les déviations de la verticale, soit sur un plissement général au droit des rivages océaniques (théorie géologique de Vélain, de Lapparent, Stanislas Meunier, etc...), l'une et l'autre hypothèse nous donnant le même résultat, c'est-à-dire un ressaut de l'écorce, et c'est ce qui va nous servir.

Soit HA'A la surface de la mer, AC celle de son fond, et AB celle d'un continent dans une section perpendiculaire à la direction générale du rivage. Il ne s'agit là, bien entendu, que d'une représentation purement schématique. On peut regarder comme probable qu'à une époque donnée la surface de séparation de l'écorce terrestre et du noyau central, ou mieux la surface d'une couche de température et de viscosité déterminées, sera fonction de la surface BAC, l'inégale conductibilité des roches et de l'eau pour la chaleur lui faisant refléter intérieurement les grands accidents généraux de la surface du sol, océans profonds ou masses continentales. M. Faye pense que cette différence d'épaisseur peut seule expliquer les résultats des mesures géodésiques et une répartition de la masse qui fasse équilibre aux montagnes. Les objections de M. de Lapparent ne me semblent pas avoir ébranlé fortement cette différence d'épaisseur. Mais si on donne raison à ce dernier en prenant des épaisseurs égales, on arrive cependant à admettre un plissement de l'écorce au droit des rivages des grandes mers par la considération seule du retrait dû au refroidissement et par suite à cette théorie moderne de la permanence des grandes dépressions océaniques à travers les âges géologiques, torsion tétraédrique de Lowthian Green, grandes lignes de corrugation de Darwin et autres géologues, etc. C'est tout ce qu'il me faut, le ressaut K subsistant. On voit immédiatement que la ligne Kv est pour l'enveloppe une ligne de moindre résistance, d'après la théorie de la résistance des matériaux. Il y aura donc là tendance à formation de failles et par suite à éjection de matières visqueuses sous l'action de la force de compression due au retrait. Nous aurons donc un volcan V, lorsque les

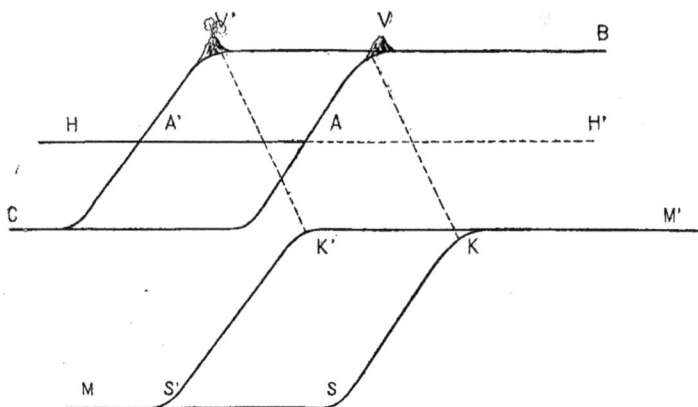

actions mises en jeu auront acquis une intensité suffisante. Si plus tard, par suite d'autres actions géologiques, ou simplement du lent refroidissement du globe par exemple, le continent s'élève, le rivage prenant la position A', le point K se transportera progressivement dans la même direction en K', parce que la masse SS'KK' tendra à redevenir fluide, car la masse océanique, qui s'oppose plus à la dispersion de la chaleur interne que la masse continentale, s'est éloignée. La ligne de moindre résistance suivra donc le même mouvement et viendra en K'V', et le volcan V s'éteindra pour faire place au volcan V'. Nous expliquerions ainsi le mouvement simultané vers l'ouest des lignes volcaniques et du rivage du Pacifique au Centre-Amérique depuis de longues périodes géologiques (voir n° 26). Il est évident que cela suppose un océan dont les côtes tombent à pic, sinon le ressaut KS ne serait pas suffisamment accusé pour produire de tels effets. Ce serait pour cela qu'en Amérique la côte raide du Pacifique est jalonnée de volcans, tandis que celle en pente douce de l'Atlantique ne l'est pas.

Si de plus le noyau central est, comme nous le supposons, le théâtre de courants, de tourbillonnements, etc., propriété générale de tous les fluides en mouvement, s'il est soumis à une marée lunaire, fait vraisemblable, eu égard aux statistiques données précédemment, il y aura des chocs en ces régions KM, qui seront fréquemment agitées par des tremblements de terre se manifestant sur la côte. Ces mouvements internes sont peut-être dus à une cause qui a été émise il y a longtemps, mais que l'on n'a pas suivie jusqu'à ses dernières conséquences, je veux parler de la marée lunaire des masses fluides centrales. Or nous savons que si la densité de l'eau de mer atteignait une certaine valeur, si les océans étaient par exemple remplis de mercure, l'action de la lune et du soleil, au lieu de se traduire pour la surface de l'ellipsoïde liquide par une intumescence dont le mouvement est lié à celui de ces astres, produirait dans ce cas hypothétique un réel transport de matière. Or la densité et la viscosité du noyau central permettent peut-être la production à l'intérieur du globe d'une marée de cette nature, car la densité qui sépare ces deux espèces de marées a une valeur qui nous est tout à fait inconnue, car elle est fonction de coefficients qui représentent l'état moléculaire des fluides visqueux et sont par suite encore mal déterminés. Dans cette supposition les matières en mouvement rencontreront un obstacle en K. Il s'y produira des espèces de remous, surtout si la dépression maritime se trouve à l'est de la masse continentale (ce n'est point le cas de la côte orientale du Pacifique), et nous nous en apercevrons par la fréquence des tremblements de terre. On conçoit de même que ces phénomènes seront d'autant plus accusés que la pente sera plus abrupte le long du rivage considéré. Un long chapelet d'îles produira de la même façon un sillon dans la surface intérieure de l'écorce terrestre, ou pour mieux dire dans les surfaces d'égale viscosité, et nous aurons une chaîne de volcans insulaires et sous-marins. De même enfin une île isolée au milieu de l'Océan ou un plateau sous-marin pourront donner lieu pour ces surfaces à une sorte d'ombilic, où les matières centrales viendront tourbillonner et fonder un volcan isolé au milieu de la mer. Notons que dans le diagramme que donne Faye de la section

9

de la terre par le parallèle de 30°, on rencontre des ressauts qui correspondent précisément à des régions sismiques ou volcaniques, l'Afrique du Nord, l'Arabie, le golfe Persique, le Cachemire (dans ce cas l'absence d'océan serait compensée, quant à la possibilité de formation du ressaut interne, par la grandeur de la masse de la chaîne himalayenne par rapport à l'Inde péninsulaire), le Mexique et les Açores. Ce serait une confirmation des idées précédentes.

Enfin ne peut-on donner, comme preuve à l'appui des mouvements internes de la masse terrestre fluide, les variations diurnes de la position de la verticale en chaque lieu, suivant la position de la lune, variations dont l'étude commence à peine et qui accuseraient ainsi les variations dans l'attraction des masses sous-jacentes (G.-H. Darwin)?

Telles sont les considérations qui peuvent jusqu'à un certain point servir à expliquer le voisinage constant des volcans et des côtes, ainsi que leur progression simultanée et dans le même sens que j'ai mise en lumière au Centre-Amérique, et je tiens seulement à revendiquer l'usage que je fais de la forme brisée du profil de l'écorce terrestre, acceptée maintenant par nombre de géologues, en m'en prévalant pour y faire choquer le sommet de l'intumescence maréique lunaire, si toutefois dans l'avenir la continuation des calculs de Perrey confirme nettement sa première loi, celle de l'influence du passage de notre satellite au méridien des régions à tremblements de terre.

36. — Prévision instinctive des tremblements de terre.

Les considérations générales exposées précédemment sur les tremblements de terre disent assez combien je suis peu disposé à admettre que, dans l'état actuel de nos connaissances, on puisse prédire la production. Cependant je dois dire que ces phénomènes paraissent souvent liés à un certain ensemble, assez indéfinissable, il est vrai, de circonstances atmosphériques, qui, étudiées pendant de longues périodes, pourraient peut-être amener la découverte de quelque loi partielle. Ceci est tellement vrai que, sans trop savoir pourquoi, les personnes qui habitent depuis longtemps le Centre-Amérique, le Mexique, le Pérou et le Chili, se rencontrent quelquefois en se disant qu'il fait un temps à tremblements de terre, et, chose inattendue, on se trompe peu, j'en ai fait moi-même plusieurs fois l'expérience. Y aurait-il un instinct animal qui, mis en travail par certaines conditions à déterminer, des agents naturels, manifesterait une préoccupation relative à un danger imminent? Cette opinion serait corroborée par les signes d'inquiétude que beaucoup d'observateurs sérieux nous disent être exprimés à l'avance par les animaux domestiques ou même sauvages à l'approche des grands tremblements de terre, fait que je n'ai point eu l'occasion de vérifier, n'ayant jamais été témoin de grande catastrophe. J'ai pu du reste constater que les signes de terreur que donnent par exemple les chiens en hurlant tristement, au moment des secousses ordinaires, semblent le plus souvent en rapport avec leur durée et non leur intensité ; c'est là sur ce sujet le seul point que je veuille signaler.

J. Milne *(Trans. seism. soc. of Japan*, t. I, p. 3) pense toutefois que cette prévision instinctive ne dépasse point la probabilité qu'il y a de ne pas se tromper en mettant le phénomène sismique en relation avec tel ou tel phénomène météorologique, et doit par conséquent être regardée comme illusoire.

37. — Sur le catalogue chronologique.

Dans mon premier travail *(Temblores y erupciones volcànicas en Centro-Amèrica,* 1884), squelette du présent mémoire, j'avais adopté certaines notations conventionnelles, destinées à faciliter la construction de tableaux synoptiques, chronologiques et géographiques. Ces tableaux ne m'ayant pas donné grands résultats, j'ai cru devoir supprimer ces symboles d'une application souvent arbitraire quand il s'agissait de décider si tel fait devait être classé comme sismique ou volcanique. Enfin j'ai reculé devant l'application de l'échelle Rossi-Forel, parce que les documents sont, au Centre-Amérique, presque toujours muets sur l'aire d'action des secousses, et même leurs effets.

Chaque fait est appuyé des principales autorités qui me l'ont fourni, et que j'ai été souvent amené à comparer entre elles et à discuter. Je ne me porte donc garant d'aucune affirmation, sauf pour les faits observés par moi de mai 1881 à mars 1885. Ceux qu'on rencontrera au XIXe siècle sans noms d'auteurs résultent du dépouillement de la presse centre-américaine. De plus je me suis imposé de n'omettre aucune assertion, quelque sujette à caution qu'elle me paraisse, mais dans ce cas je fais mes réserves et je les explique. Enfin quelques faits historiques et détails de tout genre ont été donnés au fur et à mesure qu'il s'est présenté un intérêt à les exposer, quand ils avaient une relation directe avec les phénomènes dont je fais l'histoire.

Je dois avertir que les tableaux donnés dans cette introduction ne renferment, pour le Centre-Amérique, que les faits relatés dans mon premier catalogue, et non ceux dont les recherches postérieures que j'ai faites en France l'ont largement enrichi.

38. — Conclusions.

Il ne me reste plus, avant de passer au catalogue chronologique, qu'à émettre un vœu, celui de voir les gouvernements des quatre plus petites républiques centre-américaines : le Honduras, le Salvador, le Nicaragua et le Costarica, imiter l'exemple de la plus puissante, le Guatémala, par l'établissement d'observatoires météorologiques et sismiques d'une importance capitale, tant dans l'intérêt matériel de cette terre bénie du volcanisme, si souvent et si tristement éprouvée par les séismes, que dans celui de la science pure, et je ne puis m'empêcher de regretter que personne au Salvador n'ait compris l'utilité de ces études, puisque le petit observatoire, fondé par moi de 1881 à 1885 à San-Salvador, n'existe déjà plus. C'est là pourtant le seul moyen, ne cessons de le répéter, qui puisse permettre d'établir un jour une théorie de ces intéressants, mais terribles phénomènes de la physique du globe, et peut-être d'arriver sinon à prévenir leurs effets destructeurs, du moins à les atténuer dans une certaine mesure par une prévision scientifique, et ainsi diminuer le nombre de leurs victimes. Que les Hispano-Américains imitent donc seulement l'exemple des Japonais, qui ont couvert leur territoire d'un réseau serré de 250 stations sismiques et ont fondé la première société de sismologie.

NOTE

SUR LA CONSTITUTION INTERNE DU GLOBE ET SES RAPPORTS AVEC
LES THÉORIES SISMIQUES ET VOLCANIQUES.

L'état interne du globe étant, peut-on dire, la base des théories sismiques et volcaniques, il rentre tout à fait dans notre sujet d'exposer succinctement l'état de la science sur cette très importante question, et plus en détail les conséquences qu'on en a tirées pour l'étude de ces phénomènes.

Quatre théories principales se partagent inégalement le monde savant. La plus ancienne et la plus en vogue consiste à regarder le sphéroïde terrestre comme constitué par une croûte plus ou moins épaisse entourant une masse de matières en fusion. Puis, tenant compte d'objections d'ordre astronomique et mécanique, on a supposé un globe solide avec des espèces de chambres de matières fondues ou un espace liquide compris entre deux surfaces sphéroïdales. Enfin une quatrième théorie aussi ancienne (Herschell), qui avait pour ainsi dire disparu de la circulation scientifique courante, est en train de faire son chemin et consiste en une modification de la première, en remplaçant la surface sphéroïdale de séparation de la croûte externe et du noyau interne par une surface systématiquement brisée ; nous en avons déjà longuement parlé.

L'existence de volcans sur les points les plus éloignés de la surface terrestre, les preuves qu'ils ont apparu au moins depuis le commencement de l'époque tertiaire, et surtout ce fait excessivement remarquable qu'à une époque géologique déterminée, leurs déjections présentent une composition à peu près la même partout, de telle sorte que leur composition peut indiquer leur âge et réciproquement, ont fait penser que nécessairement ils devaient s'alimenter à un réservoir commun. On a dit aussi, mais, ce me semble, avec infiniment moins de force, que la masse des produits volcaniques est trop grande pour que leur source ne soit pas unique.

Ce fait d'expérience qu'à mesure que l'on s'enfonce dans les travaux de mines, ou dans les sondages pour puits artésiens, la température augmente suivant une loi à peu près régulière et la même partout, a été généralisé, et on en est vite arrivé à supposer l'existence d'une profondeur à laquelle aucun des corps connus ne peut rester solide. Cette profondeur théorique est du reste très diversement évaluée suivant que l'on fait dans une plus ou moins grande limite intervenir la pression, due au refroidissement de l'écorce de l'intérieur à l'extérieur, comme retardant la température de fusion, et aussi, par conséquent, suivant les hypothèses faites sur la composition des masses internes. Nous aurons plus loin à revenir sur cette question de la composition et par suite de la densité de l'intérieur de la planète. L'on admet généralement que les secousses de tremblement de terre qui embrassent quelquefois jusqu'à plus du quart de la surface terrestre ne peuvent s'expliquer que dans l'hypothèse d'une écorce relativement très mince recouvrant un noyau liquide, et seraient impossibles à la surface d'un globe solide et rigide.

Telles sont les considérations qui, corroborées par l'hypothèse cosmogonique de Laplace, ont conduit à cette constitution simple du globe.

Voyons maintenant les objections faites.

Les travaux exécutés dans les mines ont montré d'assez grandes irrégularités dans l'expression de la loi empirique de l'accroissement de la température avec la profondeur, sinon suivant les latitudes. du moins suivant les régions et les roches traversées (*Reports of the committee on underground temperature; British Assoc. Rep.* from 1868 to 1877). Inutile, je pense, de réfuter la théorie bizarre d'après laquelle la température, après avoir atteint un maximum d'environ 50° vers 1,620ᵐ, diminuerait progressivement, serait nulle vers 3,400, et *négative* au delà. L'emploi inconsidéré de la méthode des moindres carrés à un trop petit arc de la courbe représentative de la loi cherchée, a conduit Dunker, après les expériences du Sperenberg, à cette conclusion peu vraisemblable, qui a pourtant été acceptée les yeux fermés par un savant tel que Carl Vogt. Mais si un sismologue comme Mallet a conclu des irrégularités constatées qu'il fallait y voir plus que l'effet des différences du pouvoir de transmission des diverses roches pour la chaleur produite par la compression due au refroidissement lent du globe et à la contraction qui en est la conséquence, d'autres ont soutenu au contraire que ces irrégularités sont précisément de l'ordre de grandeur qu'il fallait *à priori* s'attendre à trouver en raison des différences de conductibilité des roches. Nous rencontrons donc déjà une question sur laquelle les meilleurs esprits sont divisés.

D'autre part, si l'hypothèse d'un noyau central fluide rend bien compte de l'uniformité de composition des produits volcaniques pour une époque déterminée, il faut conclure de l'épaississement progressif de la croûte externe, quelque lent du reste qu'il puisse être, que l'activité volcanique doit tendre à diminuer quant au nombre des points où elle peut se manifester, diminuant de fréquence et augmentant d'intensité (à chaque paroxysme), en raison même de cet épaississement, et qu'elle a dû par conséquent être beaucoup moins localisée aux époques paléozoïques. Or les études géologiques ne nous montrent que des traces douteuses d'action nettement volcanique avant l'époque tertiaire, et l'on se demande si les dénudations subséquentes sont suffisantes pour rendre compte de cette absence de produits volcaniques avant ladite époque. On a dit, en réponse à cette objection, qu'avant l'époque tertiaire les phénomènes volcaniques, pour une raison ou pour une autre, se présentaient sous la forme d'épanchements, porphyriques ou granitiques par exemple, soit à la surface, soit au sein des couches déjà formées.

Certains auteurs, et en particulier Thomson (*Trans. Roy. Soc. Edinb.* XXIII, 157; *Brit. Assoc. Rep.* 1870, Sect. p. 7), partant de la phase où le globe était à l'état de masse fluide d'après la théorie de Laplace, ont pensé que le refroidissement seul n'aurait jamais pu produire la moindre pellicule externe, parce qu'une fois une mince portion supposée produite, sa densité devant être plus grande que celle du liquide intérieur, car aucune des roches connues ne présente le cas particulier de l'eau solide plus légère que l'eau à l'état liquide, cette mince portion, disent-ils, ne pouvant surnager, serait immédiatement tombée dans la direction du centre. Nous voyons pourtant journellement se solidifier les masses métalliques de nos usines, et cela de l'extérieur à l'intérieur,

Du reste, on peut montrer autrement le peu fondé de cette objection. En effet, les expériences de la balance de torsion (de Cavendish à M. Cornu) et les données astronomiques nous montrent que la densité du globe est égale à environ 5,5, valeur infiniment plus grande que celle des roches solides à nous connues, en dehors bien entendu des masses métalliques ou métallifères, qui constituent une exception dans la partie de l'écorce qui nous est accessible. Par conséquent, il nous faut au centre, ou tout au moins dans l'intérieur, des masses beaucoup plus denses, soit en raison de leur composition même, on les suppose généralement métalliques, soit par suite de la pression résultant du retrait par refroidissement. Cela ne veut point dire comme le pense Forbes (*Géol. Mag.* t. IV, p. 435), qu'à certains moments il n'ait pu arriver que des parties nouvellement solidifiées en dessous de la croûte ne tombent vers le centre jusqu'à ce qu'elles rencontrent des couches de même densité pour s'y fondre de nouveau. Toutefois cela me paraît peu probable.

De ce que les actions volcaniques nous apportent des matériaux d'une densité à peu près égale à celle de l'écorce ou même actuellement plutôt plus faible, on en a conclu à la négation de masses internes métalliques. Mais il nous reste la pression comme cause d'augmentation de densité, et Forbes (*Popular Science Review*, april 1869) en déduit l'hypothèse de deux enveloppes de densités uniformes et respectivement égales à 2,5 et à 12, 0 et d'un noyau central d'une densité égale à 20. Dans cet ordre d'idées, Legendre et Roche, faisant de plus intervenir la valeur de l'aplatissement polaire, sont arrivés à des constitutions analogues.

On conçoit que l'enveloppe externe se contractant et pressant sur le noyau interne, qui se refroidit évidemment moins vite, le liquide tende à être pour ainsi dire exprimé au travers de cette espèce d'éponge fracturée partout et dans tous les sens, d'où les phénomènes éruptifs et les tremblements de terre qui les accompagnent et qui seraient ainsi la conséquence directe de ces infiltrations de l'intérieur à l'extérieur. Cordier a montré qu'une contraction du rayon terrestre égale à un millimètre suffirait pour faire sortir une masse de laves représentant au moins 500 coulées volcaniques d'au moins un kilomètre cube de volume chacune. On a objecté à cette théorie que le refroidissement étant continu, comme la contraction qui en est la conséquence, les éruptions ne devraient pas être spasmodiques, comme on l'observe, mais bien continues. Cette objection, basée sur l'intermittence observée et la continuité qui devrait résulter de causes continues, a été mise en avant aussi pour la théorie lunisolaire de Perrey; mais dans ce dernier cas Fouqué (*Recherches sur les phénomènes chimiques de l'éruption de l'Etna en 1865, Archives des missions scientifiques et littéraires*, 2° série, t. III, 1886, pp. 165-246) y a répondu en admettant que, lorsque tout est prêt pour une éruption, la marée interne la détermine, et cette réponse peut s'appliquer aux autres causes invoquées. Toutefois on a dû chercher une autre cause et on a fait intervenir la descente de l'eau de la surface au contact du noyau interne fluide. C'était d'autant plus naturel que des nuages énormes de vapeurs s'échappent fréquemment des cratères, même en dehors des éruptions, et que les laves des coulées en rejettent longtemps encore après qu'elles se sont solidifiées superficiellement. Leur porosité est aussi un argument en faveur de cette opinion. On se rend compte en effet qu'au travers de l'écorce si disloquée, et formée de matériaux souvent solubles et désagrégés, la quantité d'eau qui pénètre dans l'intérieur doit être considérable. Le plafond des lacs, et surtout celui des océans, ne peuvent être étanches en présence des grandes pressions du fond, lesquelles atteignent plusieurs centaines d'atmosphères. Quant aux pluies annuelles, qui en certains points donnent jusqu'à deux et même trois mètres d'épaisseur d'eau tombée, on ne peut dire au juste quelle proportion pénètre et est ensuite arrêtée pour ressortir en sources, le reste descendant plus bas au contact du noyau fluide. De cette infiltration on a déduit la théorie sismique et volcanique la plus en vogue actuellement encore, pour laquelle Fouqué a réfuté les principales objections, et que Stanislas Meunier a récemment modifiée ingénieusement. Nous n'avons pas à revenir sur ce que nous avons dit dans l'introduction de cette théorie, qui, mieux que d'autres, rend compte de la spasmodicité de ces phénomènes. Mais il ne faut pas oublier, pour comprendre pourquoi on l'a battue en brèche, comme nous le verrons plus loin, qu'elle semble supposer une très faible épaisseur relative de l'écorce, ce qui est d'accord avec les observations de la profondeur généralement très faible d'où paraissent provenir les ébranlements sismiques.

Voyons maintenant comment Mallet a détruit de son côté l'objection fondée sur la continuité que devraient présenter les phénomènes sismiques et volcaniques dans l'hypothèse qu'ils sont dus à la contraction de la croûte terrestre surnageant en quelque sorte sur le noyau fluide. Etant donnée la rigidité qu'il suppose à l'écorce, il pense que ce n'est point elle qui peut se contracter, mais bien le noyau, qui ainsi tendra à se séparer lentement de son enveloppe. Or de ce que le refroidissement est toujours agissant, la contraction progressive devra emmagasiner constamment de l'énergie à dépenser ensuite par le bris de la croûte sous son propre poids, quand elle portera trop à faux pour ainsi dire, et par les manifestations sismiques et volcaniques. Et ces effets ne pourront se produire que par sauts, lorsque la pression accumulée ainsi aura acquis une valeur suffisante pour que la masse pressée soit enfin obligée de céder. Or l'écorce terrestre est de composition et d'état d'agrégation trop peu uniformes pour qu'on puisse supposer que ces pressions se transmettent et se répartissent également partout. Il y aura donc tendance à formation de points d'élection, et quand l'un d'eux aura cédé et que les phénomènes sismiques et volcaniques s'y seront produits, viendra un temps de repos pendant lequel la force d'éboulement se transportera ailleurs, en quelque point devenu plus faible à son tour. On voit bien que ces points ne seront pas arbitrairement distribués sur la surface du globe, et devront se trouver sur les grandes lignes de corrugation ou de moindre résistance de l'écorce. C'est en effet ce qui a lieu, et ce précisément le long des grandes lignes de côtes à pentes abruptes. Cette théorie, dans l'esprit de Mallet, fait tomber les objections basées sur le peu de profondeur de laquelle semblent souvent émaner les séismes, car ces éboulements peuvent se produire à toutes les profondeurs imaginables.

Je pense que cette ingénieuse théorie ne rend point compte du mécanisme des tremblements de terre, que Mallet regarde comme le *passage d'une vague de compression élastique au travers de la croûte et de la surface de la terre, et engendrée par une impulsion soudaine au sein de cette croûte*. Or les actions précédemment invoquées, si tout d'abord elles paraissent adéquates au phénomène volcanique, du moins ne donneront pas lieu aux chocs nécessaires à la production d'un séisme ou d'une éruption. Pour qu'elles rendissent vraiment compte des éruptions volcaniques, il faudrait évidemment que la chaleur due à l'écrasement ne fût pas négligeable devant celle transmise de l'intérieur à l'extérieur au travers de l'écorce, et qui est décelée par la loi de l'accroissement de la température des couches avec la profondeur. En est-il ainsi ? Je ne le crois pas. La lenteur même de l'écrasement et du cisaillement (ce mot employé dans son sens mécanique) des couches est en faveur de la dissipation de la chaleur produite avant que ces effets mécaniques aient pu produire un nouvel état moléculaire susceptible de donner lieu à l'éboulement requis.

Enfin, quand Mallet dit que sa théorie rend compte des grands alignements volcaniques sur les lignes de corrugation, un examen, même superficiel, de cette conclusion la rend problématique, me semble-t-il du moins. On s'explique encore moins la permanence de cette action pendant plusieurs périodes géologiques consécutives le long de certaines de ces lignes.

Je passerai rapidement sur les considérations astronomiques relatives à la constitution interne du globe, car les meilleurs esprits ne sont point encore parvenus à se mettre d'accord sur ce sujet délicat. En général les savants français (Roche excepté) optent pour l'ancienne hypothèse, les Anglais au contraire y étant en plus grand nombre opposés. Thomson regarde l'existence de la croûte comme absolument impossible, car, d'après ses calculs, si elle avait moins de 4,000 kilomètres d'épaisseur, elle se déformerait sous l'action de la force centrifuge et des attractions lunaire et solaire, autant que si elle était en caoutchouc. Il n'y aurait plus de marée, les eaux suivant au droit de ces astres le mouvement de déformation de la croûte. Enfin, de ses calculs sur la théorie des mouvements tourbillonnaires, il déduit qu'une force tangentielle de 0,1 gramme par centimètre carré suffirait pour avoir toujours empêché la formation d'une croûte quelconque au delà d'un état simplement visqueux. Or ces résultats semblent contraires au bon sens, qui prévaudra toujours contre les plus beaux calculs, car si ces derniers, relatifs à une théorie aussi hardie que hautement spéculative, ne doivent pas suffire pour infirmer une hypothèse si simple, si naturelle et si conforme aux faits d'observation que celle improprement connue sous le nom de feu central, les premiers, basés sur une théorie mécanique (résistance des matériaux) d'emploi journalier, sont, il est vrai, plus propres à ébranler cette antique théorie. Mais on peut se demander si cette branche de la mécanique appliquée, affligée de coefficients difficilement déterminables et dont la valeur empirique dépend de l'obscure et controversée constitution moléculaire des corps, est dans son état actuel bien légitimement étendue à la terre et à son enveloppe, quoiqu'elle ait pu donner des résultats pratiques exacts dans les applications qu'on en fait dans l'art des constructions, et précisément en vue desquelles on l'a établie, c'est ce qu'il ne faut pas perdre de vue. C'est là toute la question, et je n'hésite point à y répondre négativement.

Je me garderai bien de prendre parti dans la discussion Hopkins-Delaunay, relative à la précession des équinoxes et à la nutation. L'un pense que la valeur connue de ces éléments est incompatible avec la fluidité interne du globe, l'autre qu'une viscosité d'un certain ordre est suffisante pour la validité des théories astronomiques ; celui-ci s'est appuyé sur les expériences de Champagneul étudiant les mouvements de l'eau par rapport à celui du vase dans lequel elle est contenue, lesquelles expériences ont été instituées sous la direction de Delaunay précisément pour en opposer les résultats à Hopkins, qui avançait que le noyau liquide ne doit pas suivre les mouvements de précession et de nutation. Signalons que Thomson a légèrement varié dans son opinion relative aux théories d'Hopkins et de Delaunay. Enfin, dans le même ordre de considérations astronomiques, Roche admet l'existence d'un noyau solide dont la densité serait voisine de 7, puis d'une couche de densité 3 et dont l'épaisseur n'atteindrait pas 1/6 du rayon entier.

Les géologues anglais ont cherché à concilier les opinions de leurs savants, tels que Hopkins et Thomson, relativement à la non-existence du noyau central fluide avec l'uniformité de composition des déjections volcaniques. Ils ont été ainsi conduits à deux hypothèses, celle d'un espace annulaire entre la croûte externe avec un noyau solide, ce qui rend en effet bien compte du fait à expliquer, et celle de chambres fluides locales, situées au-dessous de chaque grande région volcanique, ce qui laisse la question entière. Ces deux théories rentrent toutes deux dans une autre très ingénieuse, mais peu connue en France, due à Fischer (*Reader*, 10th febr. 1866), et qui consiste à supposer une enveloppe flexible au-dessus d'un substratum de nature indéterminée, fluide ou solide au choix. Archibald Geykie pense que cette opinion est susceptible de concilier les desiderata de la physique générale et de la géologie, surtout en ce qui concerne les phénomènes volcaniques et ceux de corrugation de l'écorce terrestre. Pour Fischer la compression produite sur le noyau interne non flexible par l'enveloppe, qui se contracte plus rapidement que lui sous l'influence du refroidissement progressif, cette compression, dis-je, serait amplement suffisante pour liquéfier les parties sous-jacentes, au moins en certains points déterminés le long des grandes lignes de corrugation, car c'est là seulement que la flexibilité de l'enveloppe sera suffisante. Dans cette hypothèse les produits fluides tendraient à s'échapper à la base de tous les grands ridements de la croûte terrestre.

Qu'il nous suffise de mentionner maintenant les spéculations relatives au temps (Fourrier, Helmolz, Tait, Croll....) en partant de la cosmogonie de Laplace, si avantageusement modifiée par Faye. On arrive généralement à cette conclusion que 100,000,000 d'années permettent d'expliquer les révolutions géologiques connues, et que ce chiffre est de l'ordre de ceux qu'il faut admettre dans l'hypothèse du noyau central fluide pour concorder avec la perte de chaleur nécessaire à la formation de la croûte et avec la valeur connue de l'aplatissement, tout en tenant compte du mouvement de la planète et du retard apporté à sa rotation par le phénomène maréique. Ce chiffre paraît d'ailleurs suffisant aux partisans de l'évolution transformiste.

Joignant cette note à ce qui dans l'introduction a trait à la même question, l'on a un ensemble succinct à peu près complet de l'état actuel de nos connaissances sur l'état interne de notre planète. On voit aussi combien les opinions des plus grands savants diffèrent sur une hypothèse vulgairement acceptée sans conteste, et quoique cette théorie du noyau central fluide soit la plus simple et la plus naturelle, il est difficile, après l'exposé des spéculations auxquelles elle a donné lieu, de se défendre d'un certain doute à son égard. En tout cas il faut nous garder de la croire scientifiquement vérifiée.

ÉPHÉMÉRIDES SISMIQUES ET VOLCANIQUES

DU

CENTRE-AMÉRIQUE

1. — Commencement du XIᵉ siècle.

Tremblements de terre épouvantables au Guatémala, d'après Dabry de Thiersant.

Je donne ce fait, d'une date aussi mal déterminée, uniquement pour obéir à la règle qui m'a guidé dans tout ce travail, à savoir celle de « *n'omettre aucune assertion, quelque peu probable ou hasardée qu'elle me paraisse, en laissant à chaque auteur la responsabilité qui lui incombe.* »

Si les documents archéologiques ne font pas défaut au Centre-Amérique, et si leur étude a déjà jeté un certain jour sur l'histoire de cette intéressante région, du moins l'on ne peut guère fixer encore les dates des événements que nous connaissons. La mort récente sur le champ de bataille de Chalchuapa de mon compagnon, le capitaine Touflet, constitue à ce point de vue une grande perte, car il était parvenu à déchiffrer un calendrier hiéroglyphique, tracé sur un autel de sacrifice d'un téocalli de Copan, sur lequel il avait lu des observations d'éclipses, ce qui lui aurait permis de déterminer d'une façon indiscutable la date de la construction de cette immense et magnifique cité indienne, dont les monuments et les innombrables statues rappellent par leur grandeur les restes de la civilisation kmer de l'Indo-Chine. Malheureusement ses papiers n'ont pas été recueillis. Quoi qu'il en soit, en dehors des nombreuses traces de bouleversements sismiques et volcaniques, que l'on peut lire à chaque pas sur le sol du Centre-Amérique, il est certain que ce pays, pendant la période précolombienne, a souffert de ces phénomènes, dans la région côtière du moins, autant que depuis la conquête. Nous en trouvons la preuve dans les nombreuses invocations que renferment les documents traditionnels et hiéroglyphiques, dont on peut lire de curieux exemples dans les travaux des de Charnay, Brasseur de Bourbourg, Jxtlilxochitl, etc.

Il n'est pas sans intérêt d'observer que, si l'on en croit les traductions qu'a faites Brasseur de Bourbourg de certains documents de la civilisation maya, les tremblements de terre et les éruptions volcaniques auraient été autrefois aussi violents que fréquents au Yucatan, où ils ne se produisent pour ainsi dire pas actuellement, et où l'on ne connaît aucun volcan, que je sache, du moins. A mon sens, si les déchiffrements de ce savant sont exacts, ce dont on commence à douter, il faudrait y voir une preuve d'une émigration antérieure des Mayas.

2. — 1460.

Dernière et formidable éruption du Santa-Catarina-Mita, Suchitan ou Suchitepeque. Il y avait eu aussi de très violents tremblements de terre au Guatémala. Oviedo ayant été fort au courant de l'histoire des Indiens avant la conquête, cette date doit inspirer confiance. (Dario Gonzalez, Rockstroh, Dollfus et de Montserrat.)

3. — Un peu avant l'arrivée des Espagnols.

Grande activité du volcan Zapotitan, d'après Funnel, pilote de Dampier. — Mallet accuse Funnel d'avoir copié de Dampier sa liste de volcans centre-américains, et les détails correspondants. En tout cas ce volcan m'est inconnu, et de plus n'est porté sur aucune bonne carte, pas plus que l'Amilpas du même voyageur.

4. — Vers 1519 ou 1520.

Grande éruption du Santa-Ana ou Lamatepeque (montagne-père). — Cela résulte d'un passage dans lequel Herrera parle d'une éruption que fit ce volcan deux ou trois ans avant l'arrivée des Espagnols, et qui causa de grands dégâts dans les plantations indiennes de cacao par les cendres qu'il rejeta. Cette date de 1519 ou 1520 se rapporterait à l'arrivée des Espagnols à la baie de Fonseca ; mais si l'on veut qu'Herrera fasse allusion à la date de l'entrée des conquistadores au Guatémala, il faudra prendre 1521 ou 1522. D'ailleurs toutes ces premières dates sont sujettes à controverse, les récits des anciens historiens castillans étant d'ordinaire peu explicites.

5. — 1520.

Eruption du Masaya, d'après Dollfus et de Monserrat, citant par erreur Oviedo. Il faut donc considérer cette éruption comme peu prouvée. Mais elle reste vraisemblable cependant, étant donnée la très grande activité de ce volcan au commencement du XVIe siècle.

6. — 1522.

Eruption du Cosegüina ou du Conchagua.

Le conquistador Gil Gonzalez, se trouvant au Nicaragua, et recherchant le fameux et chimérique passage des Indes, les naturels le dirigèrent vers le golfe de Chorotega, nommé depuis de Fonseca, en l'honneur de l'évêque président du conseil des Indes. Il se mit en marche et le trouva, dit-il, derrière un volcan en pleine éruption. La disposition des lieux montre qu'il ne peut s'agir là que du Cosegüina, du moins à mon avis, volcan auquel David Guzman attribue une éruption à cette date. Lévy, au contraire, pense qu'il s'agit du Conchagua. Mais l'examen que j'ai fait de ce dernier volcan ne me laisse pas supposer qu'il ait eu des éruptions récentes autres que celle de 1868. La coulée sur laquelle est bâti le village de Conchagua me paraît plus ancienne. Je penche énergiquement en faveur d'une éruption du Cosegüina en 1522, et non du Conchagua. Voir au sujet de la non-existence supposée du premier en 1685 l'éruption qu'il fit en 1709.

7. — 1522.

Eruption du Masaya, d'après Dollfus et de Montserrat.

Une fois pour toutes je ferai observer la multiplicité des éruptions que nous fournissent les historiens espagnols pour les premières années après la conquête. Cela tient à plusieurs causes. D'abord leurs fixations de dates sont très confuses et vagues, de telle sorte que le dépouillement de leurs récits donne deux ou trois éruptions du même volcan dans un intervalle de peu d'années. On est en droit de les identifier ; mais alors comment choisir une date certaine ? De plus les conquistadores, frappés par le grand nombre de montagnes ignivomes que leur présentait le Centre-Amérique, firent des phénomènes d'activité pure et simple dont ils étaient témoins des récits souvent exagérés, tant par suite de leur imagination méridionale propre qu'en conséquence du génie si naturellement emphatique de la langue espagnole. Aussi nous est-il souvent difficile en les lisant de savoir et décider s'il s'agit d'une éruption véritable ou d'une période de grande activité, deux termes dont la limite commune est d'ailleurs un peu arbitraire. Plus tard, au contraire, habitués à ces phénomènes, ils ne les signalèrent plus. Je ne sais où Dollfus et de Monserrat ont trouvé cette éruption du Masaya, qui me semble des plus douteuses. Ces géologues pensent que, depuis la conquête, l'activité volcanique a notablement diminué pour faire place au Centre-Amérique à une croissante énergie sismique. La suite de ce catalogue montrera combien cette opinion est peu fondée. Ces auteurs ont été, d'après leur texte même, visiblement entraînés à cette conclusion par l'idée du refroidissement graduel de la planète (insensible dans une si courte période de quatre siècles) et de l'épaississement de la croûte solide, qui en est la conséquence, et qui augmenterait progressivement les obstacles à la sortie des laves. Les éruptions deviendraient ainsi de plus en plus espacées dans le temps, mais plus violentes, réalisant de la sorte une espèce de principe analogue à celui de la mécanique : *ce que l'on perd en vitesse, on le gagne en force.* Mais cette opinion n'est même point prouvée pour les périodes géologiques, à plus forte raison pour les historiques. Nous ferons observer aussi que les historiens espagnols ne relatent guère que les grandes secousses de tremblement de terre, de sorte que nous ne pouvons conclure de leur silence au petit nombre relatif des chocs dans les premiers temps de la conquête.

8. — 1522.

Grande activité du Momotombo. (Dollfus et de Montserrat.)

C'est dans le cratère de ce volcan que les Indiens jetaient annuellement quatre jeunes vierges pour en apaiser les fureurs. Les Espagnols, pour détruire les superstitions des vaincus, ne trouvèrent rien de mieux que d'envoyer au Nicaragua des moines (frailes) baptiser tous les volcans. Mais ceux chargés du Momotombo ne revinrent pas ; ils y trouvèrent la mort, au grand contentement des pauvres Indiens.

9. — 1524.

Eruption du Masaya, d'après Rockstroh.

10. — 1524. Avril ou mai.

Eruption de l'Atitlan (cours d'eau, en langue pipile, peut-être à cause de ses courants de lave). — Cela résulte très clairement d'un passage de la deuxième lettre de l'adelantado Pedro de Alvarado, quoiqu'il ne nomme pas expressément ce volcan. Dollfus et de Montserrat disent qu'il eut une éruption à l'époque de la conquête du Guatémala et plusieurs autres très violentes postérieurement, mais non enregistrées, par suite de ce fait que, dans le pays d'alentour, il n'y avait pas de colonies espagnoles, ce qui est très plausible.

11. — 1524. Avril ou mai.

Très grande activité du Santa-Ana, d'après la même lettre.

12. — 1526.

Eruption du volcan de Fuego. (Rockstroh, Dollfus et de Montserrat.) — Je pense qu'il y a confusion avec l'Atitlan et son éruption de 1524.

13. — 1526. *Vers le 20 juillet ou le 15 août.*

Série de tremblements de terre à Guatémala, dont un très fort. — Les Espagnols effrayés changèrent l'emplacement sur lequel ils avaient déjà commencé d'établir leur capitale. D'après Bernal Diaz del Castillo, témoin oculaire, vers le 15 août la petite armée castillane, revenant de la conquête du Cuscatlan (Salvador actuel), ressentit une si forte secousse à la montée de las Cañas, avant d'arriver à Panchoy, que les hommes ne pouvaient se tenir debout. Cette date du 15 août est celle de Fuentes. Mais Brasseur de Bourbourg, s'appuyant sur le manuscrit cakchiquel d'Ernandez Arana Xahila et de Francisco Gebuta Queh, prétend qu'Alvarado rentra à Iximché ou Tecpam-Guatémala le dixième jour du mois d'Hunahpu ou le 21 juillet. La secousse dont il est question aurait donc eu lieu le 19 ou le 20 juillet. Elle est aussi donnée par José Milla et par Juarros.

14. — 1527.

Eruption du Télica. (Oviedo, Lévy.)

15. — 1527.

Eruption du Santa-Clara (Nicaragua). (Oviedo, Squier, Lévy.)

16. — 1528.

Grande activité du Télica. (Oviedo.)

17. — 1528. *De mai à octobre (pendant la saison des pluies).*

Oviedo signale une série de très nombreuses secousses de tremblement de terre au Nicaragua pendant la saison des pluies, c'est-à-dire de mai à octobre. Il compta certains jours jusqu'à soixante secousses, et il ajoute que leur force ne pouvait cependant pas se comparer avec celle de ceux qu'il avait observés à Pouzzoles. Il dit en outre que seule la légèreté des constructions sauva Léon d'une ruine complète.

18. — 1529.

Eruption du Télica, d'après Kluge. — Ce fait me paraît suspect.

19. — 1529. 25 juillet.

Oviedo fait avec le cacique Chorotégan Natatime (don Francisco) l'ascension du Masaya (Popocatepe) et le trouve dans un état de très grande activité. Les flammes illuminaient la nuit Jalteva et Granada comme le soleil en plein jour (?). Quoique plus éclairé que la plupart de ses compatriotes, Gonzalo de Oviedo y Valdes cherchait comme les autres à extraire de l'or et de l'argent du cratère du Masaya. Malgré qu'il s'en soit défendu, Oviedo prétexta cette tentative pour placer le volcan et la constellation de la Croix du Sud, dans l'écu d'armes qui lui avait été donné par Charles-Quint. (Humboldt, Squier, Zurcher et Mar-jollé, Borowski.)

20. — 1530.

Éruption du Télica. (Herrera, Oviedo.) — A identifier avec l'éruption de 1529, donnée par Kluge.

21. — 1530. 21 mars.

Tremblement de terre des plus notables et qui causa beaucoup de dommages à Guatémala. (Felipe Cadena).

22. — 1536. 12 juin. — 1538. 10 avril.

Fray Blas de Iniesta ou del Castillo, ou enfin de Irena, suivant les auteurs différents, de l'ordre de Santo-Domingo, fait le 12 juin 1536 une ascension du Masaya ou Popocatepe des Indiens, c'est-à-dire montagne fumante (v. *Uber die Aztekischen Ortsnamen ;* Buschmann), croyant en extraire des métaux précieux. Obligé peu après de se rendre au Pérou, il dut ensuite revenir à Mejico, et enfin le 10 avril 1538 seulement il put recommencer cette tentative avec quelques notables habitants de Léon. La première fois il était accompagné de Johan Anton et de Johan Sanchez del Portero, qui nous a laissé un récit de cette entreprise. La seconde échoua misérablement par la rupture de la chaîne à laquelle était suspendu le seau qui devait rapporter la précieuse lave fondue qu'on croyait être de l'or ou tout au moins de l'argent. Les divers auteurs ne sont pas d'accord sur la date, et cela provient principalement de ce qu'en 1522 Francisco Montalvo en fit autant au cratère du Popocatepelt mexicain, pour en extraire du soufre destiné à fabriquer de la poudre dont manquait la petite armée de Cortès. Plusieurs Espagnols répétèrent ces entreprises au Masaya, mais naturellement sans plus de succès, jusqu'à ce que le roi l'eût prohibé, mais cela seulement après que l'Audience de Panama l'eût prescrit à plusieurs reprises dans l'espoir d'enrichir le trésor royal. C'est alors que l'enfer du Masaya prit le nom de Paradis, et, en 1551, Juan Alvarez, doyen du chapitre de Léon, reçut encore de la cour de Madrid l'autorisation d'ouvrir par le bas la montagne pour en tirer de l'or. (Gomara, Herrera, Oviedo, Humboldt, Perrey, Squier, Lévy, Borowski, etc.)

23. — 1538 ou 1539.

San-Salvador, ruinée par de nombreux tremblements de terre, est transférée de la Bermuda, où elle avait été construite primitivement, en 1526 pense-t-on, à sa position actuelle, incontestablement plus exposée du reste. (Scherzer.)

24. — 1539. 24 novembre, entre XXIII^h et minuit.

Un violent tremblement de mer surprend, à quarante lieues du cap de Iligueras, Johan de Lobera, qui conduisait à Santo-Domingo trois navires de Pedro de Alvarado. Le pilote, croyant avoir touché, fit rentrer l'escadrille au port (Puerto de Honduras) de crainte d'avaries. La secousse fut sentie dans toute la province de Honduras et y causa de grands dégâts. (Oviedo.)

25. — 1541. Nuit du 10 au 11 septembre.

Catastrophe de la Vieja Guatémala.

De nombreux auteurs ont conté longuement et avec beaucoup de détails anecdotiques et même légendaires ou superstitieux la ruine de la Vieja Guatémala, fondée le 22 novembre 1527 au lieu appelé Bulbuxia en Cakchiquel, c'est-à-dire source d'eau d'après Brasseur de Bourbourg. On ne sait pas exactement où les Espagnols s'étaient établis en 1524, mais seulement qu'ils avaient abandonné leur premier établissement à la suite des tremblements de terre de 1526.

Nous allons donner le résumé de ce célèbre événement.

Les divers auteurs ne sont pas d'accord sur l'heure de la catastrophe, qu'ils placent depuis peu après le coucher du soleil jusqu'à une heure du matin ; cette dernière me paraît la plus probable.

Les pluies avaient été extraordinairement abondantes, les 8, 9 et 10 septembre, et la nuit du 10 au 11 commença par un orage effrayant.

Il faut observer tout d'abord que les auteurs les plus exacts et les plus consciencieux, comme Bernal Diaz del Castillo, à la vérité alors absent de Guatémala, don Francisco de la Cueva, et Marroquin (évêque de la ville), ces deux derniers témoins oculaires, puis l'auteur anonyme de la *Relation* (collection Ter-

11

naux-Compans) *de ce qui d'après la volonté de Dieu est arrivé le samedi 10 sep-*
tembre 1541, à deux heures après le coucher du soleil dans la ville de Santiago
de Guatémala, et qui semble avoir été témoin du désastre, enfin Remesal,
Herrera et Oviedo qui, vivant dans le pays, ont reçu le récit des circonstances
qu'ils racontent de la bouche d'Espagnols qui en avaient été témoins, tous ces
auteurs, dis-je, parlent d'un tremblement de terre précurseur de l'événement.
Une écriture publique du Cabildo de Guatémala, en date du 16 septembre 1541,
et une déclaration de Francisco de la Cueva en Cabildo, ecclésiastique de 1580,
parlent en termes formels du tremblement de terre. Oviedo et l'anonyme déjà
cité parlent d'une première secousse et par suite en admettent implicitement
une ou plusieurs autres. Garcia Pelaez affirme qu'il y en eut deux. Brasseur de
Bourbourg, Juarros et Elisée Reclus ne mettent pas le tremblement de terre en
doute. Tous les auteurs nomment la catastrophe le grand tremblement de terre
de la cité des Cavaliers de Saint-Jacques de Guatémala. En outre la tombe de
doña Beatriz de la Cueva, veuve de l'adelantado don Pedro de Alvarado, et
principale victime de la ruine, portait en inscription : «... *en el terremoto del*
volcan que arruinò la Ciudad Vieja. » Remesal (lib. IV, cap. VIII) put encore
la voir en 1580, lors de la translation qu'on en fit de la cathédrale à l'église
San-Francisco.

Nous regardons donc comme hors de conteste qu'il y eut au moins une
secousse de tremblement de terre, quoique cela soit contraire à une notable
partie de l'opinion publique au Centre-Amérique, et c'est du reste pour cela
que nous avons accumulé tant de preuves, parce que beaucoup de personnes
dites savantes (*ilustradas*) le nient.

L'heure qui me semble la plus probable est celle de XXII^h, quoique Fuentes
et d'autres donnent III^h.

Quoi qu'il en soit, peu d'instants après, la ville fut complètement détruite par
un immense torrent d'eau et de boue, qui rasait les maisons sur son passage.
Les arbres entraînés et les rochers roulés, que Bernal Diaz dit ne pouvoir être
remués par quatre paires de bœufs et que longtemps après on montrait encore
aux voyageurs, faisaient table rase de tout ce qu'ils rencontraient. Les victimes
furent très nombreuses. Doña Beatriz de la Cueva, héritière des pouvoirs de
don Pedro, onze de ses femmes et huit jeunes filles nobles amenées par elle
d'Espagne pour former sa cour, périrent par la chute de la chapelle dans
laquelle elles s'étaient réfugiées après la secousse. 150 Espagnols, ce qui était
énorme pour une colonie encore peu nombreuse, et 600 Indiens trouvèrent la
mort sous les décombres.

Le torrent dévastateur était descendu du volcan éteint sur les flancs duquel

la ville était bâtie, et que les indigènes appelaient Huhnapu (tireur de sarba-
cane). Les Espagnols, en souvenir de la catastrophe, lui donnèrent le nom de
volcan de Agua (v. d'eau), par opposition avec son voisin si actif, qu'ils nom-
mèrent volcan de Fuego (v. de feu).

Kluge et Perrey signalent en même temps une éruption du volcan de Agua,
ce qui est faux, tout en reconnaissant que ce n'est pas l'avis de de Buch.

Dollfus et de Montserrat donnent une éruption du volcan de Fuego, ce qui
ne me semble pas prouvé, loin de là. Il est cependant à la rigueur possible
que ce volcan ait eu quelque éruption en 1541, ou période de grande activité,
et qu'alors on puisse y rattacher le tremblement de terre du 10 septembre,
d'autant plus que, d'après Corréal, quelques jours avant la ruine, les Indiens
seraient venus avertir l'évêque Marroquin que le volcan (celui de Fuego vraisemblablement) était le siège de fréquents retumbos, ce qui présageait une
éruption. Le prélat les aurait éconduits, et il s'est bien gardé de signaler ce
détail dans sa relation officielle à la cour de Madrid.

On a pu facilement être amené à supposer une éruption de l'Huhnapu en
raison des terribles catastrophes causées antérieurement par lui et dont le souvenir était fortement gravé dans les traditions indigènes. Nous savons qu'il y
eut une grande éruption, de date difficile à fixer néanmoins, au moment même
de l'arrivée des Cakchiquels au Guatémala. Leurs chefs, Gagawitz et Zactecaüh,
durent, au moyen de sacrifices, apaiser Zakiqoscol (feu follet ou cœur de la
montagne) qui les avait terrifiés par une éruption accompagnée de violents
tremblements de terre et d'épouvantables retumbos. (Brasseur de Bourbourg.)

C'est par erreur que Landgrebe nie l'existence de laves sur les flancs du volcan de Agua et s'appuie là-dessus pour lui contester le nom de volcan.

Remesal condamne péremptoirement la théorie d'après laquelle le cratère du
volcan, rempli par les pluies diluviennes des jours précédents, se serait rompu
en ensevelissant la cité sous les décombres de ses parois. Cet auteur, écrivant
son *Histoire du Chiapas et du Guatémala,* fit, le 17 novembre 1615, l'ascension de la montagne pour s'assurer du plus ou moins de probabilité de cette
rupture, comme cause du désastre. Il dit que la porosité des laves et des cendres volcaniques n'aurait pu permettre la formation d'un lac cratérique, même
temporaire, dont les parois se seraient rompues sous le poids de l'eau. Mais il a
très bien pu arriver, pensons-nous, que cette porosité n'ait pas été suffisante
pour laisser passer toute l'eau tombée si abondamment les jours précédents,
ou bien encore que les parois du cratère aient été minées inférieurement par
ces eaux. Contrairement à Remesal, nous regardons donc cette explication

comme très probable, et c'est aussi l'opinion de Dussaussoy après son ascension de 1881. (*Diario de Centre-America*.) Vélain admet la rupture du cratère.

Dollfus et de Montserrat ajoutent comme cause la fonte des neiges, ce qui est absurde, car le volcan de Agua n'en présente que rarement des traces, et encore jamais en septembre, mais seulement de novembre à janvier, pendant la saison des vents du nord. Remesal nous raconte naïvement la stupéfaction des Indiens à la vue de la glace rapportée de son ascension. Les géologues précédents ont reconnu le 31 mai 1866 le ravin par lequel descendit l'avalanche.

Il est donc certain que le cratère rempli d'eau se rompit sous son poids, et cela aidé par une violente secousse de tremblement de terre, à moins qu'on n'admette que la secousse ait été précisément produite par la chute même de cette masse de matériaux. Mais alors comment expliquer les secousses qui semblent avoir suivi? Cette opinion est corroborée par d'autres faits du même genre arrivés au Centre-Amérique, quoique dans des proportions moindres et des circonstances un peu différentes, par exemple à Quetzaltenango le 23 novembre 1869. Le volcan de San-Vicente fut le siège de phénomènes exactement semblables le 15 octobre 1781 et le 18 octobre 1852; mais les avalanches de boue ne firent que causer des dégâts dans les haciendas du département de Zacatecoluca, sans rencontrer sur leur passage de villes à détruire. (Osorio, Fernandez.) Dollfus et de Montserrat font allusion au second de ces deux événements quand ils disent que quelques années avant leur voyage, cette ville faillit périr comme la Ciudad-Viéja par la rupture sous le poids de l'eau d'une dépression située au sommet du volcan du même nom. Par les mêmes causes, le 30 septembre 1853, une colline s'éboula dans le département de Sololà, produisant de grands dommages, et enfin, en ce présent siècle, Rivas souffrit beaucoup d'un accident tout semblable. Ces faits s'expliquent très naturellement par l'extrême friabilité des matériaux volcaniques, qui a contribué à donner à certains volcans du Centre-Amérique la belle structure à côtes du Gunung-Simbing, produite sous l'action des pluies tropicales par de très profonds et très réguliers ravins rectilignes qui viennent converger aux sommets de ces cônes, et dont le San-Salvador et le Turrialba sont ici les plus remarquables exemples. Cette friabilité donne lieu pendant la saison des pluies à des changements considérables dont les topographes d'Europe seraient à bon droit étonnés.

Nous sommes ainsi amenés à nier toute éruption de boue comme cause de la ruine de Guatémala, opinion soutenue par Fuchs, qui cite à l'appui de cette explication les éruptions de cette espèce des volcans de Java, le Gelungung en 1822, l'Idjen en 1827, et le Tankuban en 1846. Ce sont là des phénomènes d'un tout autre ordre. Dollfus et de Montserrat s'élèvent aussi contre cette théorie.

Après le désastre, les Espagnols qui y avaient échappé se réunirent en Cabildo ouvert le 14 septembre 1541, et résolurent de s'en rapporter à l'avis de cent vingt-trois personnes notables, probablement tout ce qui en restait, et qui furent chargées de déterminer l'emplacement de la nouvelle cité à construire. On donna la préférence au Tanguecillo (petit marché), dans la plaine de Chimaltenango, position bien comprise, puisque l'histoire des événements ultérieurs nous montrera qu'il y tremble rarement. Mais l'influence de personnages intéressés et l'opinion de l'ingénieur royal B. Antonelli firent préférer la vallée de Pancan (c'est-à-dire dans le jaune, à cause de la couleur du terrain) y Panchoy, (c'est-à-dire dans la lagune: c'est celle formée par le Rio Pensativo, et c'est maintenant à la Antigua le faubourg du Tortuguero). Ce lieu de Pancan y Panchoy était appelé *el Tuerto* (le borgne) par les Espagnols, et c'est là, qu'après être, le 22 octobre 1541, revenu sur la première opinion en faveur du Tanguecillo, on décida la reconstruction de la ville, et que l'on s'établit définitivement et solennellement le 16 mars 1543. La ville ruinée en 1541 est connue sous le nom de Ciudad-Vieja, et celle qui la remplaça, sous celui de la Antigua-Guatémala depuis la ruine de 1773. Nous verrons cette nouvelle cité exposée aux fureurs du volcan de Fuego et abandonnée à son tour. On y interdit la construction de maisons à étages (Morelet). A propos de lois espagnoles relatives aux tremblements de terre, je n'ai pu, malgré tous mes efforts, trouver trace de celle dont parlent souvent les Centre-Américains, et suivant laquelle il aurait été, sous peine de mort, interdit d'hypothéquer les maisons de San-Salvador. C'est là une tradition sans fondement.

26. — *Milieu du XVIe siècle.*

Dernière et formidable éruption du Chirriqui, d'après Fuchs. — Dollfus et de Montserrat ne pensent pas que ce volcan ait eu des éruptions depuis la conquête. Mais placé dans une région presque inhabitée et encore peu connue, il est possible cependant qu'il ait eu quelque éruption restée inaperçue. Quoi qu'il en soit, j'ignore d'où Fuchs a tiré cette assertion.

27. — *1556.*

San-Salvador souffrit beaucoup de nombreux tremblements de terre. (*Semana de Guatemala,* 5 novembre 1865.)

28. — *1565.*

Eruption du volcan de Fuego. (Fuchs, Cayetano Santis.) — Ce fait me paraît douteux.

29. — 1565. Février.

Eruption du Pacaya. — Dollfus et de Montserrat pensent, d'après la tradition et l'examen des lieux, que ce serait là la date de l'apparition de ce volcan. Je n'en crois rien. La formation d'une semblable masse n'aurait point passé inaperçue dans une région aussi voisine de Guatémala. Palacios ne l'aurait certainement point ignoré. Enfin l'aspect de vétusté du volcan n'est guère favorable à cette hypothèse.

Mallet donne le mois de février. Fuentes, Juarros, de Buch, Perrey, Rockstroh, Berghaus, Kluge, de Humboldt, dans *Hertha,* Bd. VI, s. 138.

30. — 1565. Février.

Une série de violents tremblements de terre causa beaucoup de ruines et de dégâts à Guatémala. Mallet seul donne le mois de février, ce qui tendrait à rendre le volcan responsable de ces tremblements de terre, chose très plausible d'ailleurs. C'est du reste l'opinion de Juarros. Felipe Cadena, Fuentes, Rockstroh, Dollfus et de Montserrat, de Buch, d'Orbigny.

31. — 1570.

Eruption du Santa-Ana.

Manuel Fernandez citant, dit-il, un passage de Palacios, mais qui est en réalité d'Herrera, signale en cette année-là environ une éruption du Santa-Ana. Mais le passage en question est relatif à l'éruption de 1519 ou 1520. Il n'en est pas moins certain que ce volcan a eu plusieurs éruptions de cendres entre 1520 et 1570. Le consciencieux historien et observateur Palacios donne comme certain que depuis la conquête jusqu'à son passage en 1576 les explosions de ce volcan l'avaient fortement abaissé. Enfin la lecture de Laet indiquerait 1580.

32. — 1570.

Eruption du Masaya, d'après Privat-Deschanelles et Focillon, dans leur liste des éruptions mémorables. Il doit y avoir erreur pour 1670.

33. — 1575.

Eruption du volcan de Fuego. (Cayetano Santis.)

34. — 1575.

Tremblements de terre nombreux et continus qui causèrent beaucoup de dégâts à Guatémala et y ruinèrent nombre d'édifices. On choisit alors saint

Sébastien comme patron de la cité, cet événement ayant diminué l'influence de saint Jacques. Il faut en conclure, d'après les faits analogues que nous aurons plus tard à rapporter, que ces secousses prirent fin le 20 janvier et qu'elles avaient commencé l'année précédente.

Faut-il rapprocher cet événement du précédent, en le regardant comme sa conséquence ? C'est plausible.

(Juarros, *Efemeridas de la Ciudad de Guatemala*, Dollfus et de Montserrat.)

Ces tremblements de terre n'affligèrent pas moins la province de San-Salvador. (Boscowitz.)

35. — 1576.

Série de tremblements de terre désastreux à Guatémala, où divers édifices furent ruinés. (Juarros, Dollfus et de Montserrat.)

36. — 1576. 23 mai (style grégorien).

Ruine de San-Salvador, le deuxième jour de la Pascua de Espiritu Santo (Pentecôte), par un tremblement de terre qui renversa et démolit toutes les maisons, même les plus solides. Il y eut en outre une série d'autres secousses fortes et nombreuses. Beaucoup de crevasses et d'éboulements se produisirent dans la Sierra de los Texacuangos, où Caceres place, avec beaucoup de vraisemblance, le foyer d'ébranlement. Cette date m'a longtemps tenu en suspens pour sa fixation définitive. Les auteurs nombreux qui donnent ce fait le placent en 1575 ou 1576, le 18 ou le 23 mai. Cette indétermination apparente provient de ce qu'on n'a point pris la peine de calculer la date de la Pentecôte pour ces deux années-là, de ce que les uns ont appliqué la réforme grégorienne et d'autres non, et enfin de ce que les deux provinces du Salvador et du Guatémala ont été l'une et l'autre éprouvées par des séismes en 1575 comme en 1576.

(Palacios (témoin oculaire), Juarros, *Antigüedades del Salvador*, Squier, Perrey, Dollfus et de Montserrat, Fernandez, Guzman, Caceres.)

L'examen attentif de la vallée de Santo-Tomas à San-Marcos, près de San-Salvador, sur la route de Zacatecoluca, laisse dans l'esprit le soupçon qu'elle a a dû former autrefois un petit lac. Or les anciens écrivains castillans parlent d'un lac de Texacuangos, qu'il est difficile d'identifier avec celui d'Ilopango. Je serais assez porté à penser qu'il a été vidé à cette date à la suite du tremblement de terre.

37. — 1577.

Éruption du volcan de Fuego, d'après Cayetano Santis. — Ce fait me semble douteux.

38. — 1577. 30 novembre.

Série de forts tremblements de terre à Guatémala. Celui du 30 novembre causa beaucoup de mal aux édifices de la ville. (Juarros, Felipe Cadena, Dollfus et de Montserrat, d'Orbigny, de Humboldt et de Bompland, Mallet.) — Ce séisme fut commun au Mexique et au Guatémala.

39. — Environs de 1580.

Eruption de cendres du Santa-Ana, d'après Laet (v. nᵒ 31).

40. — 1581. 27 décembre.

Le volcan de Fuego eut une terrible éruption de cendres qui formèrent un nuage assez épais pour forcer à allumer les lampes tout un jour à Guatémala. L'alarme fut grande jusqu'à ce que le vent du nord dissipât l'obscurité. (Juarros, Humboldt, de Buch, von Hoff, Perrey, Dollfus et de Montserrat, Rockstroh, Kluge, Arago.)

41. — 1582. 14 janvier.

Grande et abondante éruption de cendres du volcan de Fuego. (Juarros, Dollfus et de Montserrat, Rockstroh.)

42. — 1585 et 1586.

Eruption du volcan de Fuego et série de mémorables tremblements de terre à Guatémala.

Beaucoup d'auteurs parlent de ces deux événements, vraisemblablement connexes, mais en les mélangeant de telle sorte qu'il est assez difficile de démêler l'exacte succession des faits. Après de longues réflexions nous pensons qu'on doit les résumer ainsi qu'il suit.

L'éruption de laves et de cendres battit son plein de juillet à décembre 1585. Les tremblements de terre se continuèrent forts et nombreux depuis le 16 janvier 1585 et se terminèrent le 23 décembre 1586, après deux années, par la ruine complète de Guatémala. Il ne se passait pas huit jours sans quelque violente secousse, sans compter les petites. A la date précitée, un grand nombre d'habitants furent ensevelis sous les décombres des maisons et des édifices. Quelques collines s'éboulèrent dans le voisinage, et de nombreuses crevasses s'ouvrirent. D'après Acosta, les laves ne cessèrent pas de couler après cette ruine, s'il faut en croire la lettre que lui envoyait à Mejico le secrétaire de l'Audience de Guatémala. On doit en conclure qu'il y eut une autre éruption en décembre 1586. Dollfus et de Montserrat pensent qu'il y eut au moins une forte éruption en chacun des mois de 1585 et de 1586, et c'est en effet la seule hypothèse qui permette de mettre tous les textes d'accord. Nous l'adopterons donc.

(Juarros, Cayetano Santis, Felipe Cadena, Acosta, Dollfus et de Montserrat, Arago, Kluge, d'Orbigny, Mallet, de Buch, *Efemeridas de la Ciudad de Guatemala* (*Semana de Guatemala* del 5 de noviembre de 1865), von Humboldt, dans *Hertha*, Bd. VI, p. 138. Collection académique.)

43. — 1593 ou 1594.

Ruine de San-Salvador. — Cet événement est certain, mais sa date est difficile à fixer à 1593 ou 1594. Le *Boletin extraordinario del Gobierno del Salvador*, Cojutepeque, 5 mai 1854, dit que ce fut la première ruine complète de cette ville, ce qui est faux, et donne la date de 1593, ainsi que Juarros, Boscowitz, Rockstroh, Guzman, l'auteur anonyme de *Las Antigüedades del Salvador*, (*Gaceta del Salvador*, del 5 de mayo de 1847), Dollfus et de Montserrat, et enfin Mallet, d'après Emery et Hirth ; tandis qu'un manuscrit du couvent des dominicains de San-Salvador et Scherzer, d'après ce document, donnent 1594. Nous pensons qu'il faut admettre cette dernière date à cause de ce document original et local.

44. — 1607.

Ruine de Guatémala. — D'après Juarros, les dégâts furent immenses, et il périt beaucoup de monde. Les tremblements de terre étaient continus et cessèrent le 9 novembre. C'est pourquoi l'on choisit saint Denis comme patron de la cité, dit cet historien. Il faut donc lire 9 octobre. Il est curieux de voir les habitants de cette malheureuse cité, perdant confiance en leur patron à chaque nouvelle catastrophe, s'en lasser et passer la main au saint dont la fête coïncidait avec la fin des secousses ou la notable diminution de leur intensité, croyant le devoir à son intercession. (D'Orbigny, Dollfus et de Montserrat.)

Juarros nous dit que dès lors il ne trembla plus à Guatémala jusqu'en 1651, ce qui est faux.

45. — 1609.

Eruption du Momotombo et ruine de Léon, à la suite des tremblements de terre qui l'accompagnèrent. — Les habitants considérèrent ce désastre comme une juste punition (elle eût été un peu tardive) de l'assassinat de l'évêque Antonio de Valdivieso par Hernando de Contreras, le 26 février 1546, et en conséquence les Espagnols transférèrent la capitale du Nicaragua au village de Subtiaba, le 2 janvier 1610. On ne connaît pas bien exactement la première position de la ville. (Squier, Lévy.)

46. — 1614.

Tremblements de terre à Guatémala, d'après Dollfus et de Montserrat.

47. — 1614.

Eruption du volcan de Fuego. (Rockstroh, Dollfus et de Monserrat.) — Les deux événements doivent être probablement rapprochés l'un de l'autre.

48. — 1621. 2 mars.

Un tremblement de terre détruisit presque toutes les maisons de Panama. C'est le seul séisme désastreux que j'ai trouvé pour cette ville. (Solorçano, *de Jure Indiorum*, lib. I, cap. VII, nº 47 ; cité par Bonito, *Terra tremante*. Perrey, *Catologue pour le Pérou, les Amazones et la Colombie*, p. 18.)

49. — 1623. Janvier.

Très alarmante éruption de cendres et de flammes du volcan de Fuego, avec d'épouvantables retumbos. (Juarros, Humboldt, Dollfus et de Montserrat, Rockstroh, Kluge, Arago.)

Gage fait allusion à cette éruption, mais sans en fixer la date. Elle aurait duré trois jours et trois nuits, et le docteur Cabannas affirma à ce voyageur qu'on pouvait lire et écrire de nuit dans les maisons de la ville à la lueur du volcan. Les secousses durèrent neuf jours consécutifs.

50. — 1625.

Mémorables tremblements de terre à San-Salvador. (Juarros, *Antigüedades del Salvador*, Squier, von Hoff, Perrey, Guzman, Rockstroh, Boscowitz, Mallet d'après Ennery et Hirth.)

51. — 1631.

Eruption du volcan de Fuego, d'après Cayetano Santis. — Le texte de Gage est favorable à la réalité de cet événement, quoiqu'il n'en parle pas très explicitement.

52. — 1631. Pendant la saison des pluies (entre mai et octobre).

Nombreux et forts tremblements de terre à Guatémala, d'après Gage, qui était alors curé de Mixco. Cet auteur nous décrit les impressions que lui firent éprouver trois fortes secousses qu'il y ressentit successivement dans la même matinée, mais malheureusement sans en donner la date mensuelle.

53. — 1643.

Eruption du volcan de San-Vicente ou Chichontepeque (montagne des deux tétons, d'après sa forme), un des plus beaux volcans du Centre-Amérique. — Humboldt donne ce fait comme tiré de Juarros, ce qui est inexact ; du moins je n'ai pu réussir à l'y trouver. Elle aurait couvert tous les environs de soufre et de cendres. L'existence au pied de la montagne d'un soupirail volcanique ou *infernillo* (petit enfer), toujours actif, montre que ce beau volcan a bien pu avoir quelque éruption moderne, malgré qu'il passe dans le pays comme absolument éteint, et même comme n'ayant rien de volcanique, dernière assertion qui constitue une grosse erreur. On peut donc enregistrer cette éruption avec assez de confiance. Il est bon de noter, pour faciliter la lecture de certains auteurs, que le San-Vicente est nommé volcan de Zacatecoluca par Perrey et Zacatepe par Fumel. Dollfus et de Montserrat mettent un point d'interrogation à cette éruption. (Humboldt, Perrey, von Hoff, de Buch, Rockstroh, Kluge, Arago.)

54. — 1648.

Grands tremblements de terre au Nicaragua. — Ils commencèrent à diminuer le fond des rapides du Rio San-Juan ou Desagüadero (déversoir des lacs). (Lévy.)

55. — 1651.

De grands tremblements de terre au Nicaragua. — Ils continuèrent l'œuvre de ceux de 1648. (Lévy.)

56. — 1651.

Eruption du volcan de Fuego, d'après Fuchs, qui me paraît l'avoir confondu avec le Pacaya (v. le n° 57).

57. — 1651. 18 février, XIII[h].

Eruption du Pacaya avec de terribles retumbos et de violents tremblements de terre qui ruinèrent la ville de Guatémala. — Des auteurs, F. Cadena par exemple, donnent la date du 13. Je crois intéressant de reproduire ici le naïf récit de Juarros :

« Le 18 février, vers une heure de l'après-midi, on entendit un bruit souterrain extraordinaire qui mit tout le monde en alarme ; immédiatement après, il y eut trois forts tremblements de terre peu espacés les uns des autres et qui jetèrent bas une grande partie des édifices de Guatémala. Les tuiles volaient comme si ce fussent pailles légères ; les cloches sonnaient d'elles-mêmes ; les rochers roulaient ; les bêtes fauves des montagnes, perdant leur instinct naturel, venaient aux lieux habités, et parmi elles se rendit célèbre un lion terrible (puma), qui, entrant dans la ville par la porte du côté sud, vint jusqu'aux maisons consistoriales, déchira un papier qui y était apposé, et sortit du côté opposé. Les tremblements de terre continuèrent avec une grande fréquence jusqu'au 13 avril. »

(Dollfus et de Montserrat, d'Orbigny, de Buch, Perrey, Kluge.)

58. — 1656.

Ruine de San-Salvador. — Ne faut-il pas identifier cet événement avec celui de 1659 (v. nº 60) ? Question difficile à résoudre.

(Juarros, Squier, Guzman, Rockstroh, *Antigüedades del Salvador*, Dollfus et de Montserrat, Perrey, Ennery et Hirth, Mallet, Boscowitz.)

59. — 1657 et 1659.

Forts tremblements de terre à Guatémala. (Dollfus et de Montserrat, Rockstroh.)

60. — 1659. 30 septembre.

Ruine de San-Salvador et dernière éruption du volcan de même nom ou Quetzaltepeque, c'est-à-dire en nahuatl, montagne des Quetzals. Le Quetzal est le *Lapa verde* du Nicaragua, le *Trogon resplendens* ou *pavoninus* des ornithologistes, magnifique oiseau de paradis du Centre-Amérique, qui fait son nid à deux ouvertures pour ne pas avoir à s'y retourner, de crainte d'abimer les deux splendides plumes vertes de sa queue. Ce long appendice joue un grand rôle dans l'histoire des empires Quiché, Cackchiquel et autres, vassaux des souverains Aztèques, car c'était un des plus précieux objets de tribut. Le mythe du Quetzalcoatl (serpent Quetzal) tient aussi une grande place dans la théologie de ces régions. Enfin le Quetzal figure sur le timbre postal du Guatémala.

Quoi qu'il en soit de ces détails un peu étrangers à notre sujet, Humboldt, Kluge, Mallet, Ennery et Hirth placent cette éruption à 1656, et le *Boletin extraordinario del G. del Salvador*, déjà cité, donne la date de 1658. Mais nous adopterons sans hésitation celle du 30 septembre 1659, donnée par Ximenez, bien placé pour avoir des renseignements exacts par des témoins oculaires.

La pluie de cendres fut considérable et atteignit jusqu'à Comayagua, capitale du Honduras. Les laves formèrent l'immense cheyre de Quetzaltepeque, ensevelissant la ville indienne de Nejapa et la grande hacienda d'Atapasco. Les habitants de Nejapa n'eurent que le temps de s'enfuir avant que la coulée ne leur fermât toute issue, en emportant avec eux la statue de leur patron saint Jérôme, dont c'était précisément la fête ce jour-là. Mais dans l'église du nouveau Nejapa reconstruit, ils le placèrent face au mur pendant plusieurs années, pour le punir d'avoir laissé détruire leur antique cité, place importante, parait-il, du Cuscatlan.

Le Malpais, ou cheyre de Nejapa et de Quetzaltepeque, résulte de deux coulées enchevêtrées et qu'on ne peut démêler : l'une antérieure à la conquête, c'est celle dont parlent Herrera et Laet, et l'autre formée en 1659. Avant d'y revenir et de déterminer son origine, il nous faut étudier le volcan.

Le tremblement de terre ruina San-Salvador de fond en comble.

Le volcan de San-Salvador, qui forme un excellent amer pour les navigateurs, est fort remarquable par la beauté de ses formes qui rappellent singulièrement le Puy-de-Dôme. Comme celui-ci, il est constitué par un pic aigu (2,256ᵐ d'après mes propres mesures), auquel est accolée une montagne arrondie qui correspondrait au nid de la Poule. Mais là s'arrêteraient les analogies. Cette seconde masse présente un splendide cratère elliptique d'environ 700ᵐ de grand axe et de 400ᵐ de profondeur, au fond duquel on aperçoit dans un puits de verdure, aux parois couvertes de pins gigantesques *(pinus tenuifolia)*, un lac aux eaux vertes et qui possédait des caïmans il y a encore peu d'années, parait-il. En tout cas, la présence de ces sauriens est parfaitement avérée pour le lac de Coatepeque (mont du Serpent), ancien grand cratère latéral du Santa-Ana. Laet le constate, et j'ai eu moi-même affaire à des chasseurs dignes de foi qui en ont tué il y a seulement quelques années. Sur ses bords une chapelle, appelée de la *Bendicion,* sert encore au curé de Santa-Ana, qui y vient annuellement exorciser ces terribles ennemis des pauvres pêcheurs indiens. Je dois dire cependant qu'ils y ont actuellement disparu. C'est là un intéressant problème d'histoire naturelle, plus difficile à résoudre qu'à poser, à savoir le moyen par lequel ces animaux ont pu arriver à ces lacs presque inaccessibles, à moins de s'en tenir à la naïve, mais grossière explication des Indiens, qui concluent de leur présence à l'existence de communications souterraines entre les lacs cratériques et la mer.

Le San-Salvador présente, en outre, sur ses flancs et du côté de l'Océan, un petit cratère oblitéré et éguculé, celui de la Joya, au-dessus de Santa-Tecla, qui aurait en 1876 donné quelques symptômes d'activité. Ce fait, joint à l'éruption du petit cône de Quetzaltepeque vers 1806 (événement qui du reste ne me semble pas bien prouvé), montrerait que le San-Salvador n'est que dans une période de repos.

Il y a un autre cratère fort beau de 800ᵐ de diamètre, celui de Cuscatlan, qu'un lac remplissait jusqu'au grand tremblement de terre de 1854. A l'ouest,

on voit le cratère régulier et profond de Chamnico, au centre duquel une petite île renfermait au temps de la conquête un sanctuaire très vénéré. De belles statues furent jetées au fond des eaux par les fanatiques espagnols, qui ont eu partout à cœur de nous priver des monuments précolombiens. Suivant la ligne de plus grande pente qui va du cratère principal ou Boqueron à la ville de Quetzaltepeque, se trouvent étagés les uns au-dessus des autres, et diminuant de dimensions du haut en bas, quatre petits cratères appelés boqueroncitos, et d'où la tradition fait sortir la cheyre de Quetzaltepeque. L'examen des lieux m'a prouvé qu'elle se fit jour en réalité à la base même de la montagne par deux très petites bouches, difficiles à reconnaître maintenant et situées à égale distance de la ligne de plus grande pente des boqueroncitos. Nous avons déjà eu l'occasion de signaler (v. nº 25) la belle structure à côtes du volcan de San-Salvador soudé à la chaîne côtière anticlinale par la haute plaine de Santa-Tecla, dont nous aurons à reparler plus tard à propos de la réédification de San-Salvador après le désastre du 16 avril 1854.

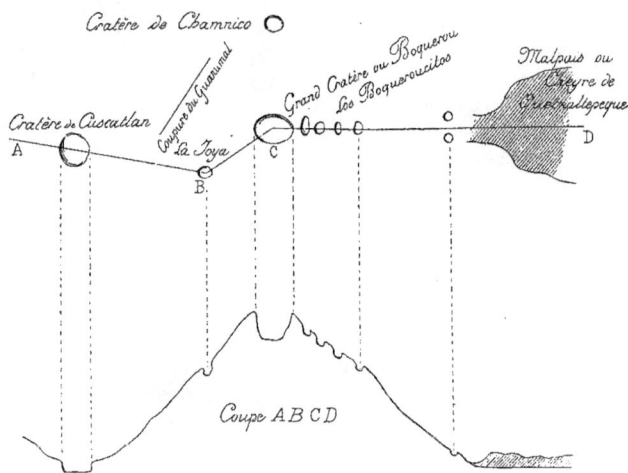

LE QUETZALTEPEQUE OU VOLCAN DE SAN-SALVADOR.

61. — 1663.

Grand tremblement de terre au Nicaragua. (Lévy.) — Il finit de rendre le Rio San-Juan impraticable aux navires qui remontaient ce fleuve pour atteindre le lac, en venant de Cadix ou de Nombre-de-Dios. Cette navigabilité du Desagūadero au XVIIe siècle est contestée par divers auteurs. Quelques-uns, comme Scherzer, pensent que si elle a existé, dans tous les cas ce ne seraient point les Espagnols qui auraient intentionnellement, en 1666, obstrué cette voie fluviale pour s'opposer aux entreprises des flibustiers anglais, français ou hollandais, ainsi qu'on les en a formellement accusés, mais qu'il faut attribuer ce changement dans la profondeur du lit du fleuve aux tremblements de terre de 1648, 1651 et 1663. Nous nous rangeons d'autant plus facilement à cette opinion que, fait peu connu même au Centre-Amérique, la municipalité de Granada édicta, le 15 septembre 1665, un tarif d'imposition sur chaque article apporté par les frégates (notons ce mot) remontant le fleuve. Ce tarif fut approuvé en 1666 par la cour de Madrid. Il semblerait donc qu'alors le Rio San-Juan était encore praticable. Mais il était devenu difficile, même antérieurement aux tremblements de terre de 1648, puisqu'en 1637, Gage, se rendant à la Havane, après sa fuite du Guatémala, dut prendre la voie du Costarica comme plus facile. Il est vrai qu'on était alors en pleine saison sèche. D'autre part, en 1674, Corréal nous le représente comme tout à fait impraticable, à moins de perdre beaucoup de temps à décharger et à recharger les navires pour le passage des rapides. C'est l'état actuel. En somme, la question reste à vider.

Léon souffrit beaucoup de ce tremblement de terre de 1663.

62. — 1663. 1er mai, XIIh.

Longue série de tremblements de terre à Guatémala. — L'une des secousses est présentée comme ayant causé beaucoup de dégâts par Garcia Pelaez, d'après Ximenez (lib. XV, cap. v); c'est celle du 1er mai, à midi. (Juarros, Larenaudière, Rockstroh, d'Orbigny, Dollfus et de Montserrat.)

63. — 1664.

Eruption du Pacaya. — Elle dura trois jours avec des retumbos épouvantables, des rugissements. Les flammes illuminèrent de nuit la ville de Guatémala comme si ce fût de jour. (Ximenez, Garcia Pelaez, von Hoff, de Buch, Humboldt, Dollfus et de Montserrat, Rockstroh, Kluge.)

64. — 1664.

Eruption du volcan de Fuego, d'après Fuchs (v. no 71) (?).

65. — 1668. Août.

Eruption du Pacaya avec d'épouvantables retumbos. (Juarros, Humboldt, Rockstroh, Dollfus et de Montserrat, von Hoff, de Buch, Kluge, Perrey.)

66. — 1668.

Eruption du volcan de Fuego, d'après Fuchs (v. n° 71) (?).

67. — 1670.

Eruption considérable du Masaya, qui entra ensuite dans une période de long repos. — Rockstroh signale pour cette date l'éruption d'un volcan du Nicaragua, mais sans le nommer. (Humboldt, Squier, Dollfus et de Montserrat, Fuchs, Kluge, *Encyclopædia Britannica*, ninth edition, t. XV, p. 614, art. *Masaya*.)

68. — 1671.

Eruption du volcan de Fuego, d'après Fuchs (v. n° 71) (?).

69. — 1671. Août.

Eruption du Pacaya, avec d'épouvantables retumbos. — Dollfus et de Montserrat la placent en juillet, probablement par confusion avec celle de 1677 (v. n° 72). (Juarros, Humboldt, Perrey, Rockstroh, de Buch, von Hoff, Kluge.)

70. — 1676.

Grande série de tremblements de terre à Guatémala. (*Efemeridas de la Ciudad de Guatemala*.)

71. — 1677.

Eruption du Fuego, d'après Fuchs (?). — Je suis très porté à penser que cet auteur s'est trompé en attribuant au volcan de Fuego les quatre éruptions du Pacaya en 1664, 1668, 1671 et 1677.

72. — 1677. Juillet.

Eruption du Pacaya, avec d'épouvantables retumbos. (Juarros, Humboldt, Rockstroh, Dollfus et de Montserrat, Perrey, von Hoff, de Buch, Kluge.)

73. — 1679.

Eruption du volcan de Fuego, d'après Cayetano Santis.

74. — 1679. 4 mars.

Tremblements de terre qui causèrent de grands dégâts à Guatémala, et qu'il faut rapprocher du fait précédent. (Juarros, Cayetano Santis, Felipe Cadena, Rockstroh.) Dollfus et de Montserrat, ainsi que Mallet, donnent par erreur cet événement pour le Mexique.

75. — 1681. 22 juillet.

Grande série de tremblements de terre à Guatémala, parmi lesquels celui du 22 juillet causa beaucoup de dommages dans la cité. (Juarros, Rockstroh, Dollfus et de Montserrat.)

76. — 1683. Mai.

Série de forts tremblements de terre à Guatémala, où ils causèrent de grands dégâts. (Juarros, Rockstroh, Dollfus et de Montserrat.)

77. — 1684. Août.

Série de forts tremblements de terre qui causèrent de notables dommages à Guatémala. (Juarros, Rockstroh, Dollfus et de Montserrat.)

78. — 1685. 8 août.

Dampier signale une très grande activité du volcan El Viejo, au moment où, croisant sur la côte du Nicaragua, il se préparait à faire une descente et à mettre Léon à sac. C'est alors que son compagnon Wafer se sépara de lui, fait sur lequel nous aurons à revenir à propos de l'éruption du Coseguina, en 1709, pour fixer un point important de ce dernier volcan. On peut trouver sans grande utilité la constatation de l'activité d'un volcan à telle ou telle époque. Ce n'est point mon avis, et je pense qu'il est important de noter ces petits faits, ne fût-ce que pour faciliter le travail de ceux qui feront l'histoire détaillée et individuelle des évents volcaniques centre-américains.

79. — 1685. 23 septembre.

Dampier voit fumer le volcan de Fuego.

80. — 1686.

Eruption de cendres, mais sans flammes, du volcan de Fuego. — Il tomba beaucoup de fine poussière à Guatémala. (Ximenez, Garcia Pelaez, Rockstroh, Dollfus et de Montserrat.)

13

81. — 1687. Septembre et octobre.

Grande série de secousses qui causèrent d'importants dégâts à Guatémala. (Juarros, Rockstroh, Dollfus et de Montserrat.)

C'est cette année-là que la tradition populaire en Colombie appelle encore « Año del ruido », à la suite de la terreur qu'éprouvèrent le 9 mai les habitants par d'épouvantables retumbos.

82. — 1688.

Première éruption du Conchagua, d'après Guzman. — N'y a-t-il pas eu erreur typographique, 1688 pour 1868 ? En tout cas je ne sais où cet auteur a pris ce renseignement que je regarde comme très douteux.

83. — 1688. 10 octobre.

Le fameux tremblement de terre de Lima aurait été ressenti à Mejico, et aussi au Guatémala, d'après Dollfus et de Montserrat, mais plus faible dans ce dernier pays que dans les régions extrêmes, ce qui semble assez peu vraisemblable.

84. — 1689.

Éruption de cendres du volcan de Fuego, d'après Cayetano Santis. — A rapprocher probablement du fait suivant.

85. — 1689. 12 février.

Série de forts tremblements de terre à Guatémala. — Celui du 12 février causa de grands dommages, détruisant en particulier la paroisse de St-Sébastien et abîmant la cathédrale. Cette secousse paraît avoir été plus forte que celle de 1651. On lui donna le nom de tremblement de terre de santa Olaya, mais sans la prendre pour patronne. La foi en ces changements de protecteurs avait sensiblement diminué. (Juarros, d'Orbigny, Rockstroh, *Efemeridas de la Ciudad de Guatemala*, de Humboldt et de Bompland, Dollfus et de Montserrat.)

86. — 1699.

Grande éruption de San-Miguel ou Chaparrastique. — Ximenez (lib. V, cap. xv), cité par Garcia Pelaez, dit qu'il trembla jusqu'à Apastepeque, où il se trouvait alors, qu'on voyait d'immenses flammes au sommet de la montagne et qu'on entendait d'effrayants retumbos. D'après Dollfus et de Montserrat, ce serait la plus forte éruption historique de ce volcan, mais je pense que ce fut plutôt celle de 1787. (Wells.)

87. — 1699.

Eruption du volcan de Fuego. (Rockstroh, Dollfus et de Montserrat.)

88. — 1702.

Eruption du volcan de Fuego. (Cayetano Santis.) — A rapprocher du fait suivant.

89. — 1702. 4 août.

Un violent tremblement de terre causa beaucoup de dommages à Guatémala. On lui donna le nom de santo Domingo. (Juarros, Felipe Cadena, *Efemeridas de la Ciudad de Guatemala.)*

90. — 1705. 1er février.

Grande éruption du volcan de Fuego. — Elle commença vers une heure du matin, devint maxima à dix heures et se termina dans l'après-midi. L'obscurité fut complète à Guatémala, et les retumbos extrêmement forts. Humboldt regarde cette éruption comme une des plus violentes de ce volcan. Ximenez était alors à Rabinal, point situé à trente lieues du volcan, dans la Alta Vera Paz, et illustré par le long séjour qu'y fit, comme curé, l'abbé Brasseur de Bourbourg, pour y étudier sur place la langue et les traditions de l'ancien empire Quiché. Les cendres tombèrent jusque-là. Mais cet auteur (lib. V, cap. xv) se trompe d'une année en indiquant 1706 au lieu de 1705, que nous trouvons dans le *Libro de Cabildo del noble Ayuntamiento extraordinario del 1º de febrero de 1705,* document original écrit à Guatémala pendant l'éruption même, et dont la valeur pour fixer la date est incontestable. (Juarros, *Efemeridas de la Ciudad de Guatemala,* Rockstroh, Perrey, von Hoff, de Buch, Berghaus (*Hertha*), Garcia Pelaez, Arago, Kluge.)

91. — 1706. 4 octobre.

Grande éruption de cendres du volcan de Fuego. (Ximenez, Garcia Pelaez, Dollfus et de Montserrat, Rockstroh.)

92. — 1706 à 1710.

Grande éruption ininterrompue du volcan d'Atitlan. (Ximenez, Garcia Pelaez.)

93. — 1707.

Eruption de cendres du volcan de Fuego. (Dollfus et de Monserrat.) — Je regarde ce fait comme douteux.

94. — 1707 (?).

Ruine complète de San-Salvador. — Les auteurs sont d'accord pour dire que cette ruine est d'une date mal connue, mais qu'il faut la placer soit à la fin du XVIIᵉ siècle, soit au commencement du XVIIIᵉ siècle. Seul Guzman la fixe à 1707 dans un article inséré dans l'*Americano* du 19 mai 1873, et relatif à la catastrophe du 19 mars de la même année. (*Boletin extraordinario del G. del Salvador del 5 de mayo de 1854*, Fernandez.)

95. — 1709.

Eruption du Cosegüina. (Fuchs, Kluge, Caldcleugh.) — Roulin dit que les traditions locales ont conservé le souvenir d'une éruption de ce volcan au commencement du XVIIIᵉ siècle.

Dollfus et de Montserrat penchent à admettre comme véridique le récit de Wafer, d'après lequel ce volcan n'aurait point existé en 1685, chose difficile à admettre, étant donnée l'éruption de 1522. Ce flibustier, se séparant de Dampier le 27 août 1685, à Realejo, se rendit par terre à la rade de Fonseca. Il devait ainsi laisser le Cosegüina sur sa gauche. Il fit, dit-il, aiguade dans la presqu'île de Cosegüina, en utilisant les eaux d'une petite rivière qui sortait d'une montagne, *qui n'était pas un volcan*. Mais il faut comprendre cette expression en entendant que ce n'était pas un volcan alors en activité; car précisément la suite du récit, où l'on voit ce voyageur remonter une rivière d'eaux chaudes et très sulfureuses, et manquer d'être asphyxié, montre bien la volcanicité de cette montagne en 1685. Du reste, la forme du cône tout à fait démantelé, dont toutes les éruptions connues ont été de grandes explosions, a pu induire Wafer en erreur. L'opinion de Dollfus et de Montserrat, qui ferait naître ce volcan en 1709, est donc inadmissible de tout point, d'autant plus que nous nous trouvons là dans une région relativement très fréquentée à cette époque, tant à cause du port non encore envasé de Realejo ou Rio Lexa, conduisant aux lacs, que pour les foires de San-Miguel, qui attiraient chaque année tant de monde de tout le Centre-Amérique, le Mexique et même le Pérou, pour le commerce de l'indigo et du baume du Pérou originaire du Salvador. Dans ces conditions, la formation du Cosegüina n'aurait point passé inaperçue.

96. — 1710. Date mensuelle inconnue et en outre le 15 octobre.

Eruptions du volcan de Fuego. — Elles furent de cendres et de pierres incandescentes avec de terribles retumbos et tremblements de terre. Juarros aurait mieux fait de nous en fixer exactement la date, que de nous montrer l'évêque Fray Mauro de Larrategui y Colón essayer en vain d'apaiser le volcan en lui présentant la croix.

Rockstroh donne une éruption en 1710, et en plus la même année une autre le 15 octobre. Humboldt regarde l'éruption de 1710 comme une des plus importantes de ce volcan. (Juarros, Perrey, de Buch, Dollfus et de Montserrat, Arago, Kluge.)

97. — 1717. Août, septembre, octobre et novembre.

Très violente éruption du volcan de Fuego. — Elle commença le 18 août et dura quatre mois consécutifs avec des retumbos qui s'entendirent jusqu'à Sonsonate et au Peten. Il y eut en même temps de très nombreux et violents tremblements de terre qui causèrent beaucoup de dégâts à Guatémala, surtout les trois du 29 septembre, à XIX^h, lesquels continuèrent toute la nuit, puis celui du 30 du même mois, à IX^h, et enfin ceux du 4 octobre, connus sous le nom de saint Michel, et qui complétèrent l'œuvre de destruction des premiers. La ville de Guatémala fut presque abandonnée, ce qui ne laissa pas que de porter un coup funeste à sa prospérité, très grande jusqu'alors. Les habitants demandèrent, le 4 octobre, à changer son emplacement. Il ne fut pas donné suite à ce projet, quoiqu'ils en aient reçu l'autorisation l'année suivante, alors qu'ils étaient revenus à leurs ruines. D'après Ximenez, le volcan ne revint que quatre années plus tard à un repos relatif. Dollfus et de Montserrat donnent par erreur la date des 27 et 28 août pour cette éruption. (Juarros, Garcia Pelaez, Sarravia, Rockstroh, *Efemeridas de la Ciudad de Guatemala*, Perrey, von Hoff, Arago, de Buch, de Humboldt et de Bompland, Kluge.)

98. — 1719. 6 mars, 1^h.

Ruine complète de San-Salvador par une seule secousse, et sans avertissement préalable. (*Boletin* déjà cité, *Manuscrito del convento de los Dominicos de San-Salvador*, Scherzer.)

99. — 1723. 14 mars.

Grande éruption de scories de l'Irazu, ou volcan de Cartago, avec de forts tremblements de terre, qui causèrent des dégâts dans la région comprise entre Rivas et Panama. Dollfus et de Montserrat donnent ce fait dans leur liste des éruptions du Centre-Amérique, et dans un autre passage l'attribuent par erreur au Turrialba. (Fuchs, de Humboldt, Arago, Rockstroh.) Je n'ai trouvé la date mensuelle que dans Kluge.

100. — 1726.

Eruption de l'Irazu. — Même texte et mêmes sources que pour la précédente.

101. — 1732. Mai.

Eruption du volcan de Fuego. — Elle dura plusieurs jours avec de terribles retumbos. Humboldt la regarde comme une des plus importantes de ce volcan. (Juarros, Rockstroh, Dollfus et de Montserrat, Arago, Kluge, Perrey, Berghaus (*Hertha*), de Buch.)

102. — 1737. 27 août.

Grande éruption du volcan de Fuego, avec de forts tremblements de terre, surtout le 24 septembre, époque à laquelle elle durait encore après avoir commencé le 27 août. Il parait qu'il n'y eut ni retumbos ni dommages. Plusieurs petits cratères adventifs se formèrent sur les flancs de la montagne. (Juarros, de Humboldt, Rockstroh, Dollfus et de Montserrat, Perrey, de Buch, Arago, Kluge.)

103. — 1739. (?).

Eruption du volcan de Fuego, d'après Dollfus et de Montserrat, qui disent la tenir de Juarros et de Fuentes, ce qui est inexact. Elle est donc peu probable.

104. — 1751.

Eruption du volcan de Fuego, d'après Cayetano Santis. A rapprocher du fait suivant.

105. — 1751. 4 mars, VIII[h] et XIV[h].

Deux très violentes secousses de tremblement de terre causèrent d'importants dégàts à Guatémala. Ce sont ceux dits de saint Casimir. Torsion et chute de la grande croix de fer de la cathédrale. (Juarros, *Efemeridas de la Ciudad de Guatemala*, Larenaudière, Rockstroh, d'Orbigny, Thomson, Perrey, Schlözer, von Hoff, Mallet, Dollfus et de Montserrat.)

106. — 1757. 4 ou 10 octobre.

Tremblements de terre, dits de san Francisco, lesquels causèrent beaucoup de mal à Guatémala. Comme à chacun de ces deux quantièmes correspond un saint François, il est difficile de prononcer entre eux. (Juarros.)

107. — 1758 (?).

Eruption du Quetzaltenango, d'après Morelet. — Ce doit être une erreur typographique pour 1785.

108. — 1764.

Tremblement de terre à Masaya. — Scherzer considère comme sans fondement la tradition locale qui attribue à ces secousses l'aveuglement d'un ruisseau qui traversait cette ville. A rapprocher du fait suivant.

109. — 1764.

Eruption du Momotombo. (Rockstroh, Perrey, Dollfus et de Montserrat, von Hoff, Kluge.)

110. — 1764. Juillet.

Eruption du Mano-Blanco *(sic)*, volcan qui serait situé un peu à l'est de Truxillo (Honduras), d'après Ordinaire. — 108 maisons détruites dans ce port et de nombreuses victimes. Cet auteur est, que je sache du moins, le seul à parler tant de ce volcan que de cette éruption, qu'il dit avoir trouvée dans les « papiers » du temps. Le séisme me paraît beaucoup plus probable que l'éruption et même que l'existence de ce volcan.

111. — 1765.

Eruption du volcan de Fuego, d'après Cayetano Santis. — A rapprocher des nos 113 et 114.

112. — 1765. Avril.

Tremblements de terre qui ruinèrent les villages de San-Cristoval-Ilopango, San-Martin, San-Pedro-Perulapam, et San-Bartolome-Perulapilla, au Salvador. (Caceres, Rockstroh, *Manuscrito del Convento de los Dominicos de San-Salvador.*)

113. — 1765. 21 juin.

Tremblement de terre, dit de la Santissima Trinitad, et qui causa de grands dégâts dans le Guatémala, notamment dans la province de Chiquimula.

Rappelons la faille transversale qui traverse ce département (v. l'introduction). Rockstroh donne par erreur la date du 20 au lieu du 21. Dollfus et de Montserrat donnent simplement la date de 1765, qui peut s'appliquer à ce fait aussi bien qu'au suivant. (Juarros, Felipe Cadena.)

114. — 1765. 24 octobre.

Tremblement de terre, dit de san Rafael, et ruine de Guatémala. — La province de Suchiltepequez souffrit beaucoup. Cet événement a été de la part du R. P. Landivar, jésuite expulsé du pays, l'objet d'une poésie insérée dans la *Rusticatio Mexicana et Guatemalana,* et traduite dans le *Calendario de la Paz pour 1842.* (Rockstroh.)

115. — 1770. 23 février.

Apparition de l'Isalco.

La formation d'un volcan nouveau à la surface de la terre est un phénomène trop rare et trop intéressant pour la physique du globe, pour ne point exciter fortement la curiosité des voyageurs et des historiens, et les pousser à nous la raconter avec détails. Aussi avons-nous de nombreuses et concordantes relations de la naissance de l'Izalco ou phare du Pacifique. Les auteurs ne sont cependant pas absolument d'accord sur la date de cet événement remarquable, mais les documents locaux, dont Boscowitz nie à tort l'existence, permettent de la fixer sans conteste au 23 février 1770. C'est aussi celle de Kluge, de Pfaff, de Squier, de Gonzalez et de Humboldt. Le volcan prit naissance au milieu d'une hacienda d'élevage appartenant à la famille métisse de Cucufate, située dans une plaine près du village nahuatl d'Izalco et au milieu d'anciennes coulées du volcan de Santa-Ana. Il y avait là un soupirail volcanique ou infiernillo semblable à ceux du Chinameca ou du San-Vicente, ou encore aux ausoles d'Ahuachapan. Cela résulte très clairement de la lecture du voyage de Tomas Gage, qui, s'enfuyant du Guatémala, vint coucher à Sonsonate le 8 janvier 1637. Il décrit l'évent volcanique en question, et parlant des explosions périodiques dont il était le siège, nous raconte comment un moine trop curieux fut renversé et faillit y trouver la mort. L'existence de cet infiernillo est donc hors de doute bien antérieurement au grand événement que nous avons à raconter, quoiqu'elle soit contestée dans le pays. Si Palacios n'en parle pas à l'occasion de son voyage en 1575, c'est que probablement son activité était à ce moment-là éteinte ou très faible. Du reste, le mot *Izalco* qui, d'après Brasseur de Bourbourg, signifierait *dans la fourmilière,* indique bien l'ancienneté du phénomène, et peut-être même l'existence d'un petit cône.

Quoi qu'il en soit, le 23 février 1770, le terrain autour de cette fumerolle s'enfla, le jet de vapeurs prit une extension inaccoutumée, et l'on entendit des retumbos si violents que les pauvres Indiens du voisinage s'enfuirent épouvantés. Un abondant courant de lave commença de couler dans la direction du village d'Izalco, s'ouvrant une large route au milieu de la forêt. Il s'arrêta heureusement à un mille de ce point. Les tremblements de terre avaient précédé, en décembre 1769, janvier et février 1770; ils cessèrent immédiatement avec l'éjection des laves, comme à Ilopango en 1879-80. Les premières secousses avaient causé quelques dégâts dans le pays et de grands éboulements dans la vallée étroite par laquelle le trop-plein du lac d'Ilopango se décharge dans le Rio Jiboa, comme le rapporte Rockstroh, en s'appuyant sur un titre de propriété des communaux du village de San-Miguel-Tepezontes, en date du 4 février 1776.

Dès sa formation le volcan ne commença point à s'accroître d'une manière sensible, comme il le fit plus tard à partir de 1802, d'une façon parfaitement uniforme, les éruptions se répétant depuis lors à des intervalles égaux, qui étaient, à l'époque de mon séjour au Centre-Amérique (1880-1885), de 15 à 20 minutes. Il semblerait qu'au commencement de ce siècle, ils étaient un peu plus resserrés, ce qui s'explique, les résistances aux explosions croissant en même temps que la hauteur déjà considérable du cône (environ 1,600m au-dessus de la plaine.) Il est donc probable que petit à petit les éruptions s'espaceront progressivement de plus en plus, mais par compensation tendront à augmenter d'intensité, de façon que le régime strombolien du volcan fasse place au régime plinien.

D'après Dollfus et de Montserrat, les laves et scories d'autrefois ont graduellement été remplacées par les cendres et les lapilli, transformation assez générale dans l'évolution des volcans centre-américains.

Lors de son voyage en 1840, Stephens constate que le curé de Sonsonate lui affirma que jusqu'en 1798, le nouveau volcan ne pouvait être vu de bien loin encore. Par conséquent son accroissement a été tout d'abord assez lent pour ne devenir réellement important qu'après les grandes éruptions de 1798 et des premières années du XIXe siècle.

Le régime si uniforme de l'Izalco l'a fait comparer par de Seebach à une gigantesque horloge de sable, et la régularité de son contour lui a permis d'évaluer en 1865 son volume à 27,000,000 de mètres cubes, un peu moins du tiers des terres à enlever pour le percement de l'isthme de Panama, ce qui correspond à un accroissement annuel approximatif de 30 ou de 40,000mc, et horaire de 3mc 5 ou 4mc 4, suivant que l'on fait partir sa croissance régulière de 1770 ou de 1798. Chaque explosion extrairait donc du sein de la terre, 0mc 9 ou 1mc 4 de matériaux qu'elle dépose en couches quaquaversales autour du cône.

Dollfus et de Montserrat, les seuls qui aient jusqu'à présent mené à bien la périlleuse ascension du volcan (30 mars 1866), ont trouvé à son sommet, qui de la plaine paraît très aigu, trois cratères accolés de 75 à 80m de diamètre.

On croit dans le pays que les éruptions de l'Izalco deviennent plus fréquentes quand il pleut beaucoup. De nombreuses observations m'ont prouvé qu'il n'en est rien, et il est très probable que cette opinion n'a pas plus de fondement que celle qui attribue plus de séismes aux périodes des changements de saisons

(v. l'introduction). Tout ce qu'on peut dire avec certitude, c'est que les explosions sont notablement plus puissantes lorsque l'intervalle avec la précédente atteint 30 ou 40 minutes, ce qui est relativement rare.

C'est un splendide spectacle que celui de ce cône parfait, isolé dans une grande plaine, sauf du côté par lequel il se relie au volcan de Santa-Ana et qui tous les quarts d'heure lance dans les airs une immense gerbe de flammes et de pierres incandescentes retombant sur ses flancs désolés. Les laves courent en fumant et se divisent en ruisseaux de feu. Les retumbos qui se répercutent au loin (8 ou 10 lieues), le champignon de fumée noire et épaisse, qui par une atmosphère calme s'élève dans les airs, ou qui sous l'action du vent prend les formes les plus capricieuses, enfin le panache lumineux qui se voit au large du Pacifique et sert aux navigateurs de véritable phare à éclipses, tout cela fait de l'Izalco une des merveilles du monde physique. Il ne lui a manqué qu'un de Humboldt pour devenir aussi célèbre par son apparition que le Jorullo, qui s'est éteint rapidement.

Observation. — Il est bien digne de remarque que les trois volcans qui se sont formés depuis les temps historiques au Centre-Amérique, l'Izalco, l'Ilopango et le volcan de Las Pilas, se sont ouverts entre la faille active actuelle et le rivage du Pacifique. Cela confirmerait les vues que j'ai exposées dans l'introduction sur la marche simultanée vers l'ouest de ces deux éléments géographiques.

116. — 1772. 16 mars.

Immense éruption du Masaya.

Elle commença à X^h 1/2 et dura huit jours avec d'épouvantables retumbos et de forts tremblements de terre qui firent fuir beaucoup d'habitants de Granada, mais ne paraissent pas avoir causé de grands dégâts. Jeronimo Perez, d'après une note manuscrite de l'époque et reproduite dans la *Gaceta de Nicaragua* du 5 juin 1858, nous montre le curé Pedro-Manuel Marenco jeté bas de la chaire par une secousse au moment même où il prophétisait la fin de l'éruption, à la suite d'une procession. La terreur fut extrême dans tout le Nicaragua.

Calderon y Arana donne par erreur la date de 1773. Dollfus et de Montserrat donnent pour 1772 une éruption du Masaya ou du Nindiri, mais sans se prononcer pour l'un ou l'autre de ces deux volcans, que leur voisinage a souvent fait confondre, disent-ils; mais en 1772, ce fut certainement le Masaya qui fit éruption, et la coulée de laves suivit la descente de Nindiri, puis le chemin de Managua. (Lévy, Rockstroh.)

117. — 1773.

Fort tremblement de terre à San-Salvador. — Le centre d'ébranlement fut près du village de San-Marcos, d'après J.-M. Caceres. Ces secousses n'auraient donc rien de commun avec celles de Guatémala.

118. — 1773. 3 juin.

Eruption du volcan de Fuego, d'après Cayetano Santis. — Le passage suivant de Mallet est à reproduire : « *1773, 3 juin, Guatémala. Le tremblement de terre dura cinq jours. Le lac déborda. Deux volcans voisins donnèrent des signes d'activité. Des torrents d'eau chaude coulèrent de l'un et de lave de l'autre.* » Pour moi le premier serait l'Acatenango et le second le volcan de Fuego. Cependant le silence de Juarros me rend cette éruption très suspecte. Buffon donne une éruption d'eau du Pacayita (pour Pacaya), le confondant avec le volcan de Agua, et prenant 1773 pour 1541.

119. — 1773. De mai à décembre.

Tremblement de terre à Guatémala et ruine de cette ville.

Nous suivrons principalement le récit de l'historien Juarros, témoin oculaire, et un recensement officiel des pertes éprouvées (v. *Extracto....* à l'index bibliographique.)

Dans le courant de mai 1773, probablement à partir du milieu du mois, et surtout dans les derniers jours, il commença de trembler à Guatémala, avec une excessive fréquence, mais toutefois avec peu d'intensité. Il n'y eut pas de violente secousse avant le 11 juin, à V^h 30', alors que la veille il était tombé une averse formidable de XII^h à XIV^h.

Cependant Mallet, Perrey, Dollfus et de Montserrat signalent une très forte secousse le 6 juin, et Mallet seul une autre le 7, avec formation de crevasses.

Poey se demande si la secousse du 3 juin n'a pas été ressentie jusqu'à Saint-Domingue. Quoi qu'il en soit, n'ayant pas trouvé trace dans les documents locaux de secousses intenses pour les 3, 5 et 7 juin, je les regarde comme douteuses, quant à leur violence.

D'après Juarros, la secousse du 11, V^h 30', causa de notables dommages, mais moins encore que celle de XVII^h, le même jour.

A cette période, les chocs semblaient tous venir du volcan de Fuego, ce qui corroborerait l'assertion de Cayetano Santis relativement à une éruption de ce volcan, ou plus vraisemblablement à une augmentation de son activité.

D'innombrables secousses furent ressenties dans la nuit du 11 au 12 juin, ce qui ne contribua point, le 12, à égayer l'entrée solennelle du président Martin de Mayorga, en remplacement de feu Salazar. Les chocs parurent ensuite se calmer, sans cesser entièrement toutefois.

Le 25 juillet, les secousses devinrent de nouveau très nombreuses, et l'on se mit à camper dans les rues et sur les places publiques. Le 29 juillet, à XV^h 3/4, une première secousse violente fit sortir les habitants, et cela fort heureusement, car 7' 1/2 plus tard, un second choc renversa la ville. Il dura un peu moins d'une minute avec un mouvement tantôt horizontal et tantôt vertical, giratoire et de trépidation, et par intervalles oscillatoire, alors à raison de dix oscillations par seconde. L'horreur de la nuit qui suivit fut augmentée par un orage très violent, qui n'aida guère à la recherche des morts et des blessés dans les décombres. On a fort exagéré le nombre des victimes, que Huot porte à 45,000, et Mallet à 5 ou 8,000. En réalité, on ne retira que 123 cadavres, et, en tenant compte des blessés et des gens restés ensevelis, je pense qu'un chiffre de 5 à 600 doit se rapprocher beaucoup de la vérité ; la première secousse avait sauvé la vie à toute la population en la faisant sortir à temps des habitations. Le lendemain la ville en ruine fut abandonnée, et il périt beaucoup plus de monde de faim, de misère et de maladie dans les campagnes, que par suite du tremblement de terre lui-même.

D'après Dollfus et de Montserrat, la secousse du 29 juillet fut ressentie jusqu'à Mejico.

Les tremblements de terre ne cessèrent point pour cela, mais leurs intervalles augmentèrent graduellement.

Le 7 septembre, il y eut une forte secousse, qui renversa beaucoup de pans de murs. Ce jour-là, le président des tribunaux et l'Audience (Cour suprême) se transportèrent dans la vallée de la Hermita, quoique la population s'obstinât à vouloir reconstruire les ruines sous l'impulsion de l'archevêque.

Le 12 septembre, il y eut trois fortes secousses, et le 15, un calme relatif s'établit.

La situation n'éprouva aucun changement, les secousses continuant, jusqu'au 3 décembre, jour où se produisirent vers midi, et à cinq minutes d'intervalle, deux secousses comparables à celles du 29 juin, ainsi que le 14 à III^h. Ces dernières secousses ne laissèrent plus rien à renverser.

Les tremblements de terre cessèrent complètement le 4 janvier 1774.

D'après Juarros, les secousses furent en général plus fortes et plus nombreuses encore à Chimaltenango et Quetzaltenango qu'à Guatémala, et le premier point est, on se le rappelle, celui choisi primitivement pour la réédification de la capitale, après la ruine de 1541. Dans la ville, certains quartiers, tels que ceux de la Chacra, Santo-Domingo et Candelaria, souffrirent plus que d'autres et même furent le siège de secousses non ressenties dans d'autres. Ce n'est point là un fait isolé, et nous aurons par la suite à en signaler d'autres analogues.

A la fin de 1774, arriva un ordre royal de translation de la ville à l'emplacement qui serait désigné d'accord entre le président et les auditeurs, mais à la condition d'être approuvé par le vice-roi de Mejico. A la fin de novembre 1775, les intéressés, après avoir longuement discuté sur les trois positions de la Hermita, el Rodeo et la Virgen, optèrent enfin pour cette dernière, et c'est là que fut fondée la capitale de la république actuelle du Guatémala, sous le nom de la Nueva Guatemala, par opposition à celui de la Antigua, donné à la ville détruite, qui cependant se releva de ses ruines, malgré tous les efforts et les prohibitions des autorités espagnoles. C'est ainsi que les habitants d'Oppido, en Calabre, s'obstinèrent à rebâtir leur ville après les tremblements de terre de 1783 (Déodat de Dolomieu), et ceux, plus incorrigibles encore, de San-Salvador après les catastrophes récentes de 1854 et de 1873. Actuellement les ruines de la Antigua Guatémala constituent une des plus pittoresques curiosités du Centre-Amérique, et témoignent à chaque pas dans la ville rebâtie de la grandeur et de la magnificence des anciennes constructions espagnoles.

Les tremblements de terre de 1773 sont connus sous le nom de santa Marta.

C'est par erreur que Malte-Brun donne la date du 7 juin 1777, Thomson celle de 1775, et Ordinaire celle d'avril 1773.

(Juarros, Cayetano Santis, Felipe Cadena, *Efemeridas de la Ciudad de Guatemala*, Juan Gonzalez, Bustillo, Dollfus et de Montserrat, Mallet, Perrey, Huot, Mausion de Candé, *Gazette de France* du 27 juin 1774, *Gaceta de Guatemala* del 29 de julio de 1858, Borowski, Rockstroh, *Journal encyclopédique* de février 1774, *Annual register*, vol. XVI, p. 149; Boscowitz, Carrillo, Berghaus, t. VI, p. 448; Vivenzio, p. 22.)

120. — 1774. Juillet.

Tremblements de terre qui ruinèrent au Salvador les villages indiens de Huizucar et de Panchimalco, et causèrent de grands dégâts dans la côte du baume comprise entre ces points, le port d'Acajutla et la cordillère côtière; c'est là que se récolte le fameux baume du Pérou, ainsi nommé parce que les Espagnols, par suite d'une bizarre et tracassière législation coloniale, forçaient cet important produit à prendre la voie de Guayaquil ou du Callao, puis celle de

Nombre-de-Dios ou de Panama, et qu'ainsi il fut longtemps connu en Europe sous le nom de son pays d'origine apparente. (Caceres, Rockstroh, *Manuscrito del convento de los Dominicos de San-Salvador.*)

121. — 1775.

Eruption du Nindiri. — Le courant de laves, en se déchargeant dans le lac de Managua, en fit périr tout le poisson. D'après la facilité déjà signalée (v. n° 116) avec laquelle on confond les volcans de Masaya et de Nindiri, l'on ne s'étonnera pas de voir Kluge, Perrey, von Hoff et Mallet donner pour 1775 une éruption du Masaya, et Dollfus et de Montserrat ne point se prononcer en faveur de l'un ou l'autre volcan. Rockstroh donne simplement une éruption d'un volcan de Nicaragua sans le nommer. Mais le récit de Juarros est trop explicite pour laisser dans l'esprit un doute quelconque. Il dit en effet : « *à peu de distance du volcan précédent* (le Masaya), *est celui de Nindiri, connu pour l'éruption qu'il fit en 1775....* »
(Humboldt, de Buch, Œrstedt, Fuchs.)

122. — 1775 (?).

Eruption du volcan de Fuego. — On peut appliquer, je pense, à ce fait la remarque du n° 71. (Fuchs.)

123. — 1775. 11 juillet.

Dernière éruption du Pacaya. — Elle fut de pierres et de cendres, s'ouvrant une voie là où la montagne se divise en trois pics. La pluie de cendres qui tomba à la Antigua fut très abondante et obscurcit le soleil trois jours durant. Elle couvrit les provinces de Suchiltepequez et d'Escuintla ou Itzcuintlepeque (montagne des sarigues). On n'entendit aucun retumbo, et il ne trembla pas non plus, d'après Juarros, témoin oculaire, ce qui est en contradiction avec von Hoff et Perrey qui font ruiner Guatémala par un tremblement de terre, le 11 juillet. Perrey, d'après la *Gazette de France* du 5 janvier 1776, place l'éruption le 1er et le 2 juillet. Mallet pense que cette ruine doit être confondue avec celle de 1773, et avec infiniment de raison, car il faut s'en tenir au récit de Juarros et à la date qu'il donne du 11 juillet. C'est aussi celle de de Humboldt et de Kluge. Rockstroh donne celle du 1er et du 2 ; Dollfus et de Montserrat l'une et l'autre.

124. — 1782 (?).

Eruption du Masaya, d'après Perrey et Kluge. — Erreur probable pour 1772.

125. — Fin de 1783 et commencement de 1784.

Forts tremblements de terre qui ruinèrent nombre de maisons à Guatémala. Rockstroh ne les donne que pour 1783. (Dollfus et de Montserrat, *Journal encyclopédique*, 1er mai 1874.) Mallet dit que les retumbos de 1784 (du 9 au 12 février) à Guatémala furent entendus jusqu'à Guanaxuato. C'est l'inverse qu'il faut lire, à savoir que les fameux bruits souterrains de Guanaxuato, si bien décrits et étudiés par de Humboldt, furent entendus jusqu'à Guatémala. C'est, je pense, ce passage de Mallet qui a fait relier par Perrey les retumbos de Guatémala (en réalité ceux de Guanaxuato) aux tremblements de terre de 1784.

126. — 1785.

Dernière éruption du Cerro Quemado (mont brûlé) ou volcan de Quetzaltenango. (Dario Gonzalez, Dollfus et de Montserrat, Rockstroh.) Brasseur de Bourbourg nous apprend que le nom quiché de cette montagne est Gugxanul ou Excanul, c'est-à-dire montagne qui vomit de l'argile de feu, ce qui indiquerait le souvenir d'éruptions antérieures à la conquête et dont les indigènes auraient conservé la tradition.

127. — 1787. 21, 22 et 23 septembre.

Grande éruption du Chaparrastique ou volcan de San-Miguel. — Nous avons sur cette éruption une lettre détaillée de José-Antonio de Andrade, témoin oculaire, au gouverneur-intendant José-Antonio Ortiz de la Peña, et il nous suffira de résumer ce document important.

Le 21 septembre 1787, à XXh, il commença à trembler fortement et fréquemment à San-Miguel. A XXIh, le volcan s'ouvrit à moitié de sa hauteur et vomit un torrent de laves, qui s'étendit jusqu'aux villages de Quelepa et de Moncagua. Trois boquerons (cratères) s'ouvrirent immédiatement après sur le flanc méridional et une autre coulée s'échappa dans la direction d'Usulutan, formant ainsi la cheyre qui ferma la grande route et s'étendit d'environ six lieues jusqu'à Ulupa et les Llanos del Muerto. Ces cratères rejetèrent aussi beaucoup de cendres qui couvrirent les environs d'Usulutan. L'éruption dura trois jours avec retumbos et tremblements de terre, et c'est la plus importante de ce volcan dans les temps historiques.

128. — 1798.

Tremblements de terre à Guatémala, d'après Dollfus et de Montserrat. — Mallet, d'après Ennery et Hirth, parle d'un tremblement de terre violent et destructeur. Ce fait me paraît douteux et devoir être rapporté à la ruine de San-Salvador.

129. — 1798. 2 février, XIV h.

Ruine de San-Salvador.

Nous résumerons le rapport officiel fait le lendemain de l'événement par l'intendant de San-Salvador au président de Guatémala, et qui a été reproduit dans l'*Escolar*, journal de San-Salvador, 1882, p. 67.

Le 2 février 1798, à XIV h, un tremblement de terre, aussi violent qu'imprévu, jeta bas la ville de San-Salvador. Aucun édifice ni aucune maison ne fut indemne. Les victimes furent cependant peu nombreuses à cause du mode de construction, les adobes, ou briques séchées au soleil, y étant alors, comme aujourd'hui d'ailleurs, presque exclusivement employées. Il trembla fort et souvent pendant toute la nuit et la matinée du lendemain. Les villages des environs souffrirent notablement, ainsi que la ville de San-Miguel, où les secousses avaient commencé dès le 28 janvier et où elles furent beaucoup plus nombreuses qu'à San-Salvador. Dans cette dernière ville, il y eut une autre violente secousse le 9 à XIV h.

Cuscatlan est le point qui fut le plus éprouvé par le tremblement de terre du 2, et c'est là que J.-M. Caceres place le centre de l'ébranlement. Étant bien avéré que San-Vicente et Cojutepeque, villes situées entre San-Salvador et San-Miguel, ne souffrirent point, il faut en conclure que les chocs ressentis à la même époque à San-Miguel ne font pas partie de la même série.

(Juarros, Squier, Caceres, *Antigüedades del Salvador, Manuscrito del convento de los Dominicos de San-Salvador, Boletin extraordinario del gobierno del Salvador,* 5 de mayo de 1854; Rockstroh, Rafael Reyes, Perrey, Ennery et Hirth, Boscowitz.)

130. — 1798. Avril.

Grande éruption de l'Izalco. — Elle dura plusieurs jours, et les flammes en furent vues à des distances considérables. Si l'on en croit, et on doit le faire, le témoignage donné en 1840 à Stephens par Francisco Castillo (d'Izalco), ainsi que par le D r Drivon, établi à Sonsonate depuis de longues années, on est certain que c'est seulement à partir de ce moment que le volcan prit un accroissement rapide et régulier. Jusqu'alors ce n'était qu'une taupinière rejetant des sables et des lapilli, et c'est ce qui explique la date de 1799 donnée par Elisée Reclus pour la formation de l'Izalco, avec une grande éruption de lave. La coulée atteignit trois lieues, et une abondante pluie de cendres tomba sur le village d'Izalco.

D'après Wagner, rapportant le témoignage de Francisco Castillo, il y aurait eu dans l'enfance de ce dernier une grande éruption de trois mois, avec courant de lave de deux lieues du côté de Santa-Ana, mais la date n'est pas connue. Or ce doit être la formation du volcan en 1770.

(Juarros, Humboldt, Perrey, de Buch, Rockstroh, Dollfus et de Montserrat, Boscowitz, Wagner, Kluge, Arago, Mallet.)

131. — 1799.

Éruption du volcan de Fuego. — Elle fut très abondante et dura plusieurs jours. Des ruisseaux descendant de l'Acatenango eurent leurs eaux tellement échauffées qu'on ne pouvait plus les passer.

(Juarros, Humboldt, de Buch, Perrey, Dollfus et de Montserrat, Rockstroh, Arago, Kluge.)

132. — Fin du XVIIIe siècle. Date indéterminée.

Cartago est désolée par des tremblements de terre. — C'est à cet événement que cette ville doit de n'être point la capitale du Costarica, et d'avoir vu celle de San-José lui être préférée en 1821, lors de la proclamation de l'indépendance et de la formation des cinq Républiques centre-américaines. Il est vrai que plus tard ces deux villes et celle d'Heredia jouirent de l'avantage, peut-être unique dans l'histoire, d'être, de par la Constitution, à tour de rôle le siège du gouvernement; mais le transfert, quoique légal, ne s'effectua jamais sans révolution. D'après Mallet, la ville de Truxillo aurait aussi beaucoup souffert. Or il existe des villes de ce nom au Honduras et au Pérou. De laquelle s'agit-il? Ce sismologue cite le *Hamburger Correspondent,* 1800, n° 20.

Dollfus et de Montserrat parlent aussi des tremblements de terre de Cartago.

133. — Commencement du XIXe siècle. Date indéterminée.

Ruine de Panama (?).

Je n'ai pu retrouver l'origine de cette note prise par moi pendant mon séjour au Centre-Amérique. Toute réflexion faite, cet événement, si toutefois il a réellement eu lieu, et les chocs de Cartago, précédemment donnés, pourraient bien n'être qu'un écho plus ou moins considérable de la grande catastrophe de Cumana, le 4 novembre 1799, XVI^h 15'.

134. — 1802 ou 1803.

Grande éruption de l'Izalco. — Ce fut alors, d'après Dollfus et de Montserrat, que ce volcan présenta le maximum de ses éruptions gazeuses. Fuchs, Rockstroh, Privat-Deschanelles et Focillon donnent la date de 1802 dans leur liste des éruptions mémorables, ainsi que Boscowitz. 1802 me paraît plus probable que 1803, quoique, à vrai dire, il soit plausible que les deux années aient vu de grandes éruptions de ce volcan.

135. — Vers 1806.

Eruption du petit volcan de Quetzaltepeque. — C'est un petit cône volcanique isolé dans la plaine du même nom, et un peu en dehors de la ligne de plus grande pente sur laquelle se trouvent les *boqueroncitos,* et que nous avons décrite à propos de l'éruption du volcan de San-Salvador en 1659. Nous citerons le passage de Dollfus et de Montserrat relatif à ce fait, que je ne trouve nulle part ailleurs, et que rien ne me fait regarder comme invraisemblable. Ces géologues doivent l'avoir tenu de quelque témoignage local. Notons toutefois qu'ils ne parlent pas de la grande éruption de 1659.

« . . . . . Ces caractères sont suffisants pour permettre de considérer la
» montagne de San-Salvador comme un volcan éteint, mais ils sont encore
» corroborés par la présence de manifestations volcaniques, inactives il est
» vrai, réparties en différents points de la base du massif. Du côté nord, près
» de la route de Santa-Ana, il existe une série de quatre ou cinq petits cônes
» éteints, disposés suivant une ligne droite dans la direction du nord-ouest.
» Le dernier de ces petits cônes, nommé volcan de Quetzaltepeque, a donné,
» paraît-il, une éruption qui remonte à une soixantaine d'années..... » (Or
ces voyageurs étaient dans le pays en 1866.)

Ce fait a peut-être quelque relation avec le suivant.

136. — 1806.

Ruine de San-Salvador, d'après un article publié par David Guzman dans l'*Americano* du 19 mai 1873 et relatif au désastre du 19 mars de la même année. Comme c'est le seul document qui relate ce fait, on peut le révoquer en doute, tout en notant que cet observateur soit relativement assez au courant des choses de son pays natal.

137. — 1805 à 1807.

D'après de Humboldt, l'Izalco a de grandes émissions de flammes. D'après Perrey, de Buch et Mallet, ce dernier citant « *Die Annalen der Physik,* Br. L , xxxvi, S. 539, » le volcan aurait eu plusieurs grandes éruptions pendant cette période. Kluge donne 1805, 1806 et 1807.

138. — 1809.

Eruption du Cosegüina. (Archibald Geykie, Kluge, Fuchs, Caldcleugh.) Roulin donne cette éruption, d'après la tradition locale, comme ayant eu lieu vingt-six ans avant la grande explosion de 1835. (*Comptes rendus de l'Académie des sciences*, t. V, p. 75.) D'Archiac donne 1808, se trompant ainsi d'une année, comme pour l'éruption de 1835 qu'il place en 1834.

139. — 1809. 20 juillet.

Très forte secousse à Comayagua, d'après Dollfus et de Montserrat.

140. — 1809. 20 octobre.

Tremblement de terre général au Honduras, d'après Rockstroh. — La rareté des séismes dans cette République porterait à confondre ce fait avec le précédent, mais sans permettre de choisir entre les deux dates, et à les rattacher peut-être à l'éruption du Coseguïna la même année.

141. — 1811.

Eruption du San-Miguel, d'après Sonnenstern.

142. — 1814.

Tremblements de terre mémorables au Salvador, d'après l'auteur anonyme de *Las Antigüedades del Salvador*.

143. — 1815. Août.

Ruine de San-Salvador. — Elle ne fut pas aussi complète que les précédentes.

(Caceres, Sarravia, Gonzalez, Carrillo, Rockstroh, *Manuscrito del convento de los Dominicos de San-Salvador*.)

144. — 1817.

Petite période de calme relatif de l'Izalco, dont l'activité avait été jusque-là en croissant, d'après Dollfus et de Montserrat.

145. — 1819. 18 juillet.

Eruption du San-Miguel. — Elle résulte d'un rapport du chef politique du département de même nom, en date du 3 décembre 1833, et reproduit dans un article anonyme (mais de Rafael Reyes) du *Diario del comercio,* du 30 mai 1884, sur les éruptions de ce volcan. D'après ce document, la coulée s'étendit sur trois lieues de longueur dans la direction d'Ulupa et sur un quart de lieue de largeur. La route d'Usulutan devint de nouveau tout à coup impraticable, et il fallut aller chercher un passage entre le lac de Camalotal et le bord de la cheyre de 1787. C'est probablement cette éruption qui a inspiré la poésie de Diaz, insérée dans la *Guirnalda Salvadoreña,* t. I, p. 75.

146. — 1820.

Retour de l'activité éruptive du Turrialba, d'après Dollfus et de Montserrat. Comme ces géologues ont confondu ce volcan avec l'Irazù pour les éruptions de 1723 et de 1726, et qu'en outre l'Irazù a eu une éruption en 1821, je suis assez porté à révoquer ce fait en doute.

147. — 1820. 19 octobre.

Tremblement de terre au Honduras. — Perrey, s'appuyant sur les *Annales de Chimie et de Physique,* t. XV, p. 424 (Arago) et le *Moniteur universel* du 23 novembre, signale cet événement ainsi que les pertes éprouvées par la ville d'Omba (évidemment Omoa) et San-Pardo. Il y eut quelques victimes. Des crevasses et des éboulements notables se produisirent. (Dollfus et de Montserrat.)

148. — 1821.

Eruption de scories de l'Irazù, avec des tremblements de terre qui causèrent de sensibles dégâts de Rivas à Panama. (Humboldt, Fuchs, Kluge.)

Je pense qu'il faut rapporter à ce fait l'éruption, en 1821, d'un volcan du Nicaragua (pour le Costarica) donnée par Rockstroh, mais sans le nommer.

149. — 1822.

Grande éruption du Tajamulco, d'après Fuchs.

150. — 1822. 7 mai, minuit.

De violents tremblements de terre ruinèrent presque complètement Cartago. La secousse principale fut ressentie jusqu'à Monkey-Point, au nord de San-Juan del Norte (Greytown), sur la côte de Mosquitie. D'après Orlando Roberts, qui se trouvait là, cette côte fut bouleversée par des formations nouvelles de dunes et de fondrières, des asséchements de lagunes, etc. Tout le Darien fut secoué. (Mallet; *Journal de Francfort,* 1823, n° 39.) Kluge donne le tremblement de terre et aussi une éruption de l'Irazù. Il est difficile de se prononcer sur cette dernière assertion.

151. — 1823.

Le Quetzaltenango se met à fumer plus que de coutume, d'après de Humboldt.

152. — 1825.

Eruption de l'Izalco. — Les flammes en furent vues de très loin. Le cours du Rio Tequisquillo en fut notablement modifié. (Humboldt, de Buch, Perrey, Arago, Kluge.)

153. — 1825. Février, quantième indéterminé. Entre XIX et XX[h].

Tremblement de terre à l'île de Roatan et à Belize. — Il fut ressenti en mer près de Roatan par le navire *le Recovery,* allant de Madère au Honduras. (Rockstroh, Dollfus et de Montserrat, Perrey, Garnier, Férussac : *Bulletin des sciences physiques,* t. V ; Edinburgh, *Journal of science,* 1826, jan., p. 70 ; Mallet.)

154. — 1827. 19 septembre.

Eruption du volcan d'Atitlan.

Le volcan vomit une grande quantité de malpais (cheyre), de cendres et de sables sur la côte de Suchiltepequez. Pendant cinquante heures, la nuée de cendres obscurcit l'atmosphère et de nombreux tremblements de terre causèrent des dégâts dans le voisinage. (*Diario de Centro-Amèrica.*)

155. — 1828. Janvier.

Grande éruption de cendres du volcan d'Atitlan, avec de violents tremblements de terre. (*Diario de Centro-Amèrica,* Dollfus et de Montserrat, Fuchs, Dario Gonzalez.)

156. — 1829.

Eruption du volcan de Fuego. (Rockstroh, Dollfus et de Montserrat.)

157. — 1830.

Tremblements de terre mémorables au Salvador. (*Antigüedades del Salvador : Gaceta del Salvador*, 28 de mayo de 1847.)

On doit se demander s'ils ne font pas partie de la série suivante du Guatémala.

158. — 1830. Du 21 mars au 18 mai.

Série de nombreux et violents tremblements de terre à Guatémala.

Mallet compte quelques chocs le 1er avril et cinquante-deux secousses plus ou moins fortes, de IVh, du 21 au 22 avril, tandis que ce même nombre de cinquante-deux est appliqué par Perrey, ainsi que par Dollfus et de Montserrat, aux périodes de temps comprises entre IVh du 21 avril à XVIIh du 21 et du 22 respectivement. Donc il y a là un point obscur, mais difficile à élucider. Quoi qu'il en soit, il est très probable que le 21 mars, à XIVh 30', une des secousses du Centre-Amérique affecta toutes les Antilles (v. Cuvier : *Rapport historique sur les progrès des sciences naturelles*, p. 390). Il y eut une autre série de trente-cinq secousses, que Mallet place au 1er avril, tandis que Perrey, Dollfus et de Montserrat la fixent au 12 avril. Perrey donne le 12 avril pour la ruine d'Amatitlan, Pinula et Petapa, ainsi que Mallet. Perrey, Squier, Montufar et Rockstroh fixent au 23 avril, à XXIh, la grande secousse qui causa tant de dégâts à la Nueva-Guatémala, renversant en particulier les églises de Santa-Teresa, de la Recoleccion et de San-Francisco. Mallet met ce fait au 25, Dollfus et de Montserrat au 29. On doit *à priori* préférer la date de l'historien Montufar. Enfin Mallet et Perrey donnent encore une secousse désastreuse pour le 27, et ne font cesser les chocs que le 18 mai.

On voit combien cet événement est obscur quant à ses détails et à l'exacte succession des faits.

Par un décret du 5 mai, le gouvernement guatémaltèque se retira à Jocotenango.

Ces tremblements de terre, que Squier regarde comme comparables à ceux de 1773 (mais il me semble qu'il y ait dans cette assertion une grande exagération), cessèrent le 18 mai, et il y eut plus de cent secousses notables. La fameuse Madre Teresa, qui se vantait de recevoir par l'intermédiaire d'anges des messages écrits de la propre main du Christ (remarquable phénomène que

Pie VII prit la peine de condamner le 19 juin 1819), profita de la terreur inspirée par ces séismes et de l'ascendant qu'elle avait pris sur les populations grâce à ces miracles, pour exciter contre le gouvernement des Libéraux, alors au pouvoir, les rancunes populaires, en donnant les désastres comme une juste punition de l'expulsion pour la Havane (11 juillet 1829) de l'archevêque de Guatémala, don Ramon Casaüs y Torres, et de la suppression des ordres religieux, sous l'accusation de conspirer en faveur de don Carlos III. Peu s'en fallut qu'une révolution du parti dit servile, c'est-à-dire rêvant le retour de la domination espagnole, n'éclatât à la suite de ces événements et n'en augmentât les conséquences désastreuses.

Aux sources précédemment indiquées on peut ajouter les suivantes, qui ont surtout trait à la secousse qui, le 21 mars, se serait étendue à toutes les Antilles. (Férussac, *Bulletin des sciences naturelles*, t. XXVI, p. 32; A. Colla, *Giornale astronomico*, 1833, p. 72; *Preussische Staatszeitung*, nᵒ 145; *Das Ausland*, 1830, nᵒ 115; Berghaus.)

159. — 1831. Février.

Tremblements de terre désastreux à San-Salvador, d'après Squier.

160. — 1833.

Très violente éruption de cendres du volcan d'Atitlan, avec de forts tremblements de terre. (*Diario de Centro-América*, Fuchs, Dario Gonzalez, Dollfus et de Montserrat.)

161. — 1834.

Eruption du volcan de Los Votos, d'après Kluge. — Ce fait me semble peu probable.

162. — 1835.

Eruption du San-Miguel. — Les laves auraient en partie transformé en marais le lac de Camalotal, et par suite augmenté encore l'insalubrité de la ville de San-Miguel, bien connue en Amérique par sa terrible fièvre, d'une nature particulière et toute locale, parait-il, et nommée la *Migueleña*. Cette éruption me semble très douteuse et doit être identifiée avec celle de 1845. Elle n'est du reste donnée que par David Guzman.

163. — 1835.

Eruption du San-Vicente, avec un tremblement de terre qui causa des dégâts dans le pays. (Perrey, Humboldt, Ennery et Hirth, de Buch, *Globe and Tra-*

veller, 1835 ; Kluge ; *Nouvelles Annales des Voyages*, XVIIᵉ année, 1835, t. III, p. 260.) Malgré ces hautes et nombreuses autorités, je regarde cette éruption comme absolument fausse. Au moment de la grande explosion du Cosegüina, que nous allons raconter plus loin, et avant de connaître la vérité sur le compte de cet événement, il circula dans tout le Centre-Amérique terrifié, les Antilles, le Mexique et la Colombie, des opinions contradictoires sur beaucoup de volcans, bien inoffensifs cependant, en attribuant en chaque lieu les imposants phénomènes dont on était témoin aux montagnes du voisinage. On alla jusqu'à créer des volcans pour la circonstance, à Belize par exemple. Toutefois, il ne serait pas impossible qu'en 1835 un tremblement de terre tout à fait indépendant de l'éruption du Cosegüina n'ait fait des victimes et causé des ravages dans quelques villages des environs de San-Vicente, et aussi à San-Salvador, d'après Louis Enault, comme enfin à San-Miguel, d'après Larenaudière.

164. — 1835. 20, 21, 22 et 23 janvier.

Grande éruption du Cosegüina.

Nous allons résumer les nombreuses relations que nous ont données divers auteurs, comme Squier, Caldcleugh, Byam, Montufar, Marure, qui ont pu puiser aux sources originales et interroger (comme moi) des témoins oculaires sur cette éruption, très probablement une des plus formidables dont fasse mention l'histoire volcanique du globe terrestre, tout en avertissant que les détails les plus circonstanciés et les plus dignes de foi résultent du rapport officiel de Vicente Romero, commandant du port de La Union, situé en face du volcan, et de ceux du colonel Galindo.

Le 20 janvier 1835, l'aurore fut très claire à La Union ; mais, à VIIIʰ, on aperçut au S.-E. de la ville un grand nuage noir qui bientôt se divisa en deux. Des éclairs et de nombreux coups de tonnerre l'accompagnaient, et, l'obscurité augmentant progressivement, il fallut à XIʰ allumer les lampes dans les maisons. Des tremblements de terre répétés commencèrent à XVIʰ, mettant le sol dans un état de mouvement continuel. Peu après survint une pluie de cendres qui dura jusqu'à XXʰ, puis se reprit à tomber tout le jour suivant. Dès lors l'obscurité devint absolue. Le 21, à XVʰ 8', on ressentit un très fort tremblement de terre. L'atmosphère s'éclaircit un peu le 22, et le 23, à l'aube, des détonations formidables préludèrent à la fin de l'obscurité qui disparut complètement dans la matinée, après avoir été complète pendant quarante-trois heures consécutives.

D'après Dollfus et de Montserrat, les tremblements de terre auraient commencé le 19, aux environs immédiats du volcan.

Dès le premier jour (le 20), une commission officielle, composée du commandant du port Vicente Romero, de l'alcade (maire) Macelino Argüello et de Juan Perry, avait tenté de sortir de La Union en bateau pour chercher à se rendre compte de ce qui se passait. Mais la mer démontée les força bientôt à rebrousser chemin. Une fois la pluie de cendres terminée, on vit bien vite qu'on avait eu affaire à une éruption du Gilotepeque ou Cosegüina, situé de l'autre côté de la rade de Fonseca. Un immense cratère s'était ouvert sur le flanc de la montagne du côté de la mer, et il en était sorti deux coulées de laves qui, aveuglant les Rios Chiquito et Negro, avaient formé un marécage d'eaux chaudes. Les rochers lancés par le volcan avaient élevé un promontoire nouveau et deux îlots de 800 et 200 vares de diamètres respectifs, qui disparurent bientôt sous l'effort des vagues. Sur l'une d'elles un arbre énorme était placé racines en l'air. Vanéechout pense que l'explosion de la montagne et le démantèlement qui en fut la conséquence lui firent perdre au moins 1,000 pieds de sa hauteur, chiffre que son aspect actuel comparé à d'anciennes gravures ne rend pas invraisemblable, loin de là.

D'après Caldcleugh, dans les districts de Comayagua, Choluteca et Tegucigalpa, il tomba de fortes averses puantes après la pluie de cendres. Cette mauvaise odeur est facile à expliquer par l'action de l'eau sur les particules cinériformes en suspension dans l'atmosphère.

Pendant l'éruption, les habitants des pays voisins durent abandonner leurs maisons de crainte de les voir s'écrouler sur eux, tant par suite des secousses qu'en raison du poids énorme de cendres déposées sur leurs toits. La chaleur devint insupportable, et les cendres, aveuglant gens et bêtes et s'introduisant dans l'appareil respiratoire, en firent périr beaucoup. Une multitude d'oiseaux et tous les poissons de la rade de Fonseca subirent le même sort. La décomposition de leurs cadavres engendra de graves maladies.

On ne pouvait respirer, et de violents maux de tête arrachaient des cris de douleur aux femmes, aux enfants et même aux hommes. On abandonnait en masse les villages, et de longues files de gens et de bestiaux s'échelonnaient le long des chemins pour s'éloigner du danger. Les animaux féroces et sauvages, pumas, tigres, daims, etc....., venaient pour ainsi dire se mettre sous la protection de l'homme et suivaient ces lugubres processions. D'après des témoins oculaires que j'ai eu maintes fois l'occasion d'entretenir, il est impossible de se figurer la terreur qui régnait à cent lieues autour du volcan. On croyait à la fin du monde dans cette obscurité et sous cette atmosphère de

16

plomb. A Léon de Nicaragua, le clergé, toujours aussi éclairé qu'à l'époque où, au XVIe siècle, il allait solennellement baptiser les volcans de la chaîne des Marrabios, attribuait dans ses prédications le terrible réveil du Coseguïna à ce que la petite vérole, qui sévissait alors, n'avait pas même respecté la sainte Vierge. On avait, en effet, quelques jours auparavant, sorti processionnellement sa statue fraîchement peinte et entourée de tant de cierges que la peinture en avait fondu, et les bulles produites avaient laissé en crevant de petites marques circulaires semblables à celles de cette maladie. De riches offrandes furent en conséquence extorquées aux crédules Indiens. L'anniversaire de l'éruption est au Nicaragua l'occasion d'une fête religieuse, et l'année 1835 y porte le nom d'année de la poussière, *año de la polvazon*.

La quantité de cendres lancées a été énorme. Sous l'action du contre-alisé supérieur (Kaemtz : *Cours de Météorologie,* p. 38 ; il donne par erreur la date du 25 février 1835), elles tombèrent sur un cercle de 1,700 milles de diamètre, atteignant Chiapas, la Vera-Cruz, Kingstown (Jamaïque), la Habana, Cartagena de las Indias, Caracas et Santa-Fé de Bogota. Elisée Reclus et Radau en estiment le volume à 50 milliards de mètres cubes ! Les ravins si profonds du terrain aux environs de La Union en furent comblés, et, d'après des témoins oculaires, ce qui augmentait beaucoup la terreur des habitants, était de ne plus entendre leurs pas amortis par les cendres qui couvraient le sol. Le port d'Iztapa (Guatémala) fut encombré de ponces. Le pont des navires en fut jonché jusque dans les ports d'Omoa, de Trujillo et de Sartodilla (*Globe and Traveller*). Le capitaine Eden, commandant le navire (of H. M. B.) *le Conway,* par 7° 26' lat. N. et 104° long. O. (Greenwich), c'est-à-dire à 1,100 milles du volcan, courut pendant 40 milles (lettre à Caldcleugh) au travers d'une épaisse couche de pierres ponces, dont quelques fragments étaient de dimensions considérables.

L'obscurité s'étendit jusqu'à Guatémala et la Jamaïque, tandis que les retumbos furent entendus jusqu'à Chiapas et Santa-Fé de Bogota. D'après une lettre écrite le 15 mars de Santa-Marta, ils durèrent sept heures à Popayan, Bogota et Curaçao.

La région marécageuse qui se forma à la base du volcan, par suite de l'aveuglement des Rios Chiquito et Negro, présente depuis cette époque de nombreuses sources thermales chaudes, et il paraît que l'éruption fut accompagnée d'immenses torrents d'eau bouillante.

D'après Dollfus et de Montserrat, citant Wells, le Coseguïna ne s'éteignit complètement que très longtemps après, et le travail d'apaisement et de refroidissement n'était pas encore tout à fait terminé en 1854. Actuellement, sauf les manifestations thermales, le volcan est absolument éteint.

Les haciendas de Cosegüina et de Sapamaspa furent seules détruites à cause de leur très grande proximité du volcan. On voit ainsi combien les dégâts matériels furent en somme hors de proportion avec la violence de l'explosion. C'est là un fait assez général mis en lumière par plusieurs observateurs, notamment Boussingault, et qui trouve de nombreuses confirmations dans ce travail.

Les tremblements de terre qui accompagnèrent l'événement présentèrent au Honduras cette particularité d'avoir été fort peu sensibles sur les hauts plateaux, et d'avoir surtout affecté les parties basses, même vers l'Atlantique, où des phénomènes d'exhaussement se seraient produits le 21 février 1835, peu après la petite éruption dont nous parlerons au 9 février ; mais cela me semble peu prouvé.

Sur la foi de de Humboldt, Fuchs et Darwin, j'avais dans mon mémoire primitif, dans une communication à l'Académie des sciences (*Comptes rendus*, 1885, t. C, p. 1312) et dans un article inséré dans la *Revue scientifique* (27 juin 1885), j'avais, dis-je, attiré l'attention sur ce fait remarquable que les volcans chiliens, l'Aconcagua et le Corcovado, étaient entrés en éruption le même jour que le Cosegüina. Répétant à ce sujet une phrase de de Humboldt, je demandais si cette coïncidence était fortuite. Ce fait et un certain nombre d'autres semblables ont servi à Kluge à étayer ses théories volcaniques, d'ailleurs fort contestables. Or, j'ai pu depuis me procurer le texte de Darwin, duquel cette coïncidence, dont on a tiré parti, aurait été tirée ; et il se trouve que l'on a forcé le sens du passage où il est question de cette remarquable coïncidence. Il faut donc la rayer du nombre des affirmations vraiment scientifiques.

D'après Roulin, les cendres du Cosegüina formèrent en quelques endroits trois couches distinctes. La première était d'une couleur foncée, la deuxième grise et la troisième blanche. Cette remarque a son importance dans l'étude chronologique des couches volcaniques, et montre qu'il ne faut pas se hâter pour l'étude d'un volcan à compter autant d'éruptions que de couches. Dufresnoy fit l'analyse, et en voici le résultat :

Composition de la petite portion insoluble dans l'acide muriatique et reprise par la potasse.	Silice	50
	Alumine.	10
	Oxyde de fer	17
	Chaux.	12
	Soude.	7

96

C'est une composition tout à fait analogue à celle du Labrador. La partie insoluble paraît être du ryacolite, mais en proportion plus grande que dans les cendres du volcan de la Guadeloupe.

(Vicente Romero, 1º informe : *Boletin oficial del Estado de Guatemala,* nº 75, 15 de febrero de 1835, p. 698; — 2º informe : *Boletin.....* nº 79, 14 de marzo, p. 733; Squier, Lévy, Elisée Reclus, Byam, Montufar, Wells, Dollfus et de Montserrat, Acosta, Roulin, Caldcleugh, Elie de Beaumont, Dufresnoy, Fuchs, Vanéechout, de Buch, Mallet, de Humboldt, Perrey, Eden; *El Constitucional del Magdalena,* del 9 de abril de 1835; Galindo, *Silliman's journal,* t. XXVIII, 1835, pp. 332-336; *Gaceta de Guatemala; Comptes rendus de l'Académie des sciences,* t. IV, p. 801, et t. V, p. 75; *Philosophical transactions,* 1836, part. 1, p. 27; *Edinburgh New phil. Journ.,* jannary 1836; *Bibliothèque universelle de Genève,* 3º série, t. III, p. 411; d'Archiac : *Histoire des progrès de la géologie de 1834 à 1845,* t. II, p. 559; Marure : *Efemeridas,* parràfo 20; *Observaciones meteorologicas hechas en la ciudad de Guatemala del 20 al 28 de enero de 1835; Boletin oficial del Estado de Guatemala,* nº 73, 2ª parte, 28 de enero de 1835; Rodas; von Seebach : *Zeitschrift für die Erdkunde,* 1836; Vélain, Rockstroh; Darwin : *Voyage of the Beagle,* 1845, ch. XIV, p. 291; Boscowitz; Radau : *la Constitution interne du globe,* p. 51.)

165. — 1835. Février.

Bruits souterrains au Nicaragua. — Squier les attribue aux convulsions volcaniques dont la Nouvelle-Grenade était alors, dit-il, le théâtre, et la haute autorité de Mallet confirmerait cette opinion s'il était prouvé, ce qui n'est pas, qu'ils eussent été entendus dans les régions intermédiaires. Or, que je sache, la Nouvelle-Grenade n'a à cette époque présenté aucun phénomène volcanique. Il faut donc attribuer ces retumbos au Coseguïna. Quant à savoir s'ils se rattachent à la grande éruption de janvier, par suite de l'erreur qui l'a fait placer en février par beaucoup d'auteurs, ou s'ils dépendent de la petite reprise du 9 février, c'est difficile à décider.

166. — 1835. 9 février.

Petite éruption du Coseguïna, avec quelques faibles secousses. (Wells, Dollfus et de Montserrat.)

167. — 1835. Avril.

Deux éruptions sous-marines sur la côte occidentale du Centre-Amérique. — En outre de ce que Kluge est le seul auteur qui fournisse ce fait, d'après l'atlas de Bromme, il faut noter que cet auteur manque fréquemment de critique à l'égard des faits qu'il énonce à l'appui de ses théories. Il faut donc le rejeter sans hésitation.

168. — 1836.

Éruption de l'Izalco, d'après Kluge.

169. — 1836. 22 et 23 juin.

Tremblements de terre en divers points de l'Amérique centrale. (Rockstroh, Dollfus et de Montserrat ; *Journal de New-York ; Journal des Débats* du 23 juillet ; Perrey.) Mallet, sans dire pourquoi, pense que ces secousses ont été ressenties peut-être en mai. Cet auteur et Kluge donnent en même temps une éruption du volcan de Omoa, ce qui est très certainement faux.

170. — 1838.

Ascension scientifique du volcan El Viejo par le capitaine Belcher, de la marine des États-Unis, alors chargé du relevé hydrographique des côtes du Pacifique. (Squier.)

171. — 1839. 22 mars (Viernes de dolores). XVᵇ.

Tremblement de terre désastreux à San-Salvador. Quelques villages des environs furent détruits, en particulier Nejapa et Quetzaltepeque. Squier, Rockstroh et Caceres placent avec raison au 22 la secousse principale, qui renversa dans toutes les directions possibles les maisons de San-Salvador. Elle aurait donc été giratoire, si l'on admet ce genre de secousses, dont pour ma part je doute fort. Mallet signale l'écroulement d'une colline, ce qui aurait changé le cours d'un ruisseau et produit la formation de nombreuses crevasses dans la cité. Cet auteur, ainsi que Perrey, Dollfus et de Montserrat, place l'événement au 21 au lieu du 22. Mais il n'y a pas de doute possible que la date exacte ne soit bien le 22, car c'est celle, en 1839, du vendredi qui précède le dimanche des Rameaux, et qui porte précisément le nom de *Viernes de dolores*, comme le tremblement de terre dont il s'agit.

Les retumbos furent terribles. Perrey et Mallet, s'appuyant sur A. Colla (*Giornale astronomico*, 1844, p. 153), signalent une autre forte secousse le 27. J.-M. Caceres pense que le centre d'ébranlement était en dehors de la vallée de San-Salvador. D'après Squier, il fut fortement question de transférer la ville en quelque autre situation moins exposée. (*Boletin extraordinario del gobierno del Salvador*, 5 de mayo de 1854, Cojutepeque ; *Lamont's Annalen für Met. und Erdmagnetismus,* h. 1 (Meister); Rockstroh; Fournet : *Annales de la Société royale d'Agriculture de Lyon,* 1845, t. VIII, p. 365.)

172. — 1839. 31 avril.

Forte secousse à San-Salvador, d'après Dollfus et de Montserrat.

173. — 1839. Du 1er au 10 octobre. 1er octobre, Ih.

Le 1er octobre, à Ih, un violent tremblement de terre à San-Salvador compléta l'œuvre de celui du 22 mars précédent. Il y eut quarante-huit secousses pendant les vingt-quatre heures suivantes. Elles avaient du reste commencé quelques jours auparavant et elles durèrent jusqu'au 10. Caceres place encore le foyer d'ébranlement en dehors de la vallée de San-Salvador. (Squier, Rockstroh, Dollfus et de Montserrat, Perrey; A. Colla : *Giornale astronomico,* 1841, p. 156; d'Archiac : *Hist. des progrès de la géologie de 1834 à 1845,* t. I, p. 633; *Neu Iahrbuch,* 1842, p. 861.

174. 1840.

Tremblements de terre désastreux à Cartago, d'après Carrillo qui, je pense, s'est trompé de date. Ce seraient ceux de septembre 1841.

175. — 1840.

Stephens visite l'Irazù et le cratère de Masaya. C'est à propos de cette seconde et périlleuse ascension qu'il dit : « Une foulure, une branche brisée, une défaillance de force m'auraient en un instant précipité en un endroit où j'aurais été aussi difficile à trouver qu'un gouvernement dans l'Amérique centrale. » Cette parole est restée tellement vraie que je n'ai pu m'empêcher de la citer.

176. — 1840. Mai et juin.

Période de forts et nombreux tremblements de terre à San-Salvador. (*Gaceta del Salvador,* del 17 de junio de 1853.)

177. — 1841. 2 septembre, VIh 15'.

Ruine de Cartago par une secousse de tremblement de terre, violente et inopinée, qui se propagea, d'après Mallet, jusqu'aux Etats-Unis. Toute la région de Turado, Tres-Rios, Parrowso (?), Ujamès, Heredia, Alajuela, San-José et Matina, fut couverte de ruines. Le 5, les secousses reprirent sans interruption. A la suite de cet événement, que Belly attribue à l'Irazù, quoique ce volcan, malgré l'assertion de Kluge, n'ait point eu alors d'éruption, le président Carrillo décréta le transfert de Cartago au village de Turrialba, sous le nom de Guadalupe. Un décret du 16 novembre suivant annula cette disposition sous la menace d'un soulèvement populaire. (Felipe Molina, Squier, Montufar, Belly, Rockstroh, Dollfus et de Montserrat, Vanéechout, Perrey, Mallet; *Journal des Débats*, 16 janvier 1842; *National*, 11 décembre 1841; Kluge; *Lamont's Annalen für die Met. und Erdmagnetismus*, h. I, S. 163.)

178. — 1843.

Petite éruption de cendres du volcan d'Atitlan. (*Diario de Centro-América.*)

179. — 1844. Mai.

Les volcans d'Irazù et d'Orosi donnent des signes d'une activité extraordinaire et en relation évidente avec les secousses du Nicaragua. (Squier.)

180. — 1844. Mai.

Période de tremblements de terre au Nicaragua. — Le Rio Negro, aveuglé en 1835 par l'éruption du Cosegüina, se rouvrit un chemin vers l'Océan. Rivas fut presque détruite. Les journaux de la Jamaïque du 24 août signalent de grands dégâts à San-Juan del Norte ou Greytown. Les eaux du lac de Nicaragua montaient et descendaient avec les secousses, causant ainsi de grands dommages sur ses rives. Squier et Frœbel (ce dernier se trouvait là le 13 janvier 1851) pensent que le Rio Tipitapa, qui réunit les lacs de Nicaragua et de Managua, se dessécha à la suite de ces tremblements de terre en conséquence du soulèvement de son fond. L'étude des lieux et l'ensemble de nos connaissances sur l'état ancien de cette partie de la voie fluviatile interocéanique ne sont pas en faveur de la réalité de cet effet du tremblement de terre de 1844. Du reste, les deux observateurs précédemment cités la mettent en doute en d'autres passages de leurs ouvrages, le premier par la constatation de très grandes irrégularités dans le régime du Tipitapa, le second par l'absence de traditions locales relatives, après un si petit nombre d'années, à un tel changement topographique. Williams, dans son travail sur le chemin de fer du Tehuantepec, après l'exploration du colonel Barnard, fait allusion à ces dénivellations en faveur de la plus grande stabilité du sol dans l'isthme mexicain, et conclut par suite à la construction du chemin de fer comme de beaucoup préférable au canal des lacs.

Le Costarica ressentit une des secousses. (Poey, Perrey.)

181. — 1844. 23 juillet. 1845.

Éruptions du San-Miguel. — Dans ces deux années 1844 et 1845 il y eut des éruptions de ce volcan, ce qui a porté une grande confusion dans l'esprit des auteurs et empêche de se reconnaître facilement au milieu de leurs assertions contradictoires. La principale éruption fut de laves qui s'épanchèrent par quatorze bouches du côté de la ville en s'arrêtant juste à ses portes. Elle fut précédée d'une explosion qui démantela la partie est du grand cratère supérieur, et où se formèrent des solfatares que les Indiens du voisinage se mirent postérieurement à exploiter pour en extraire du soufre. Perrey donne d'abord la date du 26 juillet 1843. Dollfus et de Montserrat placent cette éruption au 25 juillet 1844, les notes manuscrites de l'ingénieur Telesforo Lois au 23, et Kluge au 26. De Humboldt et Fuchs donnent 1844; Sonnenstern, Wells et Guzman, 1845; Rockstroh, le 25 juillet 1845; Perrey, en un autre passage, juillet 1845; en outre, Dollfus et de Montserrat donnent pour 1845 une petite éruption de cendres. Nous rangeant à l'opinion de ces deux géologues, si circonspects, nous admettrons définitivement pour juillet 1844, du 23 au 26, une grande éruption de laves, et pour 1845, à une date indéterminée, une petite éruption de cendres. D'après Perrey, l'Izalco était toujours en éruption.

182. — 1844. Août.

A San-Juan de Nicaragua, fort tremblement avec dommages, d'après les journaux de la Jamaïque du 24 août. (Perrey.)

183. — 1846.

Dunlop, visitant le Pacaya, le trouve dans un état d'extrême activité. Dollfus et de Montserrat, à la suite de leur ascension du 9 avril 1866, regardent cette assertion comme très exagérée, mais que prouve ce qu'ils ont vu vingt ans plus tard.

184. — 1846. 30 janvier.

Violent tremblement de terre à la colonie belge de Santo-Tomas (Guatémala), maintenant abandonnée déjà depuis longtemps. (Rockstroh, Dollfus et de Montserrat, Perrey. Communication de Pistolesi à la *Gazette de Florence*.)

185. — 1847.

Éruption de scories de l'Irazù avec de forts tremblements de terre qui furent ressentis de Rivas à Panama. (Fuchs, de Humboldt, Kluge.) Je pense que c'est à cet événement qu'il faut rapporter l'éruption d'un volcan non désigné du Nicaragua que donnent pour 1847 Perrey, Rockstroh, Dollfus et de Montserrat, et aussi l'assertion de ces deux derniers relative au retour à l'activité du Turrialba, qu'ils auront une fois de plus confondu avec l'Irazù, comme ils l'ont fait pour les éruptions de ce dernier en 1723, 1726, etc.

186. — 1847.

Petite éruption de cendres du San-Miguel, d'après Dollfus et de Montserrat.

187. — 1847. 22 juin, 0ʰ 30' et XIIʰ 30'.

Forts tremblements de terre qui causèrent des dégâts à la côte du Baume. (Rockstroh, Càceres.)

188. — 1847. 12 octobre, le matin.

Eruption du volcan de Fuego, d'après Kluge. — Elle est peu probable, car Perrey, et cela d'après Morelet qui était alors dans le pays, n'y signale que de la fumée.

189. — 1848.

Petite éruption de laves du San-Miguel. (Wells, Squier, Dollfus et de Montserrat; *Gaceta oficial del Salvador*, del 11 de marzo de 1877; Kluge, Perrey.)

C'est très probablement à ce fait qu'il faut rapporter l'éruption que donne de Humboldt, pour 1848, d'un volcan centre-américain qu'il ne nomme pas, à moins qu'il ne s'agisse du Momotombo.

Rojas (*Carta al profesor Perrey sobre los fenomenos seismicos de Amèrica; el Federalista*, de Caracas, del 7 de setiembre de 1867) donne la date de 1849. On doit préférer 1848 que donne Squier, toujours très exact, et qui, du reste, arriva peu après dans le pays.

190. — 1848.

Eruption du Momotombo, d'après Calderon y Arana (voir l'éruption du Telica en 1850).

191. — 1848. 1ᵉʳ février.

Secousse dans la baie de Honduras. (Perrey.)

192. — 1849. 11 janvier.

Tremblement de terre à Panama. (Perrey.)

17

193. — 1849. 27 octobre, 1ʰ.

Forte secousse de tremblement de terre au Nicaragua. — Le mouvement fut d'abord ondulatoire pendant bien près d'une minute. Puis il devint brusquement vibratoire et horizontal pendant trente secondes. Jusqu'alors il avait graduellement augmenté d'intensité et en violence. Il y eut une courte période de décroissance, puis tout cessa brusquement après avoir duré deux minutes. Les anciens du pays donnèrent à cette secousse une intensité conventionnelle de 7, en représentant par 10 celle des plus fortes dont ils avaient souvenir depuis vingt-cinq ans. Squier (p. 543), dont les détails précédents sont extraits, constata dans le pays un certain nombre de crevasses et d'éboulements de rochers. Les chevaux et les chiens manifestèrent une terreur extrême. Cette secousse fut ressentie aussi au Honduras et au Salvador, et peut-être aussi en dehors de ces limites. Direction générale des secousses, N. à S. C'est par erreur que dans mon premier mémoire j'ai donné la date de 1850. (Perrey.)

194. — 1850.

Eruption du volcan El Nuevo. (Squier, Fuchs.)

195. — 1850.

Eruption du Telica, d'après Rockstroh. — Il est probable qu'il y a confusion avec le volcan de Las Pilas (voir plus loin), qui fait comme le Momotombo, le Telica et le volcan El Nuevo, partie de la Sierra de los Marrabios, peut-être la plus belle série linéaire de volcans du globe. On peut appliquer le même doute à l'éruption du Momotombo précédemment indiquée, mais non à celle du volcan El Nuevo, à cause de la grande exactitude ordinaire de Squier.

196. — 1850.

Eruption du volcan de Fuego, d'après Cayetano Santis.

197. — 1850. Du 11 au 22 avril.

Formation du volcan de Las Pilas, près du Momotombo.

Voici le récit de Squier (*Nicaragua,* p. 529) :

« Les 11 et 12 avril 1850, des bruits sourds, rappelant ceux du tonnerre,
» s'entendirent de la ville de Léon. Ils semblaient venir des volcans, et on
» supposa qu'ils étaient dus au grand volcan de Momotombo, qui est souvent

» le siège de retumbos et d'autres symptômes d'activité, par exemple des
» émissions de fumée. Cependant ce volcan ne donnait alors aucun signe
» d'une activité inusitée. Ces bruits augmentèrent de force et de fréquence
» dans la nuit du 12, et des tremblement de terre furent ressentis jusqu'à
» Léon. Près des montagnes, ils étaient tout à fait violents et terrifièrent les
» habitants. De très bonne heure, le dimanche 13, un orifice s'ouvrit près de
» la base du volcan éteint depuis longtemps, le Momotombo, à environ
» 20 milles de Léon. Les soubresauts du sol étaient extrêmement brusques
» dans le voisinage, au dire des indigènes, et ils ressemblaient à une série de
» chocs. Le point précis où se fit cette ouverture peut être regardé comme en
» plaine, et était cependant quelque peu élevé par la lave qui, à des périodes
» antérieures, avait coulé du volcan, et ce fut au milieu du lit de laves que se
» fit l'éruption. A quelques milles de ce point, il n'y avait aucun habitant, de
» sorte que je ne suis pas très bien informé des premiers phénomènes mani-
» festés par le nouveau volcan. Il semble cependant que sa naissance fut
» accompagnée d'une quantité de flammes et qu'au commencement des
» masses de matières fondues furent irrégulièrement rejetées dans toutes les
» directions. C'est du moins ce qui résulte clairement de la visite que je fis
» quelques jours après. A une grande distance tout autour étaient disséminées
» de grandes écailles ressemblant à de la fonte fraîchement fondue. Cette
» émission irrégulière ne dura que quelques heures et fut suivie d'un courant
» de lave, qui suivit vers l'ouest la pente du terrain sous la forme d'une
» haute crète dépassant le sommet des arbres et renversant tout ce qui s'op-
» posait à son passage. Tandis que ce flot continuait sa marche, ce qu'il fit
» tout le reste dudit jour, le sol fut en repos, sauf un léger tremblement de
» terre qui ne fut point ressenti au delà d'un rayon de quelques milles. Le 14,
» la lave cessa de couler et il s'ensuivit un mode d'action entièrement diffé-
» rent. Une série d'éruptions commença, chacune d'elles durant environ trois
» minutes, et suivie d'une pause de même durée. Chaque éruption était
» accompagnée de secousses, trop légères cependant pour être ressenties à
» Léon, et d'un jet de flammes d'au moins 100 pieds de hauteur. Des blocs
» de pierres chauffées au rouge étaient aussi à chaque éruption lancés à des
» hauteurs de plusieurs centaines de pieds. Le plus grand nombre retombait
» dans l'intérieur du cratère, et le reste en dehors, ce qui bâtissait progres-
» sivement un cône tout autour de lui. Par suite des frottements dus à ce
» mode de procéder, ces blocs étaient plus ou moins arrondis, ce qui explique
» une des particularités des pierres volcaniques à laquelle on a précédemment
» fait allusion. Ces explosions continuèrent sans interruption pendant sept

» jours et purent être très exactement observées de Léon. Dans la matinée
» du 22, accompagné du Dr J.-W. Livingston, consul des Etats-Unis, je partis
» pour visiter les lieux où se produisaient ces phénomènes. Personne ne
» s'était aventuré jusque-là, mais nous n'eûmes pas de difficulté à persuader
» à quelques vachers des haciendas d'Orota à nous servir de guides. Nous
» chevauchions difficilement sur les lits de lave, et nous dûmes mettre pied à
» terre à un mille et demi de la place. Pour avoir une vue parfaite du nou-
» veau volcan, nous fîmes l'ascension d'une crête de scories, haute et nue,
» qui le dominait complètement. De ce point, il semblait une immense chau-
» dière retournée avec un trou dans le fond, représentant le cratère et d'où
» était sorti d'un seul côté un courant de laves encore ardentes, émettant des
» radiations tremblotantes. Les éruptions avaient cessé ce matin-là, mais il
» sortait encore une masse de fumée, que le vent d'ouest balayait en longues
» traînées au travers des sommets des arbres.

» Le cône, à sa partie supérieure, était moucheté de jaune, couleur du soufre
» cristallisé, déposé par les vapeurs chaudes passant sur les blocs sans liaison
» et au travers de leurs interstices. Tout autour les arbres étaient dépouillés de
» leurs feuilles et de leurs branchages, de sorte que tout noirs ils semblaient
» de gigantesques squelettes. Tentés par la tranquillité du volcan et anxieux
» de l'observer de plus près, nous quittâmes notre position et, marchant dans
» le sens du vent, nous nous dirigeâmes vers le volcan, enjambant les blocs
» de lave et les bouquets de cactus épineux et d'agaves. De tous côtés, nous
» trouvions les écailles de matières fondues lancées le premier jour de l'érup-
» tion, et qui s'étaient moulées sur les objets qu'elles avaient atteints dans
» leur chute. Nous n'eûmes pas de difficulté à atteindre la base du cône, le
» vent chassant la vapeur et la fumée du côté opposé. Il avait peut-être 150
» ou 200 pieds de haut, 200 yards de diamètre et une grande régularité de
» contours. Il était entièrement formé de blocs plus ou moins arrondis et de
» toute grandeur, depuis une livre jusqu'à 500. On n'entendait aucun bruit,
» si ce n'est un roulement sourd et bas, accompagné de très légers mouve-
» ments de trépidation. Désireux de tout observer plus attentivement et de
» contrôler l'assertion populaire d'après laquelle un trouble notable de l'at-
» mosphère près d'un évent volcanique amène sûrement une éruption, nous
» nous préparâmes à faire l'ascension. Craignant de trouver au sommet les
» blocs trop chauds, je me préparai moi-même deux bâtons pour épargner
» mes mains. Le docteur, dédaignant de telles aides, se lança à l'aventure.
» L'ascension était très laborieuse, parce que les pierres roulant sous nos
» pieds allaient jusqu'à la base du cône. Nous avions cependant presque

» réussi à atteindre le sommet, lorsque le docteur, qui était alors légèrement
» en avance, recula soudain avec un cri de douleur, ayant atteint une couche
» de pierres assez chaudes pour lui faire, au simple contact, des ampoules aux
» mains. Nous nous arrêtâmes un instant, et je regardais comment poser le
» pied, quand je fus soudain surpris par un cri de terreur de mon compagnon
» qui s'élançait en bas par des bonds surhumains. Au même moment, je fus
» assourdi par un bruit étrange, je crus percevoir un tourbillonnement de
» l'atmosphère et un tassement de la masse sur laquelle je me trouvais.
» Aussitôt que je pus, je regardai en l'air, le ciel était noir de pierres et des
» milliers d'éclairs éclataient au travers. Tout cela ne dura qu'un instant, et
» au même moment je me précipitai en bas. J'y arrivai en même temps que
» mon compagnon et juste à temps pour éviter les pierres, qui tombaient en
» masse, précisément au point que nous venions de quitter. Je n'ai pas besoin
» de dire qu'en dépit des cactus épineux et des lits de laves rugueuses, nous
» ne fûmes pas longs à mettre une bonne et respectable distance entre nous et
» le terrible objet de notre curiosité. L'éruption dura environ une heure,
» entremêlée d'assoupissements semblables à de longues inspirations. Le bruit
» était équivalent à celui d'un nombre incalculable de hauts-fourneaux en
» pleine opération, et l'air était rempli de pierres projetées. La descente des
» matières fut presque aussi soudaine que leur montée, et ce fut en vain que
» nous attendîmes plusieurs heures une nouvelle éruption. Nos guides nous
» assurèrent qu'une seconde tentative d'ascension ou quelque trouble notable
» soit sur les pentes du cône, soit dans le voisinage, serait suivi d'une érup-
» tion, mais nous ne nous fiâmes point à en faire l'expérience.

» Depuis cette époque et jusqu'à ce que je quittai le Centre-Amérique, je
» n'ai point été informé qu'il y ait eu là plus d'une autre éruption, et cela à
» l'occasion de la première grande averse (de la saison des pluies), c'est-à-
» dire, à ce que je crois, le 27 du mois qui suivit celle que nous venons de
» raconter. Je n'ai point appris non plus que le nouveau volcan ait manifesté
» d'autres phénomènes d'activité. Je pense que ses premiers efforts ont été
» trop considérables et qu'il est arrivé à un déclin prématuré.

» Les décharges de cet évent volcanique consistaient entièrement en pierres.

» Quelques jours avant notre visite, une députation de vachers et autres
» habitants du voisinage était venue à Léon dans le but de prier l'évêque de
» venir en ces lieux baptiser le nouveau volcan, pour qu'il se tînt tranquille
» et respectât leurs vies. Je crois qu'ils obtinrent gain de cause, et toute la
» ville fut remplie de bruits relatifs à la nouvelle cérémonie, que j'eusse été
» fort curieux de voir. Mais le repos prématuré du volcan dissipa les craintes

» du peuple et la cérémonie n'eut point lieu, à mon grand désappointement,
» car j'avais l'intention d'être parrain du volcan des Nordaméricains (ainsi
» nommé à cause de la visite de Squier et de Livingston). C'est là une
» ancienne pratique, et cette cérémonie fut, dit-on, accomplie peu après la
» conquête sur tous les volcans du Nicaragua, à l'exception du Momotombo,
» qui est encore païen. On n'a plus jamais entendu parler des moines qui
» tentèrent de planter leur crosse à son sommet. »
(Perrey, Boscowitz ; *Proceedings of the american association for the advancement of science,* 4th meeting, 1850, pp. 104-107.)

198. — 1850. 27 avril.

Seconde et dernière éruption du volcan de Las Pilas (voir le récit précédent). (Squier.) Kluge donne par erreur, pour cette date, une éruption du volcan El Nuevo.

199. — 1851 à 1855.

Période de nombreux tremblements de terre à Guatémala, d'après Dollfus et de Montserrat.

200. — 1851. 18 février.

A Saint-Thomas (Amérique), tremblement sans conséquences fâcheuses. (Perrey.) Comme ce sismologue, pour les secousses de Saint-Thomas, ajoute toujours Antilles, tandis que dans le cas actuel il dit Amérique, que d'autre part, Poey ne signale pas ce fait dans son beau catalogue des Antilles (*Annuaire de la Société météorologique de France,* 1857, t. V, pp. 75, 127, 227 et 252), j'en conclus qu'il s'agit sans conteste de la colonie belge établie sur la côte atlantique du Guatémala.

201. — 1851. 18 mars, VII[h] 15'.

Tremblement de terre désastreux au Costarica. — A San-José, 145 maisons furent renversées, on dut en faire abattre 18 et presque toutes les autres furent endommagées. Il fallut finir de détruire la tour de la cathédrale. La secousse principale fut encore plus forte et causa plus de dommages à Alajuela qu'à Cartago. La première de ces deux villes fut presque entièrement détruite. On nota que le plus grand nombre des murs orientés E.-O. souffrirent énormément. Barba souffrit aussi, mais moins que les villes précédentes ; il en fut de même pour les villages du Guanacaste. (Squier, Felipe Molina, *Gaceta de Costarica* (informe oficial), *Gaceta del Salvador,* del 30 de mayo de 1851.)

Perrey, dans son catalogue de 1851, donne par erreur la date du 24.

202. — 1851. 15 mai.

Commencement d'une série de tremblements de terre à Panama. (Squier, Perrey.)

203. — 1851. 17 mai. Dans la matinée (?).

Quetzaltenango fut ruinée par dix-sept violentes secousses verticales; elles furent faibles à Guatémala. (Perrey, d'après le P. Cornette : *Record of earthquakes in America*, 1868.) C'est une confusion probable avec le 16 mai 1852.

204. — 1851. 8 août.

Tremblement de terre à Truxillo et dans le Honduras. (Perrey, Kluge.)

205. — 1851. 18 août.

Tremblement de terre à Truxillo et dans le Honduras. (Perrey.)

206. — 1851. 14 novembre.

Un tremblement de terre détruit quelques maisons à Tegucigalpa, d'après des documents locaux.

207. — 1852.

Le Momotombo fait une éruption ou se reprend d'activité, d'après Dollfus et de Montserrat. Ces deux géologues le font s'éteindre en juillet, au moment où le Masaya se reprit d'activité.

208. — 1852.

Eruption du volcan de Fuego.
(Fuchs, Cayetano Santis, de Humboldt, Kluge; Rojas : *Carta al profesor Perrey sobre los fenomenos seismicos de America; el Federalista*, de Caracas, 7 de setiembre de 1867.)

209. — 1852.

Eruption du volcan d'Atitlan. — Il lança alors d'immenses colonnes de fumée et couvrit ses contours de cendres. (Dario Gonzalez, Dollfus et de Montserrat.)

210. — 1852. 17 janvier, VII^h.

Tremblement de terre à Belize. — Il dura une minute, et même, dit-on, deux minutes. Peut-être a-t-il été ressenti jusqu'à Galveston (Tejas). (Perrey.)

211. — 1852. Mars.

‹ Tremblement de terre au Honduras. (Perrey.)

212. — 1852. 19 mars. Entre XVI et XVII ʰ.

A Guatémala, une secousse. (Perrey.)

213. — 1852. 16 mai.

Un tremblement de terre causa des dégâts à Quetzaltenango et les villages voisins. (*Gaceta de Guatemala*, febrero de 1855 : *Informe de una comision oficial de la municipalidad de Quetzaltenango*, enero de 1855 ; Rockstroh.)

214. — 1852. 8 juin.

Les eaux des petits lacs d'Apoyo, Tiscapa, Asososca et autres du même groupe (Nicaragua), se mettent à bouillir et forcent les laveuses à les abandonner. (Calderon y Arana, Perrey, Dollfus et de Montserrat; *Gaceta de Nicaragua*, 15 y 22 de mayo de 1858.)

215. — 1852. 29 juin (?).

Retumbos au volcan de Masaya. Perrey, dans ses catalogues de 1856 et de 1862, donne la date de 1852, mais dans celui de 1856, il rectifie lui-même à 1853.

216. — 1852. Juillet.

Le Masaya fait une éruption de laves plus légères que celles des précédentes et avec de très fortes détonations. (Presse locale.) Privat-Deschanelles et Focillon donnent la date de 1853. Un passage mal rédigé de J. Frœbel peut s'appliquer à ce fait aussi bien, du reste, qu'aux éruptions de 1856 et du 10 novembre 1858. Il s'ouvrit un cratère nouveau d'après Dollfus et de Montserrat. C'est en 1853, au lieu de 1852, que Boscowitz fait réveiller le Masaya; mais il faut observer que postérieurement ce volcan fut loin d'être aussi actif que le prétend cet auteur. Rojas donne le fait pour la fin de juillet 1853.

217. — 1852. Commencement de décembre.

Eruption de cendres dù Cosegüina avec de forts retumbos. Elles allèrent tomber sur Amapala et la partie hondurénienne de la côte du golfe de Fonseca. (Wells, Dollfus et de Montserrat, Perrey.)

*218. — 1853. 9 février, II*h *50'.*

Fort tremblement de terre au Salvador et au Guatémala. Il causa quelques dommages à La Antigua, Amatitlan et surtout Quetzaltenango. Les cloches sonnèrent. Il s'étendit jusqu'à Trujillo. (*Gaceta oficial del Salvador,* del 18 de febrero de 1853; *Gaceta de Guatemala,* febrero de 1855 : *Informe de una comision de la municipalidad de Quetzaltenango,* enero de 1855; Rockstroh, le P. Cornette.) D'après Mallet (*Extract of the annual of scientific discovery for 1854,* pp. 326-328), les secousses ont été pendant ce mois fréquentes dans l'Amérique centrale. (Perrey.)

219. — 1853. 10 février

Une secousse à Belize. (Perrey.)

220. — 1853. 15 février.

Une forte secousse à Belize. (Perrey.)

*221. — 1853. 4 avril, XI*h.

Une forte secousse mit l'alarme à San-Salvador et y causa quelques dommages sans importance. On nota des menaces d'orage dans l'après-midi, fait très remarquable pour la saison, et, à XVIh 30', il tomba à Coatepeque une averse de grêle, phénomène pour ainsi dire inconnu dans le Centre-Amérique. (*Gaceta del Salvador,* del 8 de abril de 1853.)

222. — 1853. 8 avril.

Le Masaya lance un torrent de vapeurs d'un cratère nouvellement ouvert, probablement celui de juillet 1852. (De Humboldt; Scherzer : *Sitzungsberichte der phil. hist. Classe der Akad. des Wissench. zu Wien,* t. XX, p. 58.) D'après Perrey, ce phénomène se continua avec la même intensité jusqu'en septembre.

223. — 1853. Mai et juin.

Pendant son séjour et ses excursions aux environs du Turrialba, le Dr Moritz Wagner a vu fumer ce volcan. Le cratère alors actif s'ouvrait au N.-E. un peu au-dessous du sommet. Il vomissait presque continuellement des colonnes de fumée, tantôt minces et tantôt épaisses, et peut-être aussi des pierres incandescentes, car de nuit, dit-il, la fumée paraissait quelquefois

18

enflammée sur ses bords. La vapeur n'avait pas toujours les mêmes teintes, variant du gris blanchâtre au gris sombre.

L'Irazù fumait aussi, mais beaucoup plus faiblement. (Wagner : *Die Republik Costarica*, p. 261 ; Perrey.)

224. — 1853. Mai et juin.

Quelques secousses à San-Salvador. (*Gaceta del Salvador*, del 17 de junio.) En voici la liste :

9 mai. XXIII^h. Tremblement fort et prolongé, suivi d'un gros orage.

Jusqu'au 1er juin, quelques petites secousses.

1er juin. Une secousse plus forte que celle du 9 mai.

2 id. Id. id.

3 id. XXI^h. Forte secousse.

8 id. IV^h. Secousse prolongée pendant un gros orage.

9 id. XIX^h 30'. Une secousse.

11 id. { VII^h 45'. } Légères secousses accompagnées de retumbos.
{ VIII^h 15'. }

225. — 1853. 29 juin.

Retumbo au Masaya. (Voir au 29 juin 1852.)

226. — 1853. Juillet.

En juillet 1853, et plus tard, en janvier 1854, dans le voisinage du mont Herradura (Costarica), fréquents tonnerres souterrains (retumbos et bramidos), qui semblaient provenir du volcan. « Pendant les deux mois que j'ai bivouaqué » dit le Dr Moritz Wagner (il est arrivé à San-Mateo le 27 juillet, et il est revenu visiter cette région le 12 janvier suivant ; a-t-il entendu ces retumbos pendant les deux séjours qu'il a faits dans le pays ?), « avec Jacques Hutzel, jeune pharmacien wurtem- » bergeois, demeurant alors à Costarica, j'ai entendu ces détonations souter- » raines se renouveler à des intervalles d'une heure et avec des intensités » inégales. Là, elles me paraissaient évidemment venir du sud. Que ces explo- » sions aient été restreintes au foyer souterrain, ou qu'elles aient été accom- » pagnées d'émissions scoriacées quelque part (semblables aux petites » éruptions que de Humboldt a remarquées dans le cratère du Popocatepetl » à une époque où on doutait, à Mexico, de l'activité de ce volcan), c'est ce » que je ne déciderai pas. Un ancien pêcheur de la baie de Tarcoles m'a

» assuré que ces retumbos, après une interruption souvent plus longue, se
» renouvellent toujours et se succèdent ensuite à des intervalles de quelques
» heures. Felipe Molina, dans son *Bosquejo de Costarica*, compte l'Herradura
» au nombre des volcans du pays, contrairement à l'opinion de von Frantzius,
» et dit : *Se los considera como el origen probable de los frecuentes terremotos*
» *que se experimentan*. Ces bruits s'entendent non-seulement de Tarcoles,
» mais d'Esparza et de San-Mateo, dont tous les habitants que j'ai interrogés
» attribuent ces retumbos au mont Herradura. Je les ai entendus la première
» fois au village de San-Mateo, à moitié chemin entre San-José et le port de
» Punta-Arenas. C'était la nuit. Le señor Chaves, bien connu dans le pays,
» répondit à la demande que je lui fis, que ces retumbos y sont fréquents,
» surtout dans les nuits calmes, qu'ils ressemblent aux roulements du ton-
» nerre pendant un orage lointain, mais qu'ils proviennent évidemment des
» profondeurs de la terre, et toujours dans la direction du mont Herradura. »
(*Peterman's g. Mittheilungen*, XI, p. 409, 1862.)

Wagner dit ailleurs dans son voyage, à la date du 27 juin 1853 : « Nous
» apercevions au S.-O. le double cône du volcan de la Herradura, qui res-
» semble beaucoup, dans sa forme, au Vésuve et à la Somma, mais le bord
» du cratère est couvert d'épaisses forêts jusqu'à son sommet. On voit quel-
» quefois de minces colonnes de fumée s'élever au-dessus de sa cime, et un
». fort bruit, pareil au tonnerre, se fait entendre dans le cratère à des époques
» déterminées. Il est remarquable que ces détonations régulières ne soient
» jamais accompagnées de pierres ni de grandes éruptions. Elles cessent sou-
» vent pendant plusieurs mois ; puis le vieux volcan recommence à mugir si
» fortement qu'on l'entend de San-Mateo, à une distance d'au moins 6 lieues
» ou 18 milles anglais en ligne droite. Personne, jusqu'à ce jour, n'a fait
» l'ascension du volcan énigmatique. Ce n'est pas la hauteur de la montagne,
» mais l'épaisseur des forêts, dans lesquelles on ne trouve aucun chemin
» frayé, qui en rend l'ascension aussi difficile que coûteuse. » (*Die Republik*
Costarica in Central Amerika, p. 412, Leipsig, 1857.)

L'importance de ces documents n'échappera à personne quand on saura que
Felipe Molina est le seul écrivain qui ait rangé la Herradura parmi les volcans.
Il y avait donc lieu d'établir la réalité de ce fait aussi solidement que possible.
Ces observations de Wagner, et celles que j'ai faites moi-même en mars 1885,
montrent que cette montagne est encore le siège de manifestations volcaniques,
faibles, il est vrai. On se rappellera que dans l'introduction j'ai placé la
Herradura à la tête d'un alignement volcanique, hypothétique quant aux autres
éléments qu'il pourrait présenter dans le Dota.

227. — 1853. 24 juillet (?).

Tremblement de terre au Costarica. Maisons renversées à Cañas et Bagases. (Perrey.) Erreur pour le 8 octobre.

228. — 1853. Août.

Secousses fréquentes à Guatémala. (Meriam (de Brooklyn) : *Annual of scientific discovery, for 1854*, p. 326 ; Perrey.)

229. — 1853. 26 août.

A Guatémala et à Trujillo, fort tremblement avec quelques dégâts. (Le P. Cornette : *Record of earthquakes in America*, 1868 ; Perrey.)

230. — 1853. Septembre.

Le Masaya lance des nuages de vapeurs de plus en plus abondantes. (Perrey; Scherzer : *Petermann's g. Mittheilungen*, 1856, p. 246.)

231. — 1853. 28 septembre. De nuit.

A Guatémala, fort tremblement avec légers retumbos. (Le P. Cornette, *l. c.*; Perrey.)

232. — 1853. 8 octobre, XII^h 30'.

Fort tremblement de terre à San-José de Costarica. Cañas et Bagases souffrirent notablement. La secousse dura plus d'une minute et venait du Guanacaste, la province depuis si longtemps en litige avec le Nicaragua. (*Gaceta de Costarica*, nº 252.) Perrey donne par erreur la date du 24 juillet dans un de ses catalogues, celle de septembre dans un autre, et enfin celle du 8 octobre, mais à minuit et demi au lieu de XII^h 30'.

233. — 1853. 5 novembre.

Violent tremblement à Pinea. (Perrey.)

234. — 1853. 24 et 25 novembre.

Deux secousses à San-Salvador, une très violente le 24, à VI^h, et une violente le 25, à VI^h aussi. (Le P. Cornette, *l. c.*; Perrey.)

235. — 1854.

Eruption de l'Orosi, dont les flammes illuminèrent tout le lac de Nicaragua pendant plusieurs nuits de suite. (Frœbel.)

236. — 1854.

Eruption du San-Miguel. (*Gaceta oficial del Salvador.*) Fuchs dit que ce volcan eut peut-être une éruption en 1854.

237. — 1854 (?).

Eruption du Masaya, d'après Kluge. Cela me paraît fort douteux.

238. — 1854. 12 janvier.

Retumbos au volcan de Herradura, d'après Wagner. (Voir à juillet 1853.)

239. — 1854. 1ᵉʳ février.

Vaine tentative d'ascension du Miravalles par Moritz Wagner. — Il était utile de rapporter ce fait, car cet observateur ne le vit point fumer, contrairement à une assertion de Frantzius. (*Petermann's Mittheilungen,* XI, 1862, p. 410.)

240. — 1854. Mars (sans date de jour).

Tremblement à Cojutepeque. (Perrey.) Probablement le 8 mars.

241. — 1854. 8 mars, IVʰ.

Assez fort tremblement à San-Salvador.

242. — 1854. 16 avril, XXIIʰ 55'.

Ruine de San-Salvador.

Nous ne pouvons mieux faire que suivre les observations scientifiques de J.-M. Caceres. (V. Alvarado Alfredo : *Las Ruinas,* pp. 26-32.)

« Le vendredi saint, 14 avril 1854, à Vʰ 30', il y eut une légère secousse,
» prélude de nombreux tremblements de terre plus ou moins violents, qui se
» succédèrent jusqu'à Xʰ à de courts intervalles de 5 à 20'.

» De Xʰ à midi, les secousses cessèrent complétement; mais à cette heure
» commença une autre série, semblable à la première, pour prendre fin à XIVʰ.

» Celles de ce second groupe se succédaient à de plus grands intervalles, mais
» en augmentant d'intensité de l'une à l'autre.

» Jusqu'à XIV^h on en comptait vingt-six. Elles cessèrent pendant trois
» heures.

» A XVII^h, il y en eut une beaucoup plus forte que les précédentes, précédée
» et suivie de forts retumbos.

» Il continua de trembler toute la soirée et toute la nuit, mais avec moins
» de fréquence qu'auparavant.

» A l'aube du samedi, c'est-à-dire en vingt-quatre heures, on comptait déjà
» trente-six secousses.

» Celles du samedi furent en petit nombre et légères. Dès l'après-midi, la
» confiance commençait à renaître.

» Dans toute la matinée du dimanche 16, il n'y eut que trois secousses
» très légères.

» Dans l'après-midi, on n'en sentit aucune. Le ciel était très clair et il
» soufflait un léger vent du sud. Mais à XIX^h, l'atmosphère commença à se
» charger et la brise se mit à souffler d'une manière irrégulière.

» A XXI^h, il y eut une secousse très violente et prolongée, semblable à
» celle de XVII^h du vendredi saint ; l'atmosphère était de plus en plus
» chargée.....

» A XXIII^h moins 5', les édifices de la ville se renversèrent et tombèrent
» réduits en décombres menus *(sic)* sous l'action destructive du grand trem-
» blement de terre dont le souvenir devrait être une leçon salutaire pour
» l'avenir.

» Note. — A l'Université, il y avait une tour élevée avec une horloge
» réglée au moyen d'un cadran solaire ; la tour resta hors d'aplomb, l'horloge
» marquant XXII^h 55'.

» . . . . . Ce terrible moment passé, il nous resta à tous la crainte très
» fondée de nous trouver sur une voûte sur le point de s'effondrer ou de
» sauter, car au grand tremblement de terre suivit, durant plusieurs heures,
» un mouvement vibratoire et continu du sol avec des retumbos semblables
» aux rugissements d'une tempête souterraine.

» Le plus effrayant des bruits souterrains eut lieu à I^h, après une très forte
» secousse. C'était comme la détonation d'une décharge d'artillerie de gros
» calibre, ou le tonnerre que produirait la chute d'un grand rocher tombant
» jusqu'à l'abîme sur des voûtes de plus en plus profondes.....

» Le grand tremblement de terre de XXII^h 55' fut si violent que les per-
» sonnes qui eurent le malheur d'être surprises dans l'intérieur des habi-

» tations ou sous les vérandahs, n'eurent pas le temps de sortir et furent
» tuées ou blessées. Le nombre des victimes atteignit près de cent et celui des
» blessés fut incalculable ; mais il en aurait péri bien plus si la secousse de
» XXI^h n'avait empêché beaucoup de gens de rester dans les maisons.

» . . . . . l'atmosphère s'éclaircit immédiatement après.

» Nous avons dit ailleurs que personne ne se rendit compte d'avoir
» entendu un bruit quelconque au moment de la chute simultanée des édifices.

» Les principales ruines de la ville sont comprises dans l'intérieur d'une
» zône de direction S.-E. à N.-O., dont la largeur est d'environ un kilomètre.
» A mesure qu'on s'avance vers le S.-E., les dégâts augmentent. C'est pour
» cela que l'on pense que le foyer de la commotion était dans la montagne
» de San-Marcos, en face du coude qu'elle forme avec la chaîne connue sous
» le nom de Las Lomas.

» L'onde se propagea sur une longueur d'un peu moins de 20 kilomètres,
» et cela se prouve par la direction et la grandeur des dégâts qu'elle pro-
» duisit.

» A très peu d'exceptions près, tous les édifices orientés de l'est à l'ouest
» tombèrent ou perdirent leur aplomb vers le nord, et ceux qui, orientés du
» nord au sud, sont restés debout, sont inclinés au nord. Ces faits confirment
» l'observation relative à la direction de l'onde. »

Le président San Martin et l'évêque Zaldaña, ce dernier blessé, se firent
remarquer par leur ardeur à secourir les blessés et leur énergie à réprimer le
pillage de la ville par les Indiens du voisinage, qu'on fusilla sans merci. Dans
la matinée du 17, une forte secousse dispersa une troupe d'auxiliaires que le
président était allé lui-même requérir au village voisin de Mejicanos.

L'assèchement complet de toutes les fontaines et de tous les puits de la cité,
à la suite de la grande secousse, augmenta la hâte que les survivants mirent
à abandonner la ville pour se retirer dans les villes voisines, surtout à Cojutepeque, où le gouvernement se transporta.

De nombreuses crevasses s'ouvrirent dans le faubourg de Candelaria et sur
le chemin de Montserrate.

D'après certains témoins oculaires (par exemple don Manuel Delgado, con-
tador mayor de la Republica), dont je tiens le fait (1881), ce fut alors que se
forma le zanjon (fossé) de la Zurita, qui sert depuis de dépotoir à la ville.
Mais on doit, ce me semble, mettre le fait en doute. Ce ravin a été plutôt
simplement élargi alors par des éboulements produits sur ses bords escarpés
et formés de cendres volcaniques très friables. De nombreux éboulements se
produisirent aussi dans la vallée du Rio Acelghuate qui borde la ville.

Le *Boletin extraordinario del gobierno del Salvador,* du 2 mai 1854, insiste sur l'odeur sulfureuse qui suivit la grande secousse. Elle devait, je pense, venir du lac d'Ilopango. Cette masse d'eau présente une sulfuration très variable, qui devient quelquefois assez grande pour détruire un grand nombre des poissons qui l'habitent. On pourrait peut-être inférer de l'odeur sentie en 1854, que les phénomènes de 1879-80 commençaient déjà à se préparer.

Ces manifestations d'odeurs sulfureuses suivant des tremblements de terre sont assez connues. On peut citer les observations de Philippe au cirque de Troumouze (Pyrénées), après le tremblement de terre du 27 octobre 1835, III^h 45' (*Comptes rendus de l'Académie des sciences,* 1835, t. II, p. 469), et la secousse du 7 juillet 1812, XIX^h 30', à Arequipa. (Castelnau : *Voyage dans les parties centrales de l'Amérique du Sud,* t. V, p. 307.) Ce même catalogue signale des fumées accompagnant les secousses du 12 août 1823, à II^h 22' et II^h 30', du 15 et du 26 du même mois de la même année, à I^h 45' et XX^h 35', respectivement. Arago, dont l'attention sagace a été fortement attirée vers les phénomènes accessoires accompagnant les séismes, cite un assez grand nombre de faits analogues. Depuis la rédaction de ce mémoire, j'en ai moi-même retrouvé beaucoup d'exemples bien avérés dans les contrées les plus diverses. Nous tiendrons donc celui de San-Salvador pour vrai. Quant à l'explication du fait, il est assez rationnel d'y voir tout simplement le dégagement de masses gazeuses emprisonnées entre les couches terrestres par le dérangement produit par les tremblements de terre.

D'une lettre de l'évêque Zaldaña à J.-M. Barrutia, chantre de la cathédrale de Guatémala, il ressort que, le 21 avril, les tremblements de terre continuaient encore forts et fréquents. D'après Scherzer, le 18, ils avaient atteint le nombre de cent vingt.

Vanéechout insiste sur ce point qu'à l'époque de la catastrophe l'Izalco était dans une période de très grand repos relatif.

D'après le *Boletin extraordinario del Salvador,* du 2 mai, à cette date, les secousses n'avaient pas encore complètement cessé.

Le gouvernement de Guatémala décréta un don de 5,000 piastres (25,000 fr.) pour venir en aide aux victimes du désastre de la République voisine et amie. Mais le trésor étant comme par hasard à sec, il se fit avancer la somme en espèces sonnantes par le commerce de la ville, acheta 5,000 piastres en papier du Salvador, qui valaient 15 % de leur valeur nominale, et les envoya sous cette forme aux pauvres Salvadoréniens, qui n'oublièrent point ce tour !

(Squier, Scherzer, Rockstroh, Vanéechout, Dollfus et de Montserrat, Wagner, Boscowitz, Perrey ; *Annuaire des Deux-Mondes,* 1854-55 ; P. Cornette.)

243. — 1854. 1er mai, à l'aube.

Léger tremblement de terre de six secondes à Guatémala.

244. — 1854. 2 mai.

A Guatémala et à San-Salvador, nouvelles secousses. Pendant le mois, elles continuèrent dans la première de ces deux villes. (Perrey.)

245. — 1854. 8 mai, IVh.

Fort, mais court tremblement de terre qui mit l'alarme à Cojutepeque, et renversa pas mal de pans de murs à San-Salvador. (Alcance al nº 2 del *Boletin extraordinario del Salvador,* del 10 de mayo ; Perrey, Cornette.)

246. — 1854. Avant le 11 mai.

Plusieurs tremblements de terre ressentis à Granada depuis peu de temps. (*Bermuda Royal Gazette,* du 11 mai; Poey, Perrey.)

247. — 1854. 17 mai.

Vaine tentative d'ascension de l'Izalco par le Dr Wagner.

248. — 1854. 1er juin, XXIIIh.

A San-Vicente, une secousse. (Le P. Cornette, *l. c.;* Perrey.)
Le volcan de Chirriqui était alors, dit-on, très actif. Cela me paraît fort peu vraisemblable.

249. — 1854. 5 juin.

Ruine de Jamiltepeque, dans l'Etat mexicain d'Oaxaca. — Ce tremblement de terre et ceux qui le précédèrent et le suivirent semblent avoir affecté le Guatémala ; c'est pourquoi je donne ce fait. On remarquera combien peu de secousses sont communes aux deux régions, ce qui nous confirme dans notre manière de voir, à savoir que l'isthme de Tehuantepec constitue une lacune volcanique et sismique dans la grande chaine des Andes.

250. — 1854. 11 juin, XIVh.

Au Salvador, assez violent tremblement de terre. — Il n'y eut pas de dégâts à San-Salvador, mais à San-Vicente la tour de la cathédrale fut en partie

19

renversée, et à Chinameca Texacuangos, centre probable de l'ébranlement, l'église, le cabildo et le presbytère tombèrent. A Cojutepeque, on ressentit encore quelques faibles secousses. C'est à tort que Perrey fait ruiner les villes de Cojutepeque, San-Vicente et Chimanca (?).

251. — 1854. 18 juin.

Commencement d'une série de tremblements de terre au Salvador et surtout dans le département de San-Miguel, où elles furent nombreuses. Je n'ai pu en fixer la durée. Il en résulta, près d'Estanzuelas, non loin du Rio Lempa, un assez considérable éboulement de roches trachytiques et basaltiques, d'après le « *Informe sobre el hundimiento de tierra que tuvó lugar en el departamento de San Miguel,* 22 de julio de 1854; J.-J. Samayoa y Eduardo Reta. » (Ce département allait alors jusqu'au Rio Lempa.) (J.-E. Guzman.)

252. — 1854. 4 juillet, XI^h 1/2.

A David, forte secousse au milieu d'un furieux ouragan. (Perrey.)

253. — 1854. Du 12 au 31 juillet.

Tremblements de terre à Guatémala, Amatitlan, Escuintla, La Antigua, d'après Perrey, et les observations météorologiques de Scherzer, publiées dans la *Gaceta de Guatemala,* du 21 juillet. Les secousses les plus notables furent les suivantes :

14 juillet. VII^h 45'. Très forte secousse de l'E. à l'O.
    IX^h.
15 id. XXIII^h 15' (Perrey), ou 20' (Scherzer). Secousse oscillatoire de 2''
    de durée et de direction S.-N.
    Le même jour, deux autres chocs.
16 id. V^h 30' (Perrey), ou V^h 50' (Scherzer). Secousse horizontale moins
    forte que la précédente et de même direction.
    Le même jour, deux autres chocs.
17 id. VI^h, XI^h, XIII^h 45', XIII^h 46'.
    XIII^h 48'. Secousse horizontale assez forte et de même direction.
    XIV^h 30', XVI^h 45', XVI^h 50'.
    XVI^h 58'. Mouvement horizontal très fort, venant du nord.
    Durée : 1''.
    XVIII^h 30', XXI^h 30', XXII^h.

Il y eut ce jour-là de nombreuses autres secousses plus faibles, et le mouvement était assez fréquent pour que plusieurs personnes éprouvassent le sentiment de mal de mer. Le temps était extraordinairement clair pour la saison. Le même jour, nombreux chocs à Mejico, mais à des heures totalement différentes, de sorte qu'on ne peut établir aucune corrélation entre les deux faits.

18 juillet. V^h. Secousse, désastreuse (?) d'après Perrey. Le même jour, huit autres secousses. Le soir, à XX^h, un violent orage, chose peu surprenante pour cette époque de l'année.

Du 25 juillet au 4 août, quelques petites secousses se firent sentir aux localités précédemment indiquées, et en outre à Jutiapa et Santa-Rosa, ce qui indiquerait un déplacement du foyer de l'ébranlement, phénomène fréquemment observé en divers lieux du globe pendant les séries tant soit peu nombreuses de secousses.

26 juillet. XIX^h 30'.

Le 1er août, dans la matinée, on comptait alors déjà soixante-treize secousses. Presque toutes avaient été horizontales et de direction S.-O. N.-E.

Je n'ajoute guère foi à l'observation très singulière donnée très sérieusement par l'*American Daguerrian Gallery*, d'après laquelle l'efficacité des bains de mercure dans les préparations photographiques aurait été très irrégulière les jours de secousses et presque nulle au moment des chocs les plus notables.

254. — 1854. Août.

Ascension du Pacaya par Moritz Wagner. — Le cratère était en partie recouvert d'une riche végétation. Cependant il s'en échappait une légère vapeur qu'on ne remarquait pas des villes voisines, même avec une très bonne lunette. (*Petermann's geogr. Mittheilungen*, 1862, XI, 409 ; Perrey.)

255. — 1854. 4 août, XXIII^h 30'.

Très fort tremblement de terre de deux secousses à San-José de Costarica et à Cartago. — Le mouvement fut de trépidation et dura deux minutes, avec une intensité parfaitement uniforme, fait assez peu fréquent. Quelques autres légères secousses se firent sentir jusqu'au lendemain à V^h. Tout l'isthme fut secoué par le choc principal, qui fut signalé d'Aspinwal (Colon) à Rivas et sur les côtes des deux océans. Santo-Domingo et Barba furent les seules localités éprouvées, et encore légèrement. Sur le Pacifique, il se produisit un éboulement assez considérable à une falaise du golfe Dulce. Le 5, au Costarica et au

Nicaragua, le 6 et le 7, au Costarica seulement, on ressentit encore des secousses, mais fort légères. (*Gaceta de Costarica*, n⁰ 296 ; Perrey.)

256. — 1854. 8 août.

Décret transférant la capitale du Salvador dans la plaine de Santa-Tecla sous le nom de Nueva San-Salvador. — Le 8 février 1855, un vote des Chambres transforma ce décret en loi, et l'on commença petit à petit l'édification de la nouvelle ville. Mais les habitants furent aussi obstinés et peu intelligents que ceux de Guatémala après le désastre de 1773, et par la force des choses San-Salvador redevint capitale, tandis que sa rivale naissante, située dans une région fraîche, salubre et à l'abri des tremblements de terre, n'a pu former qu'un agréable *sanitorium* en temps de fièvre jaune et est devenu simplement le séjour des familles riches et des dégoûtés de la politique.

257. — 1854. 14 août.

Tremblement de terre à Guatémala. — Il avait été précédé la nuit d'avant de nombreux retumbos venant, comme le vent régnant d'alors, du N.-E.

258. — 1854. 1ᵉʳ septembre, Xʰ.

Une secousse à Panama et à Washington, Nouvelle-Grenade. Je ne connais pas cette seconde localité. (Perrey.)

259. — 1854. 2 septembre.

Les secousses continuent à San-Salvador. (Perrey.)

260. — 1854. 11 septembre.

A San-Salvador, une secousse comparable à celles d'avril. Donnée par Perrey et une lettre de San-Salvador insérée dans la *Gaceta de Guatemala*, elle n'a pas été confirmée par la *Gaceta del Salvador*.

261. — 1854. 17 octobre, IIIʰ 45'.

Fort tremblement de terre à San-Salvador et ses environs, notamment Cojutepeque. (Perrey.)

262. — 1854. 24 octobre, XXIIʰ 20'.

A Guatémala, tremblement de terre doux et prolongé, mais sans dommages. (*Gaceta de Guatemala*, du 27.) Perrey donne sept secousses pour ce jour-là.

263. — 1854. 24 novembre. Dans la matinée.

Fort tremblement de terre à Cojutepeque. — D'après Perrey, il fut senti à San-Vicente, et il y eut sept chocs distincts à San-Salvador.

264. — 1854. 26 novembre, I[h].

Fort tremblement de terre, qui causa des dégâts dans les maisons que l'on commençait à relever à San-Salvador. Il y eut une vingtaine de blessés. Les secousses, mais plus faibles, continuèrent pendant quelques jours avec de forts retumbos. (Rapport officiel du gouverneur de San-Salvador.)

265. — 1854. 26 novembre, VI[h].

Une secousse à San-Vicente. (Perrey.)

266. — 1855. 2 janvier.

Quatre secousses à Granada, d'après Mérian et Poey. — Perrey donne la première à VI[h] et la quatrième à XVII[h], celle-ci très violente, dit-il. Ce même sismologue signale la continuation de la grande activité du Masaya, tandis que Kluge, avec son exagération habituelle, donne pour cette date une éruption de ce volcan.

267. — 1855. 12 janvier, XIX[h].

A San-Marcos (Guatémala), une forte et longue secousse, que le public attribua au volcan de Tacaná, lequel se mit alors à lancer de la fumée blanche. Sur ses flancs s'ouvrirent diverses crevasses. Les tremblements de terre continuèrent pendant quelques jours. D'après Rockstroh et Kluge, le volcan précité aurait eu alors une petite éruption qui serait la seule connue.

268. — 1855. Janvier.

Série de tremblements de terre à Quetzaltenango. — Elle commença avec les premiers jours du mois. Un grand nombre des secousses étaient accompagnées de retumbos et de détonations. Les plus notables furent celles du 18, à XX[h] et à minuit. Dès lors, elles se succédèrent à de très courts intervalles jusqu'à l'aube du 19. Le 26, de très grand matin, il y eut deux fortes secousses. Les villages de Cantel et de Zunil souffrirent assez, et comme le volcan de Zunil manifestait alors une assez grande activité, on lui attribua tout. (*Informe de una comision oficial de la municipalidad de Quetzaltenango; Gaceta de Guatemala*, febrero de 1855; Perrey.)

269. — 1855. 10 février.

Les secousses continuaient à San-Salvador à de courts intervalles, mais moins violentes qu'antérieurement. (Perrey.)

270. — 1855. 14 et 15 février.

Le 14, XXIII^h.
Le 15, { Entre III et IV^h. } Légers tremblements de terre à Cojutepeque.
       { XIV^h. }

(*Gaceta del Salvador*, del 22 de febrero de 1855.) Ils furent sentis plus fortement à San-Salvador avec de forts retumbos, et ils s'y continuèrent pendant la troisième semaine du mois. Enfin, il y eut dans les derniers jours de février quelques petites secousses à San-Salvador et à Cojutepeque.

271. — 1855. 6 mars.

Quelques petites secousses à San-Vicente et à Cojutepeque.

272. — 1855. 10 avril, IV^h (précises).

Forte secousse à San-Salvador.

273. — 1855. 12 avril.

A San-Marcos (Guatémala), violentes secousses qui durèrent plusieurs secondes ; à la suite d'une d'elles, le volcan éteint de Tacaná fit de nouveau éruption et lança d'épaisses colonnes de fumée blanche accompagnée de fortes explosions. Nous avons déjà signalé un phénomène semblable au 12 janvier. (Perrey.) L'éruption ne me semble pas certaine, loin de là, quoiqu'elle soit donnée aussi par Kluge.

274. — 1855. 6 mai.

Le Dr Karl Hoffmann visite l'Irazù ; le volcan lançait beaucoup de vapeurs et faisait entendre de forts bruits souterrains. Un de ses compagnons, don Manuel Vedoya, qui avait visité le volcan deux ans auparavant, lui assura qu'il s'y était opéré de grands changements. Il supposait qu'ils avaient eu lieu lors du tremblement de terre du 4 août 1854. Le Dr Hoffmann a vu aussi trois fortes colonnes de fumée qui s'élevaient du Turrialba. (Perrey.) Kluge donne pour cette date une double éruption des deux volcans, mais cette fois, rendons-lui cette justice, avec un point de doute.

275. — 1855. Juillet.

Le 7, XII^h.
Le 9, X^h. } Légères secousses à Guatémala, Amatitlan et La Antigua.

276. — 1855. 26 juillet. De très grand matin.

Fort tremblement de terre à Quetzaltenango. (Rockstroh.)

277. — 1855. Du 25 septembre au 13 octobre.

Le 25 septembre, à Trujillo (Honduras), commencement de secousses qui furent accompagnées de brillants éclairs par un ciel serein et ne finirent qu'avec la pluie calme et abondante qui tomba le 13 octobre.

A la première secousse du 25, le *Simpronius*, qui se trouvait dans la baie, fut tout à coup soulevé et retomba brusquement comme une masse de plomb, en faisant jaillir les eaux tout autour de lui. Ce phénomène se renouvela avec plus ou moins de force pendant les dix-sept jours que le bâtiment resta dans la baie par une profondeur de 7 à 13 brasses. « Notre bâtiment, ajoute le P. Cornette, semblait s'élever lorsque nous entendions le bruit sourd venir lentement de l'E.-S.-E.; le mouvement s'accroissait rapidement à mesure que le bruit approchait, puis semblait abandonner le bâtiment à lui-même et diminuait d'intensité lorsque celui-ci passait à l'O.-N.-O. »

Pendant son séjour à Trujillo, en septembre et octobre, le P. Cornette nota trente et un tremblements, durant lesquels le baromètre ne varia pas; le mercure ne baissa que quand les pluies commencèrent et mirent fin aux secousses.

On voit, dans ce dernier passage, le savant P. Cornette donner tacitement son approbation aux croyances populaires, qui établissent une relation directe entre les phénomènes sismiques et météorologiques, et que nous avons réfutées dans l'introduction.

Kluge donne des secousses les 24 et 25 septembre. (Perrey.)

278. — 1855. Du 28 au 30 septembre.

Eruption du volcan de Fuego.

Le 28, à I^h, le volcan de Fuego se mit à rejeter une quantité considérable de lave. A l'aube, on vit s'élever de son sommet une immense colonne de fumée qui prit une extension égale à la hauteur, cependant fort grande, de la montagne. A XI^h, la fumée diminua et prit une teinte plus foncée, jusqu'à ce qu'au soir (poco antes de las oraciones) le volcan fût caché à la vue des gens qui l'observaient de Zacatepequez par les nuages poussés par le vent du sud. Cela dura jusqu'après XXII[h], alors que les nuages se dissipant, on put de nouveau voir la lave descendre jusqu'au pied du volcan. A I[h], le 29, au milieu de retumbos terribles, la lave était projetée à une grande hauteur et retombait en partie dans le cratère. Ce paroxysme ne dura guère qu'une couple d'heures, et le cours de la lave reprit sa régularité antérieure. Le reste du jour on revit la fumée de la veille, mais la nuit, peu après minuit, tout rentra dans l'ordre. (*Informe del corregidor del departamento de Zacatepequez.*) Quoique les tremblements aient été nombreux et violents dans le voisinage du volcan, ils ne causèrent cependant aucun dommage. (Rockstroh, Dollfus et de Montserrat.)

279. — 1855. 11 novembre, X[h].

A la Antigua Guatémala, une faible secousse ressentie également à la Nueva Guatémala. (P. Cornette, *l. c.;* Perrey.)

280. — 1855. Décembre.

Petite éruption du San-Miguel. — C'est à tort que la *Gaceta de Guatemala* annonça en même temps la ruine d'un faubourg de la ville de même nom.

281. — 1855. Du 1er au 15 décembre.

Une série de tremblements de terre assez nombreux, et probablement en relation avec le phénomène précédent, alarma les habitants de San-Miguel, San-Vicente et Cojutepeque.

282. — Vers 1856.

Dollfus et de Montserrat disent que le volcan d'Atitlan eut une éruption une dizaine d'années avant leur voyage, qui eut lieu en 1866. N'ont-ils pas confondu avec l'éruption du volcan de Fuego en septembre 1855 ?

283. — 1856.

D'après Calderon y Aranà et Belly, le Masaya eut cette année-là une éruption composée principalement de pierres énormes de quartz et quartzites aurifères (?), et qui dans l'espace de douze jours consécutifs édifia une colline de 250 à 300 mètres de hauteur. (Voir au commencement de décembre 1856.)

284. — 1856. 9 janvier.

Le volcan de Fuego lança des laves et des cendres magnétiques (10 °/o de fer) qui vinrent tomber jusqu'à San-Agostin Acasaguastlan et Tocoy, ce dernier point à 150 kilomètres du volcan. La pluie de cendres commença le 9, à XIII[h], et dura toute la nuit du 10 au 11, endommageant les exploitations de cochenille. (Observatorio del seminario de Guatemala ; Dollfus et de Montserrat, Rockstroh.) C'est par erreur que Kluge donne la date du 8 et Perrey celle du 10. Il faut préférer celle du 9, qui est celle de l'observatoire.

285. — 1856. 13 janvier.

Tremblement à Santa-Marta (Amérique centrale). (Perrey.) Où est cette localité ?

286. — 1856. Du 1er au 7 mars.

Le volcan de Fuego lance continuellement et en très grande quantité de la fumée blanche par le côté sud. (Observ. del Sem.)

287. — 1856. 31 mars, XX[h] 37'.

A Guatémala, tremblement de terre oscillatoire du N.-N.-E. au S.-S.-O. Il dura une minute. (Obs. del Sem.) Ce fait est faussement rapporté au 21 par Perrey, d'après le P. Cornette.

288. — 1856. 5 mai.

Violentes secousses à Belize et Omoa. (Perrey.)

289. — 1856. 10 mai.

Une secousse au Costarica. (Perrey, Falb.)

290. — 1856. Du 24 au 29 mai.

Le volcan d'Izalco était en pleine activité pendant une relâche du navire anglais *Havana* à Acajutla. Il n'y a pas de phare, dit le capitaine Harvey, qui donne une meilleure lumière. (*Nautical Magazine*, july 1860, p. 359 ; Perrey.) S'agit-il d'une activité plus grande que celle ordinaire, c'est ce qu'il est difficile de décider.

291. — 1856. 26 juillet, XIII^h.

A Guatémala, une faible secousse de deux secondes de durée : elle fut forte
au pied du Pacaya, qui, depuis des années, n'est plus qu'une source d'eau
bouillante *(sic)*. (P. Cornette, Perrey.)

292. — 1856. 4 août, XVII^h.

Ruine d'Omoa. — Une seule secousse inopinée détruisit presque complètement ce port. Beaucoup de crevasses s'ouvrirent dans les murs de la fameuse
et antique citadelle espagnole et dans tout le pays à douze lieues à la ronde,
entre les barres des Rios Tinto et Ulua. La mer se retirant et revenant ensuite
sous l'influence de la secousse, augmenta beaucoup les dégâts. On remarquera
en passant que c'est un des rares exemples connus de vague sismique au
Centre-Amérique. Il en fut de même sur les bords de la lagune de Criba,
d'après Boscowitz commentant un récit inséré dans le n° 16 des *Westermann's
Monatschefte,* et qu'on suppose être du peintre-voyageur Heine. Mais dans un
autre passage, Boscowitz se trompe de date en donnant celle du 26 août au
lieu de celle du 4, qui est la bonne. La petite ville de San-José fut aussi ruinée.
Les tremblements de terre, quoique légers, se continuèrent toute la nuit du 4
au 5 jusqu'à VII^h du matin. La secousse principale a été conservée dans les
traditions locales des Indiens demi-sauvages du Honduras, et en particulier à
Ocotepeque (montagne des Pins), près de la frontière du Salvador. En ce
point, il semble qu'à l'époque de mon séjour dans le pays il n'ait plus tremblé
depuis. L'observatoire de Guatémala signala pour le 4, à XVI^h 47', une
secousse oscillatoire du N.-E. au S.-O. Il faut en outre, et sans hésitation,
identifier avec elle la secousse ressentie à la Jamaïque quelques jours avant
le 11 et signalée par Poey (Ann. Soc. mét. France, 1858, *Bulletin,* p. 127),
par le *New-York's Tribune,* du 15 septembre, enfin donnée aussi par Perrey
et Kluge. Ce tremblement de terre eut donc une très grande extension. (*Gaceta
de Honduras; Gaceta de Guatemala,* del 7 de diciembre; *Informe oficial del
comandante del puerto de Omoa.*) Heim (*Les Tremblements de terre et leur
étude scientifique,* trad. A. Forel) et Perrey portent à cent huit le nombre total
des secousses en une semaine, et ce dernier dit que, le 27, la terre n'avait pas
encore repris son repos.

293. — 1856. Du 14 au 30 août.

Eruption de laves et de cendres de l'Izalco.

Le 14 août, l'on commença aux environs de l'Izalco, qui depuis longtemps n'avait pas trop fait parler de lui, à entendre des retumbos plus forts et plus fréquents qu'ils ne le sont d'ordinaire. Le 16, le cratère se rompit, et il se produisit, du côté qui regarde Santa-Ana, un grand éboulement de la partie supérieure de la montagne qui, d'après le rapport officiel du commandant du département de Sonsonate et plusieurs lettres particulières, aurait alors perdu une fraction considérable de sa hauteur. Le 18, la lave commença de s'épancher dans la direction de Coatan et d'Izalco par un cratère nouveau ouvert à mi-hauteur du volcan sur son flanc sud. Le 28, elles atteignirent l'hacienda de Los Trozos, pendant que deux autres coulées menaçaient Dolores-Izalco. Pendant ce temps, les cendres abîmaient les plantations de Los Trozos, Los Naranjos et les villages de Juayua, Salcoatitan, Masahuat et Apaneca. Elles allèrent tomber jusqu'à Ahuachapan. Le 30, les laves avaient cessé de couler, mais non les cendres de tomber, ce qu'elles continuèrent de faire pendant quelques jours encore. (*Gaceta del Salvador,* del 28 de agosto de 1856; Fuchs.) Dollfus et de Montserrat donnent aussi cette éruption et fixent à 1856 l'apogée de l'activité de l'Izalco toujours croissante depuis 1817.

294. — 1856. 29 et 30 août.

Le volcan de Fuego lance plus de fumée que de coutume. (Obs. del Sem.)

295. — 1856. 14 octobre, 11^h.

Tremblement de terre très sensible et oscillatoire du S. au N. ou du S.-E. au N.-O. (Obs. del Sem.) C'est la veille que le P. Cornette avait déduit la longitude de Guatémala de l'observation d'une éclipse de lune. Il donne III^h 45'. (*Gaceta de Guatemala,* del 6 de noviembre; Perrey.)

296. — 1856. 22 octobre, XV^h.

Secousse du N.-N.-E. au S.-S.-O. à Guatémala. (Sources du fait précédent.)

297. — 1856. Novembre.

Pendant ce mois, on entendait des retumbos en plusieurs points du Guatémala. (Obs. del Sem.; *Gaceta de Guatemala,* del 14 de diciembre.) Perrey et le P. Cornette en citent un le 18, à IX^h, qui aurait été entendu de Guatémala aux montagnes de Copan.

298. — 1856. Courant de décembre.

Ascension du Pacaya, par le P. Cornette, de l'observatoire du séminaire de Guatémala. Les mesures de hauteur qu'il exécuta permirent à Dollfus et de

Montserrat de prouver, par leur égalité avec celles qu'ils obtinrent eux-mêmes lors de leur ascension en mai 1866, que ce volcan éteint ne jouit pas, comme on le croit généralement dans le pays, de la propriété de croître lentement. Des opérations au théodolite m'ont de même permis, en collaboration avec le capitaine Touflet, de détruire un préjugé semblable relatif au San-Jacinto, près de San-Salvador.

299. — 1856. Commencement de décembre.

Violente éruption du Nindiri, avec d'énormes colonnes de vapeurs s'échappant de son cirque et de forts tremblements de terre. (Dollfus et de Montserrat.) Il doit s'agir du Masaya.

300. — 1856. Commencement de décembre.

Très fortes secousses au Salvador. — Une partie de Cojutepeque fut renversée, et il y eut des maisons détruites à San-Salvador. (Perrey, Kornhuber; *Allgemeine Zeitung*, 1858, n° 7, p. 104.)

301. — 1856. 8 et 9 décembre.

À Guatémala :

Le 8, VII^h 16', retumbo avec un léger tremblement.

Le 9, X^h 55', tremblement assez fort qui dura dix secondes. Il fut surtout de trépidation et sur la fin d'oscillation du N.-E. au S.-O. Cependant le pendule du sismographe resta immobile. Il y eut en outre trois secousses peu sensibles à XI^h 40', XII^h 4' et XII^h 6'. (*Gaceta de Guatemala*, del 19 de diciembre; Perrey.) Le P. Cornette donne ailleurs et par erreur les dates des 9 et 10. Il ajoute que le sol resta en repos jusqu'en juin 1857.

302. — 1857.

D'énormes colonnes de fumée et de vapeur s'échappent du cirque du Nindiri, d'après Dollfus et de Montserrat. Là encore, je pense qu'il faut rapporter cette activité au Masaya.

303. — 1857. 13 janvier, XXII^h 15'.

À Panama, deux secousses consécutives, dont la dernière fut très sensible. Elles semblaient venir du sud. (Perrey.)

304. — 1857. Janvier, nuit du 15 au 16.

Le volcan de Fuego lançait beaucoup de fumée par une atmosphère très calme. (Ob. del Sem.; Perrey.)

305. — 1857. 16 et 17 février.

Éruption du volcan de Fuego.

Le mieux sera de traduire les deux documents suivants : une lettre écrite d'Escuintla en date du 18, et une note du P. Canudas, de l'observatoire du séminaire, et insérées respectivement dans la *Gaceta de Guatemala*, des 22 et 26 :

I. « Nous sommes arrivés le 16, à VII^h 1/2, à Amatitlan, d'où nous
» sommes partis à IX^h pour Palin. A peine avions-nous doublé l'extrémité de
» la montagne, que le volcan de Fuego s'offrit à notre vue; au-dessus du pic
» qui est le plus au sud s'élevait verticalement une colonne de fumée en forme
» de panache. Une partie était très obscure et le reste d'un blanc resplen-
» dissant. Par intervalles on entendait des détonations assez fortes, sem-
» blables à des coups de canon.

» La colonne de fumée augmentait à chaque instant et resta verticale pen-
» dant une vingtaine de minutes. Il commença alors à souffler un léger vent
» du nord, qui l'inclina vers le sud, de sorte qu'elle perdit graduellement de
» sa hauteur et de sa beauté.

» Le vent soufflant avec plus de force, la fumée qui sortait du cratère
» s'étendit horizontalement vers le sud. A cette heure, XI^h, les détonations
» ou tonnerres du volcan étaient plus fréquents, et dans les intervalles de
» l'un à l'autre, on entendait un bruit monotone et continu. Nous arrivâmes
» à Escuintla à XI^h 1/2. Le bruit et la fumée augmentaient. On ne vit pas
» de feu au commencement de la nuit; mais il devint visible avant que le
» jour parût.

» Le 17, au matin, on reconnut que la quantité de fumée était beaucoup
» plus considérable que la veille. Elle s'élevait par moments bien au-dessus
» du cratère, mais en s'inclinant toujours vers le sud. A VIII^h, le bruit continu
» était plus fort et les retumbos se répétaient plus fréquemment. Cet état dura
» tout le jour. A l'entrée de la nuit, le feu s'aperçut parfaitement. On dis-
» tinguait de grandes illuminations passagères (llamaradas) au milieu de
» beaucoup de fumée. On reconnut un courant de lave incandescente, d'un
» éclat très vif, qui descendit sur la pente de la montagne. Le cratère mani-

» festait alors la plus grande activité, il projetait avec la plus grande impé-
» tuosité des matières enflammées et lumineuses dans toutes les directions,
» comme un immense bouquet de feu d'artifice. Les matières projetées étaient
» probablement de grandes masses de pierres incandescentes, d'une couleur
» rouge, qui, en retombant, roulaient avec une grande rapidité sur les flancs
» du volcan.

» Le courant de lave, qui courait vers le sud, cessa par moments et perdit
» graduellement de son éclat, ainsi que la grande bouche d'où on le voyait
» s'échapper.

» A XX^h 1/2, l'éruption de feu avait beaucoup perdu de sa force primitive,
» mais le bruit continu paraissait plus fort.

» Un peu avant XXI^h, on aperçut, dans un autre point peu éloigné de la pre-
» mière bouche, une explosion de feu plus grande que les précédentes et avec
» de très forts retumbos ; on remarqua alors un grand courant de lave qui se
» dirigeait vers le nord ; il se divisa à peu de distance de sa source et forma
» deux immenses rivières de feu qui suivirent chacune une direction différente.

» Ce fut alors un spectacle aussi surprenant que magnifique. La scène
» changeait à chaque instant, de sorte qu'il eût été impossible de la peindre ;
» la forme variait à chaque instant, le feu augmentait ou diminuait à la sortie
» de la source, descendait comme un liquide et s'étendait plus ou moins,
» suivant la surface du terrain qu'il rencontrait. Nous restâmes à l'admirer
» jusqu'à XXII^h.

» Aujourd'hui 18, l'atmosphère était très chargée, et c'est à peine si, à de
» courts intervalles, on a pu voir le pic du volcan, qui lançait encore de la
» fumée, mais incomparablement moins qu'hier.

» Le bruit a cessé, les retumbos ne sont ni si fréquents, ni si forts qu'hier.
» Nous attendons la nuit avec l'espoir de voir quelque chose de plus. A
» l'heure qu'il est, XIII^h, le volcan est entièrement couvert de nuages, il
» souffle une légère brise du sud. »

II. « Le 15, dans la soirée, on observa une légère colonne de fumée qui,
» quoique insignifiante, ne laissa pas que d'attirer l'attention. Un léger vent
» du S.-S.-O. régnait dans l'atmosphère.

» Le 16, de grand matin, on distingua une épaisse colonne de fumée, mêlée
» de vapeurs, formant comme un cône tronqué, qui reposait sur le volcan par
» sa petite base. Le volcan ne présenta aucun phénomène nouveau dans le
» courant du jour, pendant lequel le vent fut très variable. Le vent tomba
» dans la nuit.

» Le 17, à VII^h, le volcan commença à lancer une énorme colonne de
» fumée noire et de vapeurs avec une violence extraordinaire; il s'en formait
» des nuages énormes qui offraient les formes les plus bizarres. On entendit
» des détonations répétées dans les environs de la capitale. Le volcan resta
» découvert jusqu'au milieu de la matinée, époque à laquelle les nuages de
» fumée et les cendres qu'il vomissait sans doute, le couvrirent entièrement.
» Dans la soirée, le nuage noir, qui s'était étendu du volcan sur une grande
» partie du ciel, parut aller en se retirant sur le volcan lui-même, et présen-
» tant toujours un aspect sombre et menaçant. A XVIII^h, on commença à dis-
» tinguer une grande masse de feu que le volcan vomissait probablement
» depuis déjà un certain temps. A mesure que l'obscurité de la nuit avançait,
» le feu paraissait augmenter. Au commencement il avait paru subir des inter-
» ruptions à de courts intervalles, mais depuis XVIII^h 1/2 jusqu'à XXII^h, que
» je me retirai, il fut constamment visible. La colonne de feu que vomissait
» le volcan était énorme. En admettant que le volcan soit à une distance de
» 43,518^m (ou 7 lieues 1/2) en ligne droite, et, d'après les hauteurs appa-
» rentes de la colonne ignée qui, vue du collège, soustendait un angle d'en-
» viron 49', il résulterait que la colonne de feu avait environ 620^m, ou
» 775 vares.
» Le 18, à IV^h, le volcan était entièrement couvert, on n'y voyait aucun
» indice de feu. Pendant le jour, on put l'apercevoir à divers intervalles, il
» semblait rejeter des cendres. Le ciel resta couvert d'un nuage léger et chargé
» de beaucoup de nuages d'un gris cendré qui lui donnaient un aspect triste.
» Les jours suivants, l'atmosphère est redevenue pure, mais d'une manière
» lente et progressive. »

306. — 1857. 4 mars.

Le volcan de Fuego rejette beaucoup de fumée et de vapeurs. (Obs. del Sem.;
Perrey; *Gaceta de Guatemala*, del 19 de marzo.)

307. — 1857. Mars. Dans les après-midi du 9 et du 11.

Le volcan de Fuego se couvre d'un immense panache de fumée. (Mêmes
sources que précédemment.)

308. — 1857. 3 juin, II^h 14'.

A l'observatoire du séminaire de Guatémala, une faible secousse de cinq à
six secondes et de direction N.-N.-E. à S.-S.-O. (P. Canudas, Perrey.)

309. — 1857. 19 juin.

A l'observatoire de Guatémala :

IX^h 54'. Tremblement très fort du N.-O. au S.-E. et sans bruit.
XXI^h 15'. Autre tremblement assez fort, avec retumbo.
(Canudas, Perrey.)

310. — 1857. 15 juillet, VII^h.

A l'observatoire de Guatémala, un léger tremblement de deux secondes,
sans oscillation. (Canudas, Perrey.)

311. — 1857. 17 août.

Petite éruption du volcan de Fuego. (Perrey, d'après je ne sais quelle
source.)

312. — 1857. 16 septembre, V^h 1/2.

A l'observatoire de Guatémala, léger tremblement de quatre à cinq secondes
et du S.-S.-O. au N.-N.-E. (*Gaceta de Guatemala,* del 25 de setiembre ;
Canudas, Perrey.)

313. — 1857. 6 et 7 octobre.

Le volcan de Fuego lance une grande quantité de fumée blanche. (*Gaceta de
Guatemala,* del 14 de octubre ; Perrey.)

314. — 1857. 14 octobre, VI^h.

A l'observatoire de Guatémala, léger tremblement de trépidation, qui dura
une seconde. (*Gaceta de Guatemala,* del 27 de octubre ; Perrey.)

315. — 1857. Du 5 au 10 novembre.

Tremblements de terre au Guatémala, au Salvador et au Nicaragua, en
même temps qu'une très grande activité du San-Miguel et du Masaya.

J'ai eu fort à faire pour démêler et faire concorder le grand nombre de
documents qu'on possède sur cet événement. Je puis cependant offrir comme
très approchée de la vérité la suite suivante de phénomènes, qui est celle qui
fait le mieux concorder les divers récits.

Le 5, à VII^h 1/2, une secousse à Guatémala.

Le 6, la grande secousse, qui s'étendit de Guatémala au Rio Lempa, eut lieu entre XI[h] et midi. A San-Salvador et à Cojutepeque surtout, elle causa une grande panique. La région la plus éprouvée fut celle des villages de San-Juan Nonualco, Analco et San-Pedro Perulapam. L'effroi fut grand, d'autant plus qu'à peine était-on sorti des maisons, que l'on éprouva une nouvelle secousse presque aussi forte. Caceres place avec raison le foyer de l'ébranlement dans la montagne volcanique de Cus-Cus, près du lac d'Ilopango, et qui joue dans les traditions cuscatèques le rôle du mont Ararat. Il est à remarquer que cette grande secousse ne fut point ressentie à San-Miguel, d'après une affirmation formelle du vice-consul de Prusse en cette ville, dans une lettre datée du 9 et insérée dans le « *Zeitschrift für Allgemeine Erdkunde, N. F., t. IV, p. 155,* » et à laquelle nous n'avons pas de raison de ne pas croire, cette limitation des secousses salvadoréniennes à la vallée du Rio Lempa n'étant point un fait isolé. De grands éboulements se produisirent dans le Cus-Cus, ainsi que de grandes crevasses. Le toit de l'église d'Analco tomba et la chapelle del Carmen dans l'église de San-Pedro Perulapam s'écroula. Dans les villages précédemment cités, les maisons solidement construites furent celles qui souffrirent le plus. Il ne semble pas y avoir eu de victimes.

D'après Kluge et le même consul, le San Miguel rejeta ce jour-là du feu, des cendres et de la lave. Les Indiens observèrent sur ses flancs la formation d'une grande crevasse. Cette coïncidence, jointe à la non-perception des secousses à San-Miguel, constitue un fait très remarquable.

De XI[h] 1/2 à XVII[h], on ressentit, à Cojutepeque et à San-Vicente, six secousses, dont quatre fortes, et à San-Salvador autant, dont quatre à peine sensibles.

De XVII[h] à XX[h] 1/2, deux secousses d'intensité moyenne dans toute la même région.

A XX[h] 1/2, une très forte secousse.

Dans la nuit, deux petites secousses à Cojutepeque.

Enfin une secousse moyenne le 7, à VII[h] 1/2.

Ce même jour, on en sentit deux nouvelles à Guatémala, à X[h] 56' (et non 46') et à XI[h].

A la même époque (mais sans que les documents permettent de fixer le jour), le Masaya eut une éruption de feu, de laves et de cendres, qui causa de très grands dégâts dans les haciendas des environs de Masatepeque.

Dans la région du lac d'Ilopango, les secousses ont continué jusqu'au 10.

(Caceres (*Las Ruinas :* Alfredo Alvarado); *Gaceta del Salvador,* del 7 de noviembre; *Carta anonima de Cojutepeque; Gaceta de Guatemala,* del 13 de noviembre; Rockstroh, Perrey, Kluge, Rojas.)

C'est par erreur que Kornhuber (*Allgemeine Zeitung,* 1858, n° 7, p. 104) et Perrey donnent la date du commencement de décembre, et ce dernier encore le 6 octobre, pour un temblement qui aurait détruit une partie de la ville de Cojutepeque.

316. — 1858.

Le Nindiri lance d'énormes colonnes de fumée avec des tremblements de terre, d'après Dollfus et de Montserrat. Il y a probablement lieu de rapprocher ce fait des chocs ressentis au Nicaragua en avril et mai 1858, ou mieux à ceux de novembre 1857. En tout cas, il est à présumer que là encore ces deux géologues ont confondu le Nindiri avec le Masaya.

317. — 1858.

D'après Dollfus et de Montserrat, en cette année le Momotombo se reprend d'une activité qui n'avait point encore diminué à l'époque de leur voyage (en 1866).

318. — 1858.

En cette année, un tremblement de terre détruit l'église d'Ascension-Mita. (*Gaceta de Guatemala,* del 6 de febrero de 1859.)

319. — 1858. 3 janvier, X^h 15'.

Très léger tremblement à Guatémala. (Rockstroh, P. Canudas, Perrey.)

320. — 1858. 14 janvier, VI^h 7' et XI^h 5'.

A l'observatoire de Guatémala, deux légers tremblements, le premier de quatre à cinq secondes, et le second avec un retumbo. (P. Canudas, Perrey.)

321. — 1858. 16 janvier, III^h 44'.

A l'observatoire de Guatémala, choc assez fort, qui dura environ deux secondes et de direction S.-E. à N.-O.

A V^h 13', autre secousse de deux secondes aussi, mais plus faible. (P. Canudas, Perrey.)

322. — 1858. 6 février.

M. Foote, consul anglais à Sonsonate, a vu l'Izalco lancer une forte colonne de fumée noire ; elle fut suivie d'un bruit souterrain semblable au tonnerre.

Le lendemain, il visita le cratère de l'Apaneca. (*Zeitschrift für Allgemeine Erdkunde*, Neu F., t. IX, pp. 480-481.)

Faut-il supposer que, pour que M. Foote ait pris la peine de signaler ce fait, il fallait à cette époque que l'Izalco ne jouit pas du régime strombolien de l'époque actuelle, ou penser que cette colonne de fumée était d'intensité et de durée anormales? c'est ce que je ne puis décider.

323. — 1858. 2 et 3 avril.

Tremblements à Guatémala, d'après le P. Cornette. Perrey fixe celui du 2 à XV^h 4'.

324. — 1858. 22 avril, VI^h 29'.

A l'observatoire de Guatémala, fort tremblement de terre de trépidation, de trente-cinq secondes de durée et de direction N.-E. à S.-O. avec un retumbo. (*Gaceta de Guatemala*, del 29 de abril; Perrey.)

325. — 1858. 24 avril, III^h 14'.

Fort tremblement de trois secousses, de direction N.-E. à S.-O. et de quarante secondes de durée. — Il fut senti à l'observatoire de Guatémala, à La Antigua, Amatitlan, Escuintla et au Salvador jusqu'à Cojutepeque. A Escuintla, où il fit quelques dégâts peu importants, il fut suivi d'un autre plus faible. En cette localité, il continua de trembler jusqu'au 30, au rapport du corrégidor du département. (*Gaceta de Guatemala*, del 6 de mayo de 1858; Perrey.)

326. — 1858. Avril et mai.

Série d'innombrables tremblements de terre au Nicaragua. — Elle commença le 25 avril, à XIV^h, par une forte secousse qui fut signalée jusqu'à Cojutepeque et La Antigua. Le sol se mit dans un état de continuelle agitation. Dans la nuit du 10 au 11 mai, une secousse causa beaucoup de dégâts et détruisit la route entre Masaya et Granada par la réunion des talus d'une partie appelée Las Lomas, où elle était en déblai. Toutes les secousses étaient précédées de retumbos. Voir les n°s 316 et 317. (*Gaceta de Nicaragua*, del 1° de mayo; *Gaceta de Guatemala*, del 17 de junio; *El Centro-Americano*, de Granada, del 6 de junio; Perrey.) Un décret du 11 mai chargea Jeronimo Perez, l'historien de la guerre du flibustier Walker, de prendre toutes les mesures politiques et matérielles nécessaires dans le cas où la capitale serait ruinée, événement regardé comme imminent, mais qui ne se produisit point.

327. — *1858. Premiers jours de mai.*

A l'observatoire de Guatémala :

Le 1er, XV h 4'. Léger tremblement, d'abord de trépidation, puis oscillatoire,
de cinq secondes de durée et de direction de N.-E. à S.-O.

Le 2, XIV h 31'. Légère secousse de même durée et de même direction.

Le 3, Tremblement signalé sans heure par le P. Cornette, qui ne donne
pas celui du 1er.

Le 6, XV h 50'. Secousse légère de même durée et de même direction que
précédemment.

(*Gaceta de Guatemala,* 13 de mayo; P. Cornette, Perrey.)

328. — *1858. 1er juin.*

A Guatémala, une secousse. (P. Cornette, Perrey.)

329. — *1858. 19 juin.*

A l'observatoire de Guatémala :

VIII h 54'. Tremblement de terre assez fort. Direction du N.-O. au S.-E.
(Porté par erreur à IX h 54' dans l'*Annuaire de la Société météorologique de France,* pour 1861, t. IX, pp. 159-169; Obs. mét.
du P. Cornette à Guatémala.) Durée de cinq secondes.

IX h 15'. Très forte secousse avec retumbo, de même direction et de même
durée. (Perrey donne par erreur XXI h 15'.)

Le second tremblement est celui qui causa tant de désastres à Mejico, Oajaca,
Morelia et Culiacan, mais qu'il ne nous appartient pas de détailler ici, cet
événement ayant eu lieu hors du Centre-Amérique. On en trouve des relations
circonstanciées dans le *Star and Herald of Panama,* du 31 juillet, la *Gaceta
de Guatemala,* du 26 juin et du 29 août 1858, et dans Perrey.

330. — *1858. 5 juillet.*

Tremblement à Guatémala. (P. Cornette, Perrey.)

331. — *1858. 8 juillet, VI h 15', XIII h, XIII h 5', XV h et XX h 25'.*

Petites secousses de quatre à cinq secondes de durée et de direction N.-E.
à S.-O., à l'observatoire de Guatémala. (*Gaceta de Guatemala,* del 10 de julio
de 1858; Perrey.)

332. — 1858. 12 juillet.

A l'observatoire de Guatémala :

XXI^h 40'. Légère secousse de six à sept secondes et de direction N.-O. à S.-E.

XXI^h 45'. Fort tremblement de deux secousses consécutives, séparées par un intervalle de trois à quatre secondes et de direction E.-S.-E. à O.-N.-O.

XXII^h 30' (28', d'après l'Annuaire météorologique déjà cité, n° 277). Légère secousse de trois secondes et de même direction.

XXII^h 45'. Forte secousse de trois secondes.

(*Gaceta de Guatemala*, del 22 de julio de 1858 ; Perrey.)

333. — 1858. 13 juillet.

Observatoire de Guatémala :

I^h 50'. Légère secousse de trois secondes et de direction E.-S.-E. à O.-N.-O.

I^h 57'. Fort tremblement de terre de six secondes et de même direction.

II^h 12'. Assez forte secousse de six secondes et de même direction. Cette dernière n'est donnée que par l'Annuaire météorologique déjà cité, lequel donne aussi les deux premières.

(Mêmes sources que précédemment.)

334. — 1858. 19 juillet.

A l'observatoire de Guatémala :

IX^h 15'. Assez fort tremblement de terre.

X^h 54'. Fort tremblement oscillatoire très court, de direction N.-N.-O. à S.-S.-E. A la prison, un toit antérieurement en mauvais état s'écroula. Les objets suspendus oscillèrent vivement.

XXI^h 45'. Une forte secousse suivie de trois ou quatre autres plus faibles.

(*Gaceta de Guatemala*, del 26 de julio.)

335. — 1858. 21 juillet. Quelques minutes après midi.

Une secousse à l'observatoire de Guatémala, d'après les tableaux météorologiques de cet établissement. (L'Annuaire météorologique déjà cité donne XI^h 45'.) Elle fut légère et de direction E.-N.-E. à O.-S.-O.

336. — 1858. 23 juillet, XIV ʰ 33'.

A l'observatoire de Guatémala, un léger tremblement de trois secondes et de direction E.-N.-E. à O.-S.-O. Perrey et le P. Canudas (Annuaire déjà cité) donnent en plus une secousse semblable à XI ʰ 45' et un retumbo à XVIII ʰ 30'. Cet observateur aura oublié de les communiquer à la *Gaceta de Guatemala*, qui ne donne que le choc de XIV ʰ 33'.

337. — 1858. 16 août, XXI ʰ 32'.

A l'observatoire de Guatémala, léger tremblement de quinze secondes et du N.-N.-O. au S.-S.-E. Les poutres des maisons craquèrent. (P. Canudas, Perrey.)

338. — 1858. 28 août, XV ʰ 49'.

A l'observatoire de Guatémala, léger tremblement de terre de trois secondes avec un retumbo. (Canudas, Perrey.)

339. — 1858. 2 septembre. Dans l'après-midi.

A l'observatoire de Guatémala, une légère secousse du N.-N.-O. au S.-S.-E. (*Gaceta de Guatemala*, del 16 de setiembre; Perrey.)

340. — 1858. 10 novembre.

Eruption du Masaya. — D'après Calderon y Arana et Belly, elle fut de pierres énormes de quartz plus ou moins mêlé de divers matériaux, en particulier de l'or et de l'argent (?). Il s'agit évidemment là de roches sous-jacentes arrachées par l'explosion. Le volcan aurait aussi rejeté beaucoup de fumée et probablement beaucoup de cendres. (Lévy, Rockstroh, peut-être Frœbel d'après un passage peu explicite.) Le journal *El Comercio*, de Lima, du 26 avril 1859, et Perrey donnent seuls la date du 10 octobre, à XIII ʰ (voir n° 346). Les détonations furent très fortes, mais on n'eut aucun malheur à déplorer.

341. — 1858. 1ᵉʳ décembre.

Secousse à Guatémala. (P. Cornette, Perrey.)

342. — 1858. 31 décembre, IX ʰ 15' (ou 20' d'après l'Ann. mét. cité).

A l'observatoire de Guatémala, deux légères secousses séparées par un intervalle de dix secondes, de direction N.-N.-O. à S.-S.-E. et d'une durée commune de quatre secondes. (P. Canudas, Perrey.)

343. — 1859.

Eruption de l'Izalco avec épanchement de laves vers le N.-O. (Notes manuscrites de l'ingénieur don Telesforo Lois.)

344. — 1859. 16 janvier, XV^h 15'.

A l'observatoire de Guatémala, légère secousse de trois secondes et de direction N.-O. à S.-E. (P. Canudas.) Perrey donne par erreur la date du 15.

345. — 1859. 24 janvier, XVII^h 15'.

A l'observatoire de Guatémala, une très légère secousse de trois secondes et de direction N.-O. à S.-E. (P. Canudas, Perrey.)

346. — 1859. 27 janvier, XIII^h.

Le Masaya, après un terrible retumbo, lance une immense colonne de fumée et de flammes qui, poussées par un fort vent du N.-O., vont mettre le feu à la forêt de la Sierra de Masatepeque. (*Gaceta del Salvador*, del 23 de febrero de 1859, d'après une lettre du Nicaragua.) Ce document local me fait considérer comme une erreur du journal *El Comercio*, de Lima, du 26 avril 1859, la date du 27 octobre 1858, dont nous avons parlé au n° 340, et adoptée aussi par Perrey. Une lettre de von Seebach, datée de Costarica, 10 avril, et reproduite dans les *Petermann's geogr. Mittheilungen*, 1866, p. 273, donne aussi la date du 27 janvier 1859, et ajoute qu'au commencement de 1865, il s'échappait encore de la vapeur du volcan. Mais cet auteur tombe dans une flagrante exagération en traitant d'éruption ce phénomène.

347. — 1859. 29 janvier.

Décret de réinstallation de la capitale du Salvador à San-Salvador.

348. — 1859. 29 janvier.

A l'observatoire de Guatémala :

X^h 34'. Tremblement de terre très léger de trois secondes de durée et de direction N.-N.-E. à S.-S.-O.

XII^h. Léger tremblement d'oscillation semblable.

XII^h 45'. Tremblement semblable.

. La *Gaceta de Guatemala* ne donne que la secousse de XII^h. (Canudas, Perrey.)

349. — 1859. 14 février, IX^h 22' 30".

A l'observatoire de Guatémala, deux secousses légères avec un intervalle de trois secondes et la direction E.-O. (Dollfus et de Montserrat, Perrey.) L'Annuaire déjà cité donne ce tremblement de terre comme assez fort.

350. — 1859. 24 février, XX^h 19'.

A l'observatoire de Guatémala, secousse de deux secondes et de direction N.-N.-E. à S.-S.-O. (*Gaceta de Guatemala.*) L'Annuaire déjà cité, Perrey, Dollfus et de Montserrat donnent ce tremblement comme assez fort.

351. — 1859. 27 mars.

Au Masaya, phénomène semblable à celui du 27 janvier. Documents locaux en lesquels je n'ai pas une confiance illimitée.

352. — 1859. Avril.

Le Dr Frantzius a fait l'ascension de l'Irazù, et il a observé des fumerolles actives dans les décombres au pied des parois internes du cratère. (*Petermann's geographische Mittheilungen*, 1861, X, pp. 381-385 ; Perrey.)

353. — 1859. 8, 9, 10 et 11 avril.

A l'observatoire de Guatémala :

Le 8, XVIII^h 50'. Secousse à peine sensible du N.-N.-O. au S.-S.-E.

Le 9, II^h 20'. Secousse légère, allant *crescendo,* de trois secondes de durée et de même direction.

Le 10, V^h 38'. Secousse de cinq secondes et de direction E.-O. L'Annuaire déjà cité la met à V^h 58' et lui donne la direction O.-E. Comme d'autres fois, je préfère les éléments communiqués directement à la *Gaceta de Guatemala.*

Le 11, XXI^h 55'. Secousse légère, précédée d'un retumbo, de cinq secondes et de direction E.-O.

(Dollfus et de Montserrat, Perrey.)

354. — 1859. 28 mai. Dans la matinée.

A San-Salvador, tremblement de terre très fort, mais sans dommages. (*Gaceta del Salvador,* 1º de junio ; Perrey.)

355. — 1859. 17 août (?).

Eruption du volcan de Fuego, d'après Perrey. — Ce fait me semble douteux.

356. — 1859. 30 août. Dans l'après-midi.

A l'observatoire de Guatémala, légère secousse de direction S.-S.-O. à N.-N.-E. (Dollfus et de Montserrat, Perrey.) Les tremblements de terre de La Union, que nous allons décrire, ne furent point sentis à Guatémala.

357. — 1859. Du 25 août au 3 septembre.

Série de tremblements de terre à La Union.

Le 25 août, une forte secousse causa quelques dégâts dans ce port, à celui d'Amapala dans l'île du Tigre et dans les villages de San-Diego et de La Brea. Deux bongos et un brigantin se perdirent à la suite du raz de marée sismique qui suivit la secousse, et fit quelques dégâts dans le port de La Union. Le 26 et le 27, il continua de trembler à chaque instant. Tout cessa le 28. Le 1er septembre, on ressentit six secousses, dont les plus fortes furent celles de X^h 30' et de XIV^h, toutes de direction S. à N. La série se termina par trois légères secousses le 2 septembre, et deux le lendemain 3. Dans la direction du Coseguina, on entendait constamment un bruit sourd. Ces secousses sont donc probablement volcaniques. Notons que le 2 septembre eut lieu une grande aurore boréale visible à Mejico, aux Antilles et dans tout le Centre-Amérique. A La Union, elle dura de XXIII^h jusqu'à III^h, et à Guatémala elle fut signalée par de grandes perturbations magnétiques les jours précédents, surtout les 26, 27 et 28. Il paraîtrait que ce phénomène n'avait plus été, dit-on, observé à Mejico depuis le temps du vice-roi Revillagigedo. Je n'en parle, du reste, pas pour appuyer les théories magnético-sismiques réfutées dans l'introduction. (Deux lettres particulières écrites de La Union, en date des 28 août et 3 septembre, et insérées dans la *Gaceta de Guatemala*, du 7 octobre ; Fernandez, Perrey.)

358. — 1859. 2 septembre (?).

Deux légers tremblements de terre à Guatémala, d'après Rockstroh. Erreur probable pour le 4.

359. — 1859. 4 septembre.

A l'observatoire de Guatémala :

IV^h 27'. Assez fort tremblement de quatre à cinq secondes et de direction
E.-O. — L'Annuaire déjà cité et Perrey donnent IV^h 37'.

XX^h. Petite secousse de quatre secondes et de direction N.-N.-O. à S.-S.-E.

360. — 1859. 8 décembre, XX^h 15' (20' d'après l'Ann. mét. déjà cité).

Grand tremblement de terre au Guatémala, au Salvador et au Nicaragua.

Depuis quelques jours, l'Izalco donnait des signes d'une activité extraordinaire quand, le 8 décembre, à XX^h 15', se fit sentir une violente secousse de tremblement de terre. L'onde sismique suivit une ligne dirigée du S.-E. au N.-O., et passant par les villages de la côte du Baume et par Atiquisaya, Jalpatagua, El Oratorio, Los Esclavos, Cuajiniquilapa, Corral de Piedras, El Pino et Cerro Redondo. A Sonsonate, plusieurs maisons furent rendues inhabitables. Canudas, à l'observatoire de Guatémala, nota la direction du S.-O. au N.-E. aux premières oscillations qui s'y succédèrent de demi-seconde en demi-seconde pendant la première minute, et celle du N.-O. au S.-E. aux dernières. Ce changement de sens est un phénomène de réflexion de l'onde sismique contre des massifs de montagnes ou des masses de couches terrestres plus solides que d'autres et moins facilement ébranlables. J'ai eu souvent l'occasion de constater des faits semblables à San-Salvador. Les annales sismiques et les tracés qu'on obtient maintenant des secousses terrestres donnent aussi un grand nombre d'exemples analogues. C'est pour cela du reste que, pour nombre de tremblements de terre observés par moi et avec soin cependant, je n'ai pu en fin de compte indiquer une direction bien certaine, parce que les ondes secondaires viennent rapidement s'interposer et masquer la direction principale. Pour une secousse donnée, les directions indiquées font souvent presque tout le tour du compas lorsqu'on interroge des observateurs différents, quoique placés en des lieux très voisins. Les déterminations de direction, et par suite celles de positions des foyers d'ébranlement par la méthode géométrique de Mallet, ne doivent donc le plus souvent inspirer qu'une confiance médiocre, et c'est aussi l'avis de M. le professeur Forel de Morges.

Les dégâts furent notables à Nahuizalco, San-Silvestre, Armenia (Guaimoco) et Dolores-Izalco ; sensibles à Juayua ; sans importance à Salcoatitan, Masahuat, Santo-Domingo et Ascension-Izalco. Il faut noter que Quetzaltepeque souffrit beaucoup, tandis que les villages voisins d'Apopa et d'Opico, cependant bien plus rapprochés que le premier du volcan d'Izalco, ne sentirent pas le tremblement de terre, qui fut de même beaucoup plus fort à Escuintla et Amatitlan qu'à Guatémala. Nous verrons un fait du même genre se produire le 21 juillet 1860. On dit alors dans les pays hispano-américains que ces régions, comprises entre d'autres plus éprouvées, « hacen puente » font pont. Comment se rendre compte de semblables différences dans l'intensité d'un tremblement de terre en des points voisins d'une même zône ébranlée? Cela me paraît pouvoir s'expliquer par deux causes probables. Tout d'abord des différences considérables dans la constitution des couches terrestres sous-jacentes. Il est bien évident, par exemple, qu'une puissante assise trachytique ne vibrera pas de la même manière qu'un ensemble de couches de sables et de cendres volcaniques semblable à celui de San-Salvador ou de La Antigua. C'est du reste en grande partie à cette dernière nature du sol que ces deux villes doivent d'avoir été si souvent détruites. De plus, les ondes sismiques mettant en mouvement vibratoire une certaine portion de l'écorce terrestre, peu importe d'ailleurs l'épaisseur du massif affecté, doivent y établir des lignes nodales où le mouvement sera maximum ou minimum. Ces lignes auront des formes d'autant plus tourmentées que le terrain sera plus hétérogène, et on ne pourra les prévoir *à priori*. Enfin des interférences et des battements d'ondes réfléchies viendront encore compliquer ces phénomènes et rendre plus irréguliers encore les effets d'une même secousse initiale en des points cependant assez voisins, et cela d'autant plus que les études sismiques les plus récentes semblent indiquer que certaines secousses, au lieu d'avoir un foyer, possèdent une ligne ou zône focale, c'est-à-dire une ligne suivant laquelle le choc initial est produit simultanément. Pratiquement, cette assimilation des phénomènes sismiques à ceux des plaques vibrantes de Chladni a été appliquée brillamment par Stanislas Meunier au tremblement de terre de la Ligurie, du 23 février 1887.

A Guatémala, cette grande secousse du 8 décembre 1859 fut accompagnée d'un phénomène accessoire dont je ne connais pas d'autre exemple que celui donné par de Humboldt, comme accompagnant le grand tremblement de terre du 4 novembre 1799, à Cumana. Je veux parler d'une déviation, *restée permanente,* de l'aiguille aimantée, je dis restée permanente, car les exemples de coïncidences entre les phénomènes sismiques et volcaniques et les perturbations magnétiques ne sont point rares (voir l'introduction, chap. XII, p. 31). Ces faits font tout naturellement songer à une modification passagère dans certains cas, permanente dans ces deux là, du solénoïde terrestre, si tant est qu'il existe réellement toutefois, à la suite de la secousse et des modifications moléculaires qu'elle a pu introduire dans les couches qu'elle a affectées.

Cette grande secousse se manifesta jusqu'à Managua. En même temps, de forts retumbos s'entendirent au volcan de Fuego. Enfin à Acajutla, au rapport du gouverneur de Sonsonate, une grande vague sismique endommagea le môle et la douane et rejeta sur le sommet de la falaise un grand nombre de poissons morts. Ce dernier phénomène, dont on connaît un certain nombre d'exemples, peut s'expliquer de deux façons. On peut songer au choc produit au sein de l'eau et tuant les poissons comme dans la pêche à la dynamite. Mais on peut objecter à cette manière de voir que dans les tempêtes ou cyclones l'agitation de l'eau est au moins aussi grande que dans le cas des vagues sismiques. Il est vrai alors que les habitants de la mer ont le temps de se réfugier dans les profondeurs et au-dessous des quelques deux ou trois centaines de mètres au delà desquels la masse liquide n'est pas ébranlée. On peut aussi supposer des dégagements de gaz délétères venant soit des couches terrestres, soit des amas de matières organiques qui tapissent le fond des mers. Ces dégagements ne sont pas une simple hypothèse, ils ont été dûment constatés, par exemple, à Hong-Kong et au large des bancs de Bahama.

(Dollfus et de Montserrat : *Carta particular anonima de Sonsonate;* Rockstroh, Caceres ; Canudas : *Annales de la Société météorologique de France,* 1861, t. IX, p. 159-169 ; *Gaceta de Guatemala,* 11 y 19 de diciembre de 1859 ; *Gaceta del Salvador,* del 10 de diciembre; Perrey ; *Lettre de Brasseur de Bourbourg à Malte-Brun : Nouv. Annales des Voyages,* 1860, t. I, p. 360 ; *Lettre du P. Canudas à Deville :* Ann. Soc. mét.)

361. — 1859. 10 décembre, XXI^h 30'.

A Guatémala, tremblement de quatre secondes et de direction N.-E. à S.-O. (Annuaire de la Soc. mét. déjà cité; Perrey.)

362. — 1860.

En cette année, le Masaya se remet à fumer. (*Encyclopædia britannica,* ninth edition, t. XV, p. 614, art. *Masaya.*)

363. — 1860. Du 6 au 22 janvier.

Eruption de l'Izalco, dont le courant de lave s'écoula vers le N.-O., et avec des tremblements qui ne causèrent pas de dégâts et dont voici la liste, de ceux du moins qui furent ressentis à Sonsonate :

Le 7, { 0ʰ 30'. Secousse légère.
{ Xʰ 30'. Secousse un peu plus forte.
Le 8, XIIʰ 30'. Deux secousses légères.
Le 14, XVʰ 30'. Une secousse.
Le 15, Minuit. Id.
Le 16, 1ʰ 45'. Id.
Le 18, XXIIIʰ. Forte secousse ressentie aussi à Guatémala, d'après Canudas.
Le 19, IIIʰ. Très forte secousse ressentie aussi à Guatémala, dont les habitants furent alarmés par le bruit qui l'accompagnait.
Le 20, dans la nuit. Deux légères secousses.
Le 21, XXIIʰ. Une secousse légère.
Le 22, XXIIʰ 30'. Une secousse légère.

(*Gaceta de Guatemala*, del 4 de febrero de 1860 y del 8 de marzo; *New-York Herald*, du 3 mars; Perrey.)

364. — 1860. 19 janvier, 0ʰ 3'.

A Guatémala, forte secousse de trépidation, de près d'une minute de durée, de direction E.-S.-E. à O.-N.-O. et terminée par un choc brusque. Les poutres et les portes craquèrent. Des maisons s'écroulèrent à Escuintla et l'église de San-Juan-Obispo tomba. (*Gaceta de Guatemala,* del 20 de enero; Brasseur de Bourbourg : *lettre à Malte-Brun, Nouv. Ann. des Voy.*, 1860, t. I, p. 360; Perrey, Dollfus et de Montserrat.)

365. — 1860. 21 janvier, XIVʰ 34'.

Tremblement de terre oscillatoire de dix secondes de durée et de direction S.-N., à l'observatoire de Guatémala. (Dollfus et de Montserrat.)

366. — 1860. 1ᵉʳ, 2, 3 et 4 février.

De nombreux retumbos s'entendirent à Guatémala, de nuit comme de jour.

367. — 1860. 16 février, XXIIʰ 35'.

On perçut un retumbo accompagné d'un craquement des poutres pendant environ trois secondes, sans qu'il ait été possible de sentir aucun mouvement. (Obs. del sem. de Guatémala, Dollfus et de Montserrat.)

368. — 1860. 12 mars, vers XIVʰ 1/2.

Au volcan de Poas ou de Los Votos, bruit extraordinaire accompagné d'un fort mouvement dans les eaux du lac qui occupe une grande partie du cratère. Ce phénomène se renouvela trois ou quatre fois dans l'intervalle d'une dizaine de minutes, sous les yeux du Dʳ A. von Frantzius, qui remarqua un endroit où il se formait fréquemment sur l'eau de grosses bulles qu'il attribue à un dégagement de gaz. Il ne fut cependant pas incommodé par l'odeur de vapeurs sulfureuses, mais il se forma sur ses habits et sur ceux de son guide un dépôt particulier d'une couleur rouge très brillante. Le docteur était parti de San-José le 10 au matin, et quoique le volcan ne soit qu'à cinq lieues trois quarts de cette ville, il n'était arrivé que le 12, vers XIVʰ, dans le cratère, où le mauvais temps (une pluie froide et forte) ne lui permit pas de rester plus d'une demi-heure. Il ne put faire le tour du lac, ni même s'avancer jusqu'à l'extrémité septentrionale du cratère, où il remarqua un dégagement continuel de vapeurs, et où son guide avait vu (dans les années dont il ne donne pas la date) s'échapper des vapeurs, des pierres enflammées et des cendres volcaniques. (*Beiträge zur Kenntniss der Vulkane Costarica's : Petermann's geogr. Mittheilungen,* 1861, IX, pp. 329-338 ; Perrey.)

369. — 1860. Mai.

Trois secousses durant ce mois à Guatémala, d'après Dollfus et de Montserrat.

370. — 1860. Juin.

Une secousse durant ce mois à Guatémala, d'après Dollfus et de Montserrat.

371. — 1860. Du 21 au 24 juin.

Le 21, à XVIIʰ, un violent tremblement de terre, qui fut ressenti à Cojutepeque et jusqu'à Guatémala, mit l'alarme à San-Vicente. Le village de Santa-Maria-Ostuma fut presque détruit. Ceux de Tepetitan, Verapaz et Guadalupe, sur les flancs du volcan de San-Vicente et dans la belle vallée qui s'étend entre cette montagne et la rive gauche du Rio Jiboa, souffrirent beaucoup, tandis que celui d'Istepeque, situé au milieu des premiers, n'eut rien à déplorer. Cette première secousse fut suivie de plus de cinquante autres, qui se terminèrent le 24 par deux légères. (*Gaceta del Salvador,* del 27 de junio y del 4 de julio ; *Gaceta de Guatemala,* del 6 de julio ; *El Comercio,* de Lima, del 3 de agosto; *La Presse*, du 19 août; Perrey.) C'est par erreur que dans mon premier mémoire (*Temblores y* . . . . . , pp. 90-91) j'ai mis ce fait en juillet.

372. — *1860. 17 juillet (?).*

Au volcan de Fuego, petite éruption avec émission de fumée et de cendres. (Lancaster, d'après les *Mitth.* de Petermann, XI, 1869; Perrey.) C'est une erreur manifeste pour le 18 août.

373. — *1860. 8 août, XVII^h 16'.*

Secousse assez forte, mais courte. (Obs. du sém. de Guatémala; *Gaceta de Guatemala*, del 16 de setiembre; Dollfus et de Montserrat.)

374. — *1860. Du 15 au 23 août.*

Eruption du volcan de Fuego.

Le rapport de l'observatoire de Guatémala (Canudas: *Gaceta de Guatémala*, del 23) et celui de l'alcade de San-Pedro-Yepocapa sur les dégâts produits dans ce village, transmis par le corrégidor du département de Chimaltenango (*Gaceta de Guatemala*, del 16 de setiembre), font commencer l'éruption le 18.

Le 18, à XVIII^h, on nota que le volcan de Fuego lançait de temps en temps de fortes colonnes de fumée noire, indices probables d'une prochaine éruption, et en effet, dès XIX^h 1/2, on apercevait de la capitale l'illumination produite par les cendres incandescentes au milieu d'un énorme dégagement de fumée. A XIX^h 3/4, le volcan parut s'apaiser, mais aux environs de XX^h 1/4, il reprit une nouvelle activité, qui diminua à XXI^h 1/2, et se termina complètement à XXII^h. L'éjection de matières incandescentes dut être très abondante au sud et au sud-ouest, car le ciel était fortement illuminé dans ces directions. Il ne s'en fit aucun écoulement vers le nord. Jusqu'à maintenant on n'a pas appris qu'il se soit produit grand dommage. Ceci est contraire au document suivant.

D'après l'alcade déjà cité, la montagne et les campagnes environnantes sont restées couvertes de cendres, les pâturages et quelques récoltes ont été perdus. Des pierres ont été projetées jusque sur les toits des maisons, mais elles étaient petites et n'ont pas fait grand mal; toutefois, des fermes des environs ont beaucoup souffert, et le chemin qui conduit à la côte a besoin d'être réparé.

(*El Comercio*, de Lima, del 3 de octubre; le P. Cornette, *l. c.*; Perrey.)

375. — 1860. 6 et 7 septembre.

Première ascension connue du volcan de Fuego, par MM. Schneider et Beschor. Le cratère du sud fumait assez fortement. (*Gaceta de Guatemala*, 26 et 27 septembre; Dollfus et de Montserrat, Perrey.)

376. — 1860. Du 15 au 24 septembre.

Nouvelle éruption du volcan de Fuego.

Dès le 15 septembre, anniversaire de l'indépendance (1821), le volcan de Fuego se remit à vomir des cendres incandescentes. Cela continua jusqu'au 23, à XXII^h, moment auquel une violente détonation préluda au commencement d'une période d'exacerbation dans la force de l'éruption et qui dura toute la nuit, jusqu'à V^h. Les rues de La Antigua étaient illuminées au point qu'après minuit surtout on y pouvait lire avec la plus grande facilité, et que l'on voyait distinctement les gerbes de pierres incandescentes lancées par le cratère. La colonne de fumée fut évaluée à 1,000 vares de hauteur. (Lettre de La Antigua, en date du 25.)

377. — 1860. Du 3 au 10 décembre.

Série de tremblements de terre au Salvador et au Guatémala.

Le 3, on sentit une première et forte secousse qui dura plus d'une minute. Elle fut suivie de plusieurs autres, notamment à XXI^h 1/2 et à XXIV^h. C'est celle de XXI^h 1/2 qui causa beaucoup de dégâts, dont voici le résumé, d'après un rapport officiel en date du 10. San-Salvador ne souffrit point. A Panchimalco, ruine du Cabildo, lézardements à l'église et formation de crevasses. Chute du toit de l'église de Santiago-Texacuangos. Quelques dégâts sans importance aux maisons de Santa-Tecla. Chute du bâtiment principal de l'hacienda du Guarumal, célèbre défilé entre Santa-Tecla et Sitio del Niño, et qui sépare le massif volcanique de Quetzaltepeque de la Cordillère côtière. Ruine de quelques maisons à Atcos. Quetzaltepeque fut très endommagé. Il y eut deux personnes écrasées sous les décombres et beaucoup de blessés. En ce point, les secousses durèrent jusqu'au 10. Lézardements à l'église de Tacachico. Beaucoup de mal aux églises et cabildos d'Apopa et de Tonacatepeque (montagne du Soleil). En ce dernier point, quelques victimes. Cuscatancingo fut presque détruit; une église neuve qu'on allait bénir y fut renversée. Quelques dégâts aux maisons de Comasagua et de Guaimoco ou Armenia.

Les dernières secousses signalées à San-Salvador et à Quetzaltepeque furent celles du 9, à XXI^h 1/2, et celle du 10, à II^h 1/2.

De Quetzaltepeque une commission officielle alla visiter le Boqueron, cratère principal du volcan, et à l'activité supposée duquel l'opinion publique attribuait tous ces malheurs. On y constata seulement des traces d'éboulements à la partie supérieure.

On notera une assez grande anomalie dans cet ensemble de faits. Quetzaltepeque semble avoir été le foyer de cette crise, puisque ce fut en ce point seul et ses environs immédiats qu'il trembla jusqu'au 10; cependant cette ville, qui fut presque détruite, est sur le bord de l'aire des dégâts de la secousse du 3, et non en son centre.

(*Gaceta del Salvador,* 5 y 12 de diciembre; *Gaceta de Guatemala,* 13 de diciembre; Perrey.) *El Comercio,* de Lima, du 21 janvier 1861, donne par erreur la date d'octobre.

378. — 1861.

Cette année-là, il trembla beaucoup à Chinameca-Texacuangos, d'après le rapport annuel du gouverneur du département de La Paz ou de Zacatecoluca.

379. — 1861. Janvier.

Une secousse à Guatémala, d'après Dollfus et de Montserrat.

380. — 1861. 7 janvier, XVʰ.

A San-Salvador, une longue et forte secousse, suivie de trois ou quatre autres petites. (*Gaceta del Salvador,* del 9 de enero; Perrey.)

381. — 1861. 5 février, XXIʰ 30'.

Petit tremblement de terre d'une seconde et de direction N.-E. à S.-O., à l'observatoire de Guatémala. (*Gaceta de Guatemala,* del 8 de marzo; Dollfus et de Montserrat, Perrey.)

382. — 1861. 16 février, Iʰ 39'.

Petit tremblement de terre de deux secondes et de direction E.-O., à l'observatoire de Guatémala. (Mêmes sources.)

383. — 1861. Du 1er au 4 avril.

Ascension du Mombacho par l'ingénieur Taivenet. Il dit n'avoir vu ni cratère ni coulée de lave. (*La Union de Nicaragua,* 1re année, nos 16 et 18, Managua, le 20 avril et le 4 mai 1861; Perrey.)

23

384. — 1861. 15 juin, VIII^h 35'.

Petit tremblement de terre de direction N.-N.-E. à S.-S.-O., à l'observatoire de Guatémala. (*Gaceta de Guatemala,* del 8 de julio; Dollfus et de Montserrat, Perrey.)

385. — 1861. 4 août, XIV^h.

A Guatémala, tremblement assez fort, mais court. (*Gaceta de Guatemala,* del 9 de agosto; Dollfus et de Montserrat.) Perrey donne la date du 3.

386. — 1861. 3 août, XIV^h.

A Guatémala, tremblement assez fort, mais de courte durée. (*Gaceta de Guatemala,* del 5 de agosto; Perrey.)

387. — 1861. 5 août.

A Panama, deux secousses. (Perrey.)

388. — 1861. 6 août, II^h.

A Guatémala, tremblement de terre assez fort, mais court. (Dollfus et de Montserrat; *Gaceta de Guatemala,* del 9 de agosto.) Perrey donne par erreur la date du 5.

389. — 1861. 23 août, XI^h.

Un tremblement de terre oscillatoire et prolongé causa quelques dégâts, mais peu importants toutefois, à La Antigua, et en particulier au milieu des belles ruines du palais des Présidents. Il fut senti à Amatitlan et au port de San-José. (*Gaceta de Guatemala,* del 28 de agosto; Dollfus et de Montserrat, Perrey.)

390. — 1861. 27 août, XIV^h.

A Guatémala, tremblement oscillatoire moins long et moins fort que le précédent. (*Gaceta de Guatemala,* del 28 de agosto.)

Le corrégidor du département de Jutiapa, en date du 27, informe le ministre de l'intérieur que depuis quelques jours les secousses ont été fortes et fréquentes dans cette région, et qu'elles ont causé quelques dommages aux maisons des villages de Conguaco et de Jalpatagua. Dans ce dernier, l'église, le presbytère et plusieurs maisons ont souffert notablement. (*Gaceta de Guatemala,* del 4 de setiembre; *La Union de Nicaragua,* del 28 de setiembre; Perrey.)

391. — 1861. Du 1er au 24 novembre.

Ascension scientifique du Fuego, par MM. Godman, Hague, Salvin et Wyld. Les trois derniers la répétèrent le 15 décembre et notèrent alors au volcan des signes d'une plus grande activité. (Perrey; *Gaceta de Guatemala,* dernier numéro de l'année.)

392. — 1861. 19 décembre, XX^h 30'.

Un fort tremblement causa quelques dégâts, mais sans importance, à Guatémala. (*Gaceta de Guatemala,* del 22 de diciembre.) Ce fait m'a été confirmé par les notes de mon excellent ami don Luis Van Dyck, qui m'a de plus fourni une toute petite secousse à l'aube du jour suivant.

393. — 1862. Janvier.

Le San-Miguel lance beaucoup plus de fumée que de coutume. (David Guzman.)

394. — 1862. 8 avril, I^h 30'.

San-Salvador. — Tremblement de terre extrêmement prolongé, mais qui ne causa aucun dégât.

395. — 1862. 2 mai, XIII^h 30'.

A Guatémala, légère secousse de l'E.-S.-E. à l'O.-N.-O. (Rockstroh, Dollfus et de Montserrat.) Perrey donne par erreur la date du 22.

396. — 1862. 23 mai, IX^h 33'.

A Guatémala, assez fort tremblement de trépidation de trois secondes de durée et de direction N.-E. à S.-O. (Rockstroh, Dollfus et de Montserrat, Perrey.)

397. — 1862. 24 mai, XXI^h 8'.

A Guatémala, légère secousse de deux secondes. Les poutres craquèrent dans les maisons. Un long pendule en hélice ne donna aucun signe de mouvement vertical. (Mêmes sources.)

398. — 1862. Juin.

Léger tremblement de terre à Guatémala en ce mois. (Rockstroh, Dollfus et de Montserrat.)

399. — 1862. Novembre.

- Léger tremblement de terre à Guatémala en ce mois. (Mêmes sources et Perrey.)

400. — 1862. 19 décembre. Entre XIX^h 15' et XIX^h 45'.

Nicaragua, Salvador, Honduras et Guatémala. — Fort tremblement de terre de cent quatorze secondes. Les dégâts furent de peu d'importance à San-Salvador, San-Vicente, Cojutepeque, Zacatecoluca, Santa-Ana, Sensuntepeque (montagne des Lorios), Ilobasco, Suchitoto et Chalatenango, mais notables à Santa-Teclà, Izalco, Sonsonate et surtout à Metapan et Ahuachapan. La secousse s'étendit de Chinandega (Nicaragua) à Quetzaltenango (Guatémala) et à Belize. Guatémala souffrit sensiblement. A La Antigua, vingt-six maisons tombèrent, et les églises de San-Sebastian et del Calvario furent très endommagées. A Escuintla, la maison du corrégidor et l'édifice municipal furent ruinés; des maisons en briques et tuiles y furent endommagées, ainsi qu'un couvent. A Alotenango, l'église et un couvent furent complétement ruinés. A Tecpam-Guatémala (palais de l'Arbre-Pourri?), il ne resta guère que quatre maisons debout. Les haciendas de la Sierra de Cañales souffrirent considérablement. Dans les fermes près d'Escuintla, Palin, Chimaltenango et San-José de Guatémala, les dommages furent très importants. A Guatémala, où d'ailleurs les dégâts furent assez peu sensibles et n'affectèrent que quelques vieilles églises, la secousse fut d'abord S.-S.-O. à N.-N.-E. et ensuite S.-S.-E. à N.-N.-O. Elle y fut accompagnée d'une déviation de 3' 29" de l'aiguille de déclinaison, qui se maintint deux jours durant, et qui depuis trois ans n'avait pas atteint un chiffre aussi élevé.

(Lizarzaburu, Dollfus et de Montserrat, Rockstroh, Perrey; lettre d'Aug. Bouineau (de San-Salvador), en date du 26 décembre, et insérée dans l'*Echo du Pacifique* (San-Francisco) du 31 janvier 1863; *Proceedings of the met. Soc. of London*, t. I, n° 7, p. 315.)

401. — 1862. 20 décembre.

A Guatémala :

V^h 45'. Tremblement de terre modéré, de dix secondes de durée et de direction S.-S.-E. à N.-N.-O.

V^h 50'. Fort tremblement de trente-six secondes de durée et de même direction.

(Lizarzaburu, Dollfus et de Montserrat, Rockstroh, Perrey.)

402. — 1862. Décembre.

A Guatémala :

Le 26, XIII ʰ 42'. Secousse modérée de treize secondes.
Le 27, XVIII ʰ 30'. Secousse de cinq secondes.
Le 28, III ʰ 30'. Secousse de six secondes.
Le 30, V ʰ. Secousse légère de deux secondes.
Le 31, XV ʰ 45'. Secousse d'une seconde.
Toutes de direction S.-O. à N.-E.
(Lizarzaburu, Dollfus et de Montserrat, Rockstroh ; communication de Brasseur de Bourbourg à Perrey ; *Gaceta de Guatemala*, 1863, nº 72.)

403. — 1863.

Eruption du Tajamulco, d'après l'*Encyclopædia Britannica*, XI, 212, sur l'autorité de Bernouilli, qui, après sa grande exploration botanique du Guatémala, vint mourir des fièvres à Flores, capitale du Peten. Il n'y faut voir, je pense, que des signes d'une grande activité.

404. — 1863.

D'après la *Revue du Monde colonial* (octobre, 1865, p. 565), le volcan de Coseguina se préparait à une éruption par des détonations et une fumée noire et épaisse au milieu de laquelle on distinguait des langues de feu sortant du cratère béant. Rojas (*Carta al profesor Perrey sobre los fenomenos seismicos de America*. Ex. : *El Federalista*, de Caracas, del 7 de setiembre de 1867) donne pour cette année une éruption de ce volcan. Je n'y vois que des signes d'activité.

405. — 1863. Janvier.

A Guatémala :

Le 4, XXIII ʰ 20'. Assez forte secousse de dix secondes.
Le 8, XXIII ʰ 55'. Légère secousse de trois secondes.
Le 10, VIII ʰ. Id.
Toutes de direction S.-O. à N.-E.
(Lizarzaburu, Dollfus et de Montserrat, Perrey, Rockstroh.)

406. — 1863. 14 janvier, II ʰ 25'.

A Belize, légère secousse de deux secondes et de mouvement horizontal.
(Perrey.)

407. — 1863. Janvier.

A Guatémala :

Le 15, III^h. Forte secousse de onze secondes.
Le 20, XIII^h 30'. Secousse oscillatoire de six secondes.
Le 24, XXIII^h 11'. Légère secousse verticale de deux secondes.
Le 31, XVI^h 41'. Une secousse horizontale.
Toutes de direction S.-O. à N.-E.
(Lizarzaburu, Dollfus et de Montserrat, Perrey.) Rockstroh ne donne pas celle du 31.

408. — 1863. 15 février, IX^h et X^h.

A Guatémala :

A IX^h, une première secousse qui fait osciller le pendule séismique pendant cinq secondes. A X^h, une deuxième secousse qui a fait osciller le pendule de 16 $^{m/m}$ pendant six secondes. Toutes deux de N.-E. à S.-O. Le P. Lizarzaburu, qui attribue les tremblements de terre aux courants thermo-électriques, fait remarquer qu'à Guatémala les secousses ont ordinairement lieu dans une direction diamétralement opposée, mais que cette fois les courants ont dû changer de sens à la suite de brusques variations de température. Ces deux secousses furent moins fortes à La Antigua. Au contraire, à Cañales, à l'est de Guatémala, on en compta onze, preuve évidente, ajoute le Révérend, que le mouvement ne pouvait provenir des volcans. (Perrey.)

409. — 1863. 5 mars, XX^h 30'.

A Guatémala, tremblement oscillatoire du S.-E. au N.-O. Il fut léger, très court et de trois à quatre oscillations seulement. (Lizarzaburu, Perrey.)

410. — 1863. 10 mars, 0^h 15' ou 32'.

A Guatémala, une secousse oscillatoire de six secondes avec retumbo, du S.-S.-O. au N.-N.-E. Elle fut accompagnée d'une perturbation temporaire de trois minutes de l'aiguille d'inclinaison. (Mêmes sources.)

411. — 1863. 19 mars, V^h 25'.

A Guatémala, une secousse oscillatoire de l'E. à l'O. Perturbation magnétique extraordinaire de trois minutes quarante-six secondes. (Mêmes sources.)

412. — 1863. 31 mars, 11ʰ 55'.

A Guatémala, une secousse E.-O. et de dix-sept secondes. Perturbation magnétique égale à la précédente. (Mêmes sources.)

413. — 1863. 1ᵉʳ avril, 11ʰ 35'.

A Guatémala, une secousse assez forte E.-O. et de dix secondes. Elle fut plus violente dans la Cordillère de l'est, où elle fut suivie de deux autres. Les vibrations ont été extrêmement courtes. (Mêmes sources.)

414. — 1863. 14 avril, XIʰ et XIʰ 20'.

A Guatémala, deux secousses E.-O. et de sept et neuf secondes respectivement. (Mêmes sources.)

415. — 1863. 15 avril, XXIʰ 30'.

A Guatémala, une secousse E.-O. et de six secondes. (Mêmes sources.)

416. — 1863. 23 avril, XXʰ 36'.

A Guatémala, une secousse E.-O. et de deux secondes. (Mêmes sources.)

417. — 1863. Avant le 12 mai.

Le post-scriptum d'une lettre de San-Salvador, en date du 12 mai, et insérée dans l'*Echo du Pacifique* du 1ᵉʳ juillet, se termine ainsi : « Nous avons ressenti deux secousses de tremblement de terre, qui n'ont produit aucun dommage. » (Perrey.)

418. — 1863. Août.

Le volcan Rincon de la Vieja a encore fumé fortement pendant trois jours. (Seebach : *Petermann's geogr. Mitth.*, 1865, p. 246; Perrey.)

419. — 1863. 11 novembre, XXIIʰ.

A Guatémala, une secousse S.-O. à N.-E. et de dix-huit secondes. (Lizarzaburu, Perrey.)

420. — 1863. 14 décembre, 0ʰ 0'.

A Guatémala, une secousse du S.-O. au N.-E. et de trois secondes. Perturbation magnétique extraordinaire de quatre minutes vingt et une secondes. (Mêmes sources.)

*421. — 1863. 19 décembre, XXI*ʰ *20'.*

A Guatémala, dernière secousse de l'année, du N.-E. au S.-O. et de cinq secondes. (Mêmes sources.)

Dollfus et de Montserrat donnent seulement pour cette année les nombres de secousses en chaque mois.

422. — 1864.

Eruption de l'Izalco avec épanchement de laves vers le N.-O. (Notes manuscrites à moi communiquées par l'ingénieur belge don Telesforo Lois.)

423. — 1864. Février.

Petite éruption du Turrialba. (Documents relatifs à celle de septembre.)

424. — 1864. Mars. Probablement le 4.

A Panama, une secousse sans dommages. (*Galignani's Messenger* du 31 ; Perrey.)

*425. — 1864. 12 avril, XII*ʰ *30'.*

A San-Salvador, forte et longue secousse.

426. — 1864. Mai.

Eruption nouvelle du Turrialba. (Kulman, d'après : « *Los fenomenos volcànios de los ultimos tres años, por el doctor K. Z.* » Ex. : *El Federalista,* de Caracas, del 5 de abril de 1867 ; Perrey.)

427. — 1864. 17, 18 et 19 septembre.

Eruption alarmante du Turrialba.

D'après Fuchs, elle aurait duré deux années, ce qui est faux ; il resta seulement très actif pendant ce laps de temps après ce paroxysme.

L'éruption dura trois jours et trois nuits et consista en une énorme quantité de cendres qui tomba principalement dans la vallée de San-José, dont les autorités envoyèrent, le 27, visiter le volcan par une commission qui rencontra à l'hacienda San-Martin une couche de cendres d'un pied d'épaisseur. La masse de matières rejetées augmentait progressivement jusqu'à La Laguna. Ce même jour, le cratère fumait encore énormément et de forts retumbos se faisaient entendre. Les cendres avaient couvert toute la montagne d'un épais linceul et détruit la végétation. Sur le côté est du cratère, et à environ 500 yards de distance, un ruisseau acide avait jailli soudainement. Le pic nord ou San-Carlo avait été démantelé. Les cendres allèrent jusqu'à Atenas, à 50 milles marins dans l'O.-S.-O. Le résultat principal d'une analyse des cendres, faite à Guatémala, consiste en l'absence de la potasse et de la soude. (*Gaceta oficial de Costarica,* del 9 de octubre; *Gaceta de Guatemala,* del 3 de noviembre; *Echo du Pacifique,* du 2 décembre; *Estrella de Panama;* Perrey.)

428. — 1865. Du 24 janvier au 8 mars.

Nouvelle éruption du Turrialba pendant six semaines sans interruption. Les cendres, de couleur gris d'acier, couvrirent tout le pays jusqu'à San-José, où M. Riotte, ministre des États-Unis, en observa la dernière chute le 8 mars. Cette éruption fut accompagnée de violentes détonations.

Dans la nuit du samedi 28, dans toute la vallée de San-José, pluie de cendres qui dura jusqu'au mardi 31. Cette cendre, assez abondante, était presque imperceptible en tombant, du moins dans la ville et dans les environs. Elle a été plus abondante que celle des 16 et 17 septembre précédent; elle formait un nuage très dense sur toute la montagne d'Irazù, et plus rare en s'étendant considérablement dans l'atmosphère. Elle se portait à l'O., en s'inclinant un peu à S.-O., suivant la direction du vent; d'après des calculs approximatifs, elle a été portée à six ou sept lieues de la ville. Elle était composée de matières calcinées et pulvérisées.

On n'a point entendu de détonation ni de bruits souterrains, de sorte qu'on ne redouta aucune calamité.

Le 3 mars, de Seebach put de l'Irazù, c'est-à-dire d'une distance de 25 à 30 milles marins, observer les colonnes de fumée chargée de cendres qui s'échappaient du Turrialba. Partant le 6, le voyageur parvint le 9 au sommet de ce volcan. Il reconnut que l'éruption se faisait par l'évent O.-S.-O., de 1,500 pieds environ de diamètre. Les cendres projetées n'étaient pas très fines dans le voisinage du cratère, elles consistaient plutôt en petits lapilli. Elles tombaient principalement vers le S. et l'O., dans la direction du vent. De Seebach pense que le cratère dont il est question, lequel n'avait guère que 150 pieds de profondeur, le 24 février 1864, lors de l'ascension du docteur de la Tour, a été considérablement augmenté dans l'éruption de septembre. De nombreuses solfatares couvraient les parois et les environs du cratère. Enfin, outre les cimes (küppe) qui s'élèvent encore au milieu de l'orle du cratère, il en existait une autre du côté de l'O. Celle-ci paraît avoir été détruite pendant l'éruption du 16 septembre 1864, et ce sont probablement

24

ses débris réduits en poudre qui sont retombés sous forme de cendres dans la plaine de San-José. Quant aux masses qui n'ont pas été suffisamment triturées, elles ont été projetées en blocs plus ou moins gros sur le flanc S.-O. du volcan. (*Petermann's geogr. Mitth.*, 1865, pp. 246-247, et pp. 321-323 ; *El Comercio*, de Lima, del 5 de marzo ; *Gaceta oficial de Costarica ;* Perrey.)

Dès lors l'activité du Turrialba alla en décroissant.

429. — 1865. Février.

Eruption de cendres de l'Izalco, d'après le commandant du département de Sonsonate, qui malheureusement ne donne pas de détails.

430. — 1865. 16 mars, vers XXI^h.

Au Costarica, le premier et le plus fort des tremblements dont l'historique va suivre. Il a consisté en deux secousses, chacune de huit ondulations et de deux secondes de durée. A Cartago et à San-José, la population effrayée s'est sauvée des maisons et s'est précipitée dans les rues. De Seebach, couché alors au sommet du Poas, fut réveillé et reconnut parfaitement la direction de l'E. à l'O. Il pensa un moment que le Poas allait reprendre son ancienne activité. Cette secousse, comme les suivantes, avait son centre au Turrialba. (Seebach : *Petermann's geogr. Mitth.*, 1865, pp. 321-323 ; Perrey.)

431. — 1865. 18 et 19 mars.

Au Costarica :

Dans la nuit du 18 au 19, trois secousses à peine sensibles.

Le 19, XIII^h 3/4, une forte secousse de deux secondes seulement de durée. Seebach la sentit à l'hacienda Schrœter, sur le flanc O. de l'Irazù. Les cloisons et les toits ont craqué. A San-José, elle a été légère. (V. Seebach, *l. c.* ; Perrey.)

432. — 1865. 27 juin, XIV^h.

Forte secousse à San-Salvador.

433. — 1865. 15 juillet, IX^h 10'.

A Panama, une petite secousse. (*Mercantile Chronicle*, du 16 juillet ; communication de A. Sallé ; Perrey.)

434. — 1865. 12 octobre, XIV^h.

Forte secousse qui alarma les habitants de San-Salvador.

435. — 1865. Novembre.

A San-Salvador :

Le 19, XXII ʰ. Forte et longue secousse.

Le 20, 0 ʰ 30'. Secousse plus forte que la précédente.

436. — De la fin de décembre 1865 à février 1866.

Grande série de tremblements de terre au Nicaragua. Les habitants de Granada campèrent sur les places publiques. Je tiens de témoins oculaires dignes de foi qu'à cette époque le Rio Tipitapa souffrit de notables changements topographiques, et que c'est surtout depuis lors que ses eaux ne dépassent plus la cascade qu'il présente au milieu de son cours. (*El Porvenir*, de Caracas, 21 de febrero de 1866 ; Perrey.)

437. — 1865. Fin de l'année.

D'après Dollfus et de Montserrat, l'Izalco entre dans une période de calme relatif, après avoir progressivement diminué d'activité depuis 1856. Les événements postérieurs démentent cette assertion, à moins qu'il ne s'agisse que des phénomènes journaliers, et encore mes propres renseignements tendent à infirmer cette manière de voir.

438. — 1866. Février.

Eruption nouvelle du Turrialba.

Des masses énormes de fumée et de cendres s'échappèrent de son cratère avec des éclats de tonnerre qui s'entendaient à de grandes distances. De grandes quantités de cendres tombèrent sur la partie la plus cultivée du pays jusqu'au port de Puntarenas. A San-José, on avait en même temps éprouvé de violentes secousses, qui avaient asséché les puits de la ville. La date précise de cette éruption n'est donnée nulle part. (*Estrella de Panama*, del 24 de febrero ; *Courrier de San-Francisco*, du 30 mars, d'après le *Star Herald*, de Panama ; *El Porvenir*, de Caracas, del 6 y del 21 de marzo ; Perrey, Fuchs, Dollfus et de Montserrat.)

439. — 1866. 3 février, XXI ʰ 1/2.

A Granada, fort tremblement. Il y eut vingt et une secousses dans les vingt-quatre heures. Elles furent senties aussi à Masaya, Managua et Léon. Elles ne causèrent aucun dommage. On les attribua à une éruption non confirmée du Rincon. (*Gaceta de Nicaragua*, del 10 de febrero; *Courrier de San-Francisco*, du 30 mars, d'après le *Star Herald*, de Panama; *El Porvenir*, de Caracas, del 23 de marzo; Perrey.)

440. — 1866. Mars.

A San-Salvador :

Le 21, IX^h. Forte et longue secousse.
Le 22, XVII^h 30'. Petite secousse.

441. — 1866. Derniers jours de mars.

Dollfus et de Montserrat voient fumer le volcan El Viejo.

442. — 1866. 1er avril, II^h 1/2.

A Panama, petit tremblement. (Perrey.)

443. — 1866. Avril. Nuit du 27 au 28.

Au volcan d'Izalco, détonation sans flammes. Le 28, Dollfus et de Montserrat en firent l'ascension. Le matin, il vomissait une épaisse fumée. (Dollfus et de Montserrat.)

444. — 1866. Du 1er mai au milieu d'août.

Eruption de l'Izalco. — Les cendres tombèrent en très grande quantité jusqu'à Santa-Ana. Sur la route de cette ville à Sonsonate une vaste forêt fut détruite par la chute des lapilli et des sables brûlants. Le maximum de l'éruption eut lieu vers le 15 mai. (Dollfus et de Montserrat.)

445. — 1866. Mai.

Dollfus et de Montserrat pensent qu'à leur passage, en mai 1866, les ausoles d'Ahuachapan (volcans de boue) étaient moins chauds qu'au moment où Montgoméry et Stephens les visitèrent respectivement au commencement du siècle et en 1840. Cependant la description magistrale qu'en font ces deux géologues est tellement conforme au récit de Palacios (1575) et à l'état où je les ai trouvés moi-même en octobre 1884, que je suis très porté à croire que leur état d'activité, leur température, et leur nombre même, n'ont dû subir aucun changement appréciable depuis la conquête. Je profite de l'occasion pour signaler une particularité intéressante qui me semble avoir échappé à tous les observateurs qui ont visité cette curieuse région. On rencontre, dans la plaine entre Ahuachapan et Atiquisaya, et surtout entre ce dernier point et

Chalchuapa, une foule de lignes étroites que le pas de la mule du voyageur fait résonner comme si l'on marchait sur des voûtes. Il semble que l'on soit précisément sur les plafonds des canaux souterrains par lesquels circulent les gaz et les vapeurs qui se font jour par les ausoles. Telle est du moins l'explication que je donne de ce phénomène pour ce qu'elle vaut. La même chose s'observe à Java sur la route de Toeban à Bodjonegoro.

C'est au moment de leur visite aux ausoles d'Ahuachapan que Dollfus et de Montserrat croient avoir vu fumer le Chingo, fait que je considère comme excessivement peu probable.

446. — 1866. 9 août, VII^h 1'.

Forte secousse ressentie par Dollfus et de Montserrat au moment où ils exécutaient l'ascension du volcan d'Atitlan. Elle fut aussi perçue à Guatémala, et causa de grands éboulements sur les flancs du volcan. (Perrey, Dollfus et de Montserrat.)

447. — 1866. 13 août, XX^h 30'.

Forte et longue secousse qu'à San-Salvador on attribua à l'Izalco, dont l'éruption, commencée en mai, n'était pas encore alors tout à fait terminée. (*El Faro salvadoreño.*)

448. — 1866. Octobre.

A San-Salvador :

Le 13, 0^h 5'. Petite secousse.

Le 19, VIII^h 10'. Secousse prolongée et de longues oscillations.

449. — 1866. Novembre.

A San-Salvador :

Le 1er, V^h 3'. Forte secousse.

Le 25, IX^h 20'. Secousse faible, mais prolongée.

450. — 1867.

Eruption du volcan de Fuego. (Cayetano Santis.)

451. — 1867. Commencement de janvier.

Série de petites secousses à Santa-Tecla.

452. — 1867. 13 janvier, XIII^h 12'.

A San-Salvador et Santa-Tecla, tremblement plus fort que prolongé.

453. — 1867. 17 février, XI^h 30'.

A San-Salvador, tremblement prolongé et de lentes oscillations.

454. — 1867. 13 mars, III^h 22'.

A San-Salvador, fort tremblement, de longues oscillations.

455. — 1867. 21 mars.

Un tremblement détruit l'église d'Armenia (Guaimoco). On doit, je pense, l'attribuer à l'Izalco.

456. — 1867. 22 mars.

A cette date, on écrit de Panama : « Le volcan de Barba a montré une activité extraordinaire depuis quelques jours. » (*Moniteur,* du 16 avril ; Perrey.)

457. — 1867. Avril (?).

Eruption de l'Izalco. — D'après une lettre de Mariano Fernandez, de Sonsonate, le volcan continua de rejeter des cendres jusqu'au commencement d'août. On se rappellera un fait analogue, et de la fin d'avril au milieu d'août aussi, en 1866. Il faut donc confondre les deux et préférer la date de Dollfus et de Montserrat.

458. — 1867. 2 avril, XXIII^h 35'.

A San-Salvador, une forte et rapide secousse. — Dollfus et de Montserrat signalent pour avril ou mai un tremblement de terre qui aurait détruit quelques maisons dans cette ville ou aux environs. Ce ne peut guère être que ce choc ou celui du 21 mars peut-être.

459. — 1867. 22 avril, XIII^h 30'.

Légère trépidation à San-Salvador.

460. — 1867. 30 juin, 1er et 2 juillet.

Secousses à San-Salvador :

Le 30 juin, XVIII^h 15'. Forte trépidation suivie d'un choc violent et en tout sens, par une atmosphère très lourde. Il y eut quelques dégâts peu importants dans l'aire dont le périmètre est limité par La Libertad, San-Vicente, Suchitoto et Santa-Tecla. A San-Salvador, on n'éprouva que de l'alarme.

Le 30 juin, XIX^h 45'. Deux secousses courtes et faibles au milieu d'un orage.

  Id. XX^h 5'. Forte secousse.

Les retumbos étaient terribles depuis XVIII^h.

Le 1er juillet, 0^h 7'. Faible secousse, de lentes oscillations.
III^h 30'. Fort tremblement avec de violents et fréquents retumbos.

Le 2 id. XIV^h 53'. Faible secousse.

(*El Constitucional,* del 4 de julio ; *Opinion nacional,* du 16 août ; Caceres, Rockstroh, Perrey, Ant. d'Abbadie, Griesbach.)

461. — 1867. 5 juillet, III^h 10'.

A San-Salvador, secousse sensible. (*El Faro salvadoreño.*) C'est par erreur que Perrey, d'après une communication de Rouaud y Paz Soldan, de Lima, donne XV^h.

462. — 1867. 19 juillet, III^h 18' et XVI^h 10'.

A San-Salvador, faibles secousses.

463. — 1867. 5 août, I^h 15'.

A San-Salvador, assez forte secousse après un grand orage.

464. — 1867. Septembre.

A San-Salvador :

Le 1er, VIII^h 15'. Faibles secousses.
Le 2, XV^h 30'.

(*El Faro salvadoreño*). La communication faite à Perrey par Rouaud y Paz Soldan contient une erreur relative à la date.

465. — 1867. 7 octobre, VIII^h 25'.

A San-Salvador, forte secousse précédée d'un fort retumbo.

466. — 1867. 13 novembre, XII^h 12'.

A San-Salvador, secousse plutôt forte que prolongée.

467. — 1867. Du 14 au 30 novembre.

Eruption par deux cratères nouveaux qui se formèrent entre l'Orota et le volcan éteint de Las Pilas. Nous allons résumer le récit que firent de cet événement deux témoins oculaires, dont l'un, correspondant du *Courrier des Etats-Unis,* visita le terrain avant la fin du phénomène, et dont l'autre était consul des Etats-Unis, M. Dickinson.

Le 14 novembre, à partir de I ʰ, on entendit à Léon de Nicaragua une série de fortes explosions. A l'aube on aperçut des flammes s'élever entre l'Orota et le volcan de Las Pilas. En un point situé à environ huit lieues à l'est de la ville s'était formée une grande fissure de 8 à 900 mètres de long, et sur laquelle deux cratères, situés à une centaine de mètres l'un de l'autre, étaient le siège de violentes explosions qui se correspondaient, et de sourds grondements. Ces détonations continuèrent à des intervalles irréguliers de dix à trente minutes jusque dans l'après-midi du 27, moment auquel elles présentèrent un paroxysme des plus accentués. Pendant toute la période indiquée, des cendres et du sable noir tombèrent à Léon et certains jours atteignirent un quart de pouce d'épaisseur. A chaque explosion, les deux cratères lançaient d'énormes pierres à une hauteur considérable, que notre narrateur évalue à 3,000 pieds. Le cône principal atteignit rapidement une hauteur de 200 pieds, au dire de Dickinson, avec un diamètre égal. Des tremblements de terre se firent sentir à Léon et à Corinto pendant toute cette éruption, qui prit seulement fin le 30 novembre au matin.

Fuchs donne ces faits et cette date, mais sans grands détails. Lévy donne la date du 14 décembre par erreur. Quant à Dollfus et de Montserrat, qui reproduisent *in extenso* le récit que nous venons de résumer, ils émettent des doutes, non justifiés, sur l'exactitude de ces faits, sous le prétexte que le narrateur n'est point un savant de profession. A ce compte, on pourrait bien rejeter la moitié au moins de ce catalogue sismique. Ces faits sont incontestablement authentiques ; la précision des détails en est un sûr garant. Ramon de la Sagra (*Comptes rendus de l'Académie des sciences,* 1868, t. I, p. 481) donne par erreur la date du 2 au 18 décembre, et Figuier (*Année scientifique pour 1868*) celle du commencement de 1868. Elie de Beaumont (*Comptes rendus, l. c.,* p. 482) fait ressortir l'analogie des produits de cette éruption avec ceux de celle du Cosegüina en 1835. Cette éruption montre bien la tendance actuelle, déjà plusieurs fois signalée, que manifestent les points éruptifs à se rapprocher du Pacifique. (Perrey ; Dickinson : *Smithsonian Report for 1867,* pp. 467-470.)

468. — 1867. 19 novembre, XI ʰ 40'.

A San-Salvador, forte secousse.

469. — 1867. 26 novembre.

L'île de Zapodilla, dans le Golfo Dulce (Costarica), s'affaisse en partie, et de fortes secousses agitent ces régions de l'Amérique centrale. A Izabal, violentes secousses. (Perrey.) Le premier fait doit se rattacher à l'éruption décrite plus haut, et le second doit être regardé comme un phénomène indépendant.

470. — 1867. 7 décembre, XXIII^h 5'.

A San-Salvador, secousse impétueuse et instantanée.

471. — 1867. 13 décembre, XXIII^h 12'.

A San-Salvador, faible oscillation. (*El Faro salvadoreño.*) D'après Perrey, W. Mallet, le *Times* de la Nouvelle-Orléans (n° du 14 décembre), et les *Debats* (n° du 26 décembre), ce tremblement de terre aurait été ressenti dans le Honduras, le Vénézuela et les îles voisines.

472. — 1867. 14 décembre, XI^h 3/4.

Eruption de laves du San-Miguel. Elles s'épanchèrent vers le S.-O. avec une épaisse fumée et de forts retumbos, en mettant le feu aux broussailles de la montagne. Une éjection de cendres, plus importante que celle de laves, succéda. (*Diario del Comercio,* du 30 mai 1884 (article anonyme sur le San-Miguel); *Faro salvadoreño,* n°s du 20 et du 30 janvier; Perrey.) Le 30, l'éruption continuait encore.

473. — 1868. 3 janvier, XVIII^h 35'.

A San-Salvador, légère secousse.

474. — 1868. 6 janvier. Entre XVII et XIX^h.

A San-Salvador, deux secousses.

475. — 1868. 2 février, XIX^h 10'.

A San-Salvador, fort tremblement.

476. — 1868. Du 11 au 23 février.

Eruption du Conchagua.

Le 11 février 1868, une série de nombreux tremblements de terre mirent en alarme les habitants de La Union, et leurs craintes furent bientôt augmentées par les retumbos qui s'entendaient du côté du Conchagua. Perrey et *El Federalista*, de Caracas, del 9 de marzo, signalent pour le 11 les secousses suivantes : XIX h 1/4, une petite ; XIX h 1/2, une très forte de vingt-cinq secondes ; XIX h 40', une autre de vingt-cinq secondes et plus forte encore ; en tout seize pendant la première heure. Les secousses atteignirent le nombre de deux cents, dont cent quinze le 16. Le 19, une commission officielle put s'assurer que le centre du mouvement se trouvait sur le flanc sud de la montagne et aux deux tiers de sa hauteur, en un point que Dollfus et de Montserrat désignent sous le nom de Cerro de la Bandera (montagne du Drapeau ; il y a eu là en effet un sémaphore). A des intervalles réguliers de vingt minutes se produisaient en ce point de grands éboulements de roches, et à la fin de l'éruption la fumée et les cendres finirent par s'y faire jour. Il est curieux de noter la coïncidence de cette éruption avec une de l'Izalco, et une exacerbation de l'activité du San-Miguel.

Figuier *(Année scientifique pour 1868)* fait commencer l'éruption le 25 février, et par une erreur de plus confond ce volcan avec l'île du Tigre. De Parville *(Comptes rendus Ac. Sc.,* t. CIV, p. 763, « Sur une corrélation entre les tremblements de terre et les déclinaisons de la lune ») donne un tremblement de terre au Nicaragua pour le 25 février, à l'équilune, dans le petit catalogue sismique sur lequel il appuie sa théorie. Mais il n'y faut voir que la reproduction de l'erreur de Figuier.

(Ramon de la Sagra : *Comptes rendus Ac. Sc.,* 1868, t. I, p. 857 ; Fuchs, Gonzalez, Fernandez, Dollfus et de Montserrat ; *Journal des Débats,* du 23 avril ; *El Faro salvadoreño.)*

477. — 1868. 16 février.

Eruption de l'Izalco. *(El Faro salvadoreño.)*

478. — 1868. 16 février.

Le San-Miguel donne des signes d'une activité inusitée. (Même source.)

479. — 1868. 11 mars.

Tremblement de terre à San-Salvador. (De Parville, *l. c.)*

480. — 1868. Du 10 au 17 avril.

Quelques tremblements de terre à Guatémala. *(El Constitucional,* del Salvador, del 30 de abril.) Perrey et Griesbach les font commencer au 8.

481. — 1868. 1er mai, V^h 6'.

A San-Salvador, forte secousse.

482. — 1868. Fin mai.

A Guatémala, secousses pendant plusieurs jours. (Perrey, Fuchs.)

483. — 1868. 24 juillet, XVI^h 1/2.

Le Momotombo lance un épais nuage de fumée blanche que le vent emporta vers le sud, en la dissolvant en une poussière très fine qui avait une odeur sulfureuse. Temps magnifique ; pas de secousses. (Perrey.)

484. — 1868. 27 août.

A Guatémala, une secousse. (Perrey.)

485. — 1868. 23 septembre, I^h 20'.

A San-Salvador, forte secousse. (*El Faro salvadoreño ;* Perrey, d'après Poey.)

486. — 1868. 25 septembre.

A San-Salvador, violentes secousses. (Perrey, d'après Poey.)

487. — 1868. 2 octobre.

A San-Salvador, quelques légères secousses, dont la dernière et la plus forte fut suivie d'un violent retumbo et eut lieu à XXIII^h 30'.

488. — 1868. 9 novembre, VIII^h 42'.

A San-Salvador, légère secousse de trois secondes de durée. (*El Constitucional,* del 12 de noviembre ; Perrey.) J'ai, dans mon premier mémoire, donné XX^h 42'.

489. — 1868. 12 décembre, XXIII^h 5'.

A San-Salvador, forte et longue secousse.

490. — 1869. 6 janvier. Entre XVII^h et XIX^h.

A San-Salvador, deux fortes secousses.

491. — 1869. Avant le 22 janvier.

D'après des nouvelles de Panama de cette date et un télégramme de Plymouth du 11 février, la consternation régnait à Amatitlan et à Guatémala à la suite de nombreuses secousses. (Perrey.)

492. — 1869. 31 janvier.

Tremblement de terre à Guatémala et Amatitlan. (Dieffenbach : *Plutonismus und Vulcanismus in der Periode von 1868-1873;* Perrey.)

493. — 1869. 2 février.

A San-Salvador, une secousse. (Perrey.)

494. — 1869. 1er mars, Vh 6'.

A San-Salvador, secousse longue et assez forte. Elle fut sentie jusqu'à Sonsonate. (*El Constitucional;* Dieffenbach, *l. ç.;* Falb : *Die Erdbeben;* ex. : Sirius, *Journal d'Astronomie populaire;* Perrey.)

Perrey, Poey et le *Diario de la Marina,* de la Habana, du 11 mars, donnent pour le 2 un assez fort, mais court tremblement sans dommages à San-Salvador. Ne faut-il pas l'identifier avec le précédent? En même temps, détonations extraordinaires à l'Izalco.

495. — 1869. 10 avril.

Eruption de l'Izalco.

Les détails qui suivent ont été extraits d'une lettre du général Ciriaco Choto, datée d'Izalco le 28 avril, et écrite à la suite de la visite qu'il fit au volcan le 27, en compagnie de Miguel Romualdo, Antonio Melendez et Manuel Diaz, et insérée dans le *Faro salvadoreño* du 3 mai. Le courant de lave se fit jour par un cratère qui s'était formé à mi-hauteur de la montagne et s'épanchant vers l'est, arriva le 17 à la Quebrada (ravin) del Español, c'est-à-dire à deux lieues de son point de départ. La coulée avait 100 vares (= 84m,6) de large et 18 à 20 pieds de profondeur en ses parties les plus étroites. David Guzman donne par erreur la date du 19 mars.

496. — 1869. 10 avril, XXIh 20'.

On ressentit à San-Salvador un fort tremblement de terre, qu'on eut tort d'attribuer à l'éruption de l'Izalco, car il résulte de la lettre du général

C. Choto, qu'il ne fut point ressenti à Izalco. (*El Faro salvadoreño; La Prensa de la Habana*, del 11 de mayo ; Perrey.)

497. — 1869. 11 avril, XXI^h 30'.

A San-Salvador, fort tremblement. — *El Faro salvadoreño*, Perrey et la *Prensa de la Habana*, del 11 de mayo, donnent XXII^h 12', et disent que le choc eut lieu au milieu d'un violent orage. Il faut noter que la saison des orages commence rarement aussi tôt.

498. — 1869. 12 avril, IV^h 40'.

A San-Salvador, léger tremblement. — *El Faro salvadoreño*, Perrey et la *Prensa de la Habana*, déjà citée, donnent la date du 13.

499. — 1869. 4 mai, XVII^h 40' et XIX^h 10'.

A San-Salvador, fortes secousses.

500. — 1869. 19, 20 et 21 mai.

Eruption de l'Izalco.

Les détails suivants ont été extraits du rapport officiel de l'alcade de Dolores Izalco et de celui d'une commission envoyée sur les lieux par le gouvernement, et composée de Rafael Zaldivar, depuis président du Salvador (1875-1885), de Dorat et de Juan Bonilla. Elle fit ses observations les 4 et 5 juin. Il résulte de ces deux documents que le volcan s'était montré beaucoup plus actif que de coutume quelques jours avant le 19. A la tombée de la nuit du 19, la montagne se couvrit d'une nuée épaisse qui se dissipa à VIII^h, le 20, en laissant voir d'immenses flammes au-dessus du cratère. A IX^h, la lave commença à s'épancher dans la direction de Santa-Ana jusqu'à minuit. Le courant, marchant à raison de 350 à 400 vares par jour dans les parties déclives et de 30 à 40 en palier, arriva bientôt à se heurter contre d'anciennes coulées qui le firent se diviser en trois branches, dont la principale atteignit le Rincon del Tigre (coin du Tigre), après avoir parcouru plus de 30,000 vares par la même voie qu'en janvier 1860, entre les flancs de l'Izalco et du Santa-Ana jusqu'au Rio Cenizas (cendres).

Le gouvernement, se trouvant alors en détresse financière, avait envoyé la commission dont on a parlé dans l'espoir qu'il pourrait tirer quelque profit des laves, partageant ainsi, en plein XIXe siècle, les ignorantes espérances des Blas del Castillo et Oviedo. Mais ses envoyés revinrent les mains vides, n'ayant trouvé, d'après leur rapport, que du chlorhydrate, du nitrate et du sulfate d'ammoniaque, du nitrate et du sulfate de potasse, du chlorure de sodium, du sulfate et de l'oxyde de fer, du soufre et divers sulfures, par l'analyse qualitative des sels qui se déposaient à la surface des laves après leur refroidissement.

En outre des laves, le volcan rejeta aussi des cendres qui abîmèrent les plantations de Juayua et de Sonsonate.

501. — 1869. 18 juin.

Eruption de laves et de cendres de l'Izalco.

Le 18 juin, de X^h jusqu'à la nuit, le volcan rejeta une pluie de cendres qui vint tomber jusqu'à Acajutla. A chaque instant, d'immenses éclairs se formaient au-dessus du cratère et venaient y aboutir. Un fait analogue a déjà été signalé pour l'éruption du Cosegüina en 1835, et de nombreux exemples semblables ont été réunis par Arago. On conçoit qu'une éruption au sommet d'un cône volcanique élevé doive causer une perturbation considérable dans l'état électrique des couches atmosphériques voisines. Tout ce qu'il faut noter, c'est que le plus souvent ces éclairs, à ce qu'il paraît du moins dans l'état actuel des observations, vont des nuages au cratère. A Izalco, les retumbos furent très violents et l'obscurité grande. Il y eut trois courants comme dans l'éruption de mai. (Lettre de Mariano Fernandez, insérée dans le *Constitucional* del 24 de junio; Perrey; *Diario oficial de Bogota*, del 21 de agosto; *Petermann's geogr. Mitth.*, 1869.)

Ces trois éruptions successives de l'Izalco ont introduit une grande confusion dans la presse centre-américaine de l'époque; mais les documents originaux que j'ai pu me procurer ne permettent pas le moindre doute, j'entends à mes yeux, sur le dénombrement et la description qui précèdent.

502. — 1869. 7 septembre, XX^h.

A San-Salvador, tremblement de terre assez fort pendant un orage.

503. — 1869. 4 novembre.

A San-Salvador :

I^h. Une secousse légère.

IV^h 45'. Deux secousses légères.

504. — 1869. 9 novembre, XXI^h 50'.

A San-Salvador, léger tremblement. (*El Faro salvadoreño;* Perrey.)

*505. — 1869. 16 novembre, XXII*ʰ *40'.*

A San-Salvador, forte et rapide secousse. (Mêmes sources.)

*506. — 1869. 2 décembre, XXIII*ʰ.

A San-Salvador, une secousse rapide.

*507. — 1869. 10 décembre, XVIII*ʰ *12'.*

A San-Salvador, une secousse rapide.

508. — 1870.

Dans le Guatémala, près de Soconusco, éruption gazeuse, qui a détruit plusieurs villages. (Perrey, Fuchs.)

*509. — 1870. 2 janvier, 1*ʰ.

A San-Salvador, une violente secousse.

*510. — 1870. 12 janvier, I*ʰ.

A San-Salvador, un choc brusque et violent. (Perrey.) Ne faut-il pas l'identifier avec le précédent?

*511. — 1870. 9 février, XIV*ʰ *55'.*

A San-Salvador, léger mouvement.

512. — 1870. Du 14 au 30 avril.

Tremblements de terre quotidiens à Guatémala. — Perrey, d'après Dieffenbach, *l. c.*, ne fait terminer cette période qu'au 14 juin.

*513. — 1870. 16 avril, XXIII*ʰ.

A San-Salvador, léger mouvement.

*514. — 1870. 20 avril, IX*ʰ *50' (m. ou s. ?).*

A San-Salvador, deux secousses fortes et rapides.

*515. — 1870. 21 avril, VI*ʰ *20'.*

A San-Salvador, forte secousse.

516. — 1870. Mai.

Tout ce mois, il trembla journellement à Guatémala, et surtout pendant la première quinzaine à Opico.

517. — 1870. 6 mai, XIX^h 28'.

A San-Salvador, forte secousse de douze à quatorze secondes avec un retumbo.

518. — 1870. 19 mai, VI^h (?).

Commencement d'une éruption de l'Izalco avec de nombreux tremblements de terre. La lave atteignit la base du volcan. (Rockstroh.) Il faut identifier ce fait avec l'éruption authentique du 19 mai 1869.

519. — 1870. Du 1er au 14 juin.

De fortes secousses furent senties à Guatémala. Celle du 12, à XV^h (durée de quinze secondes et direction du S.-E. au N.-O.) ruina les villages de Cuajiniquilapa, Izguatan, Los Esclavos, Cerro Redondo et surtout Los Lagartos, localités du Guatémala et du Salvador, des deux côtés du Rio Paz. Chiquimulilla fut complètement détruite. Ces secousses furent attribuées, mais sans aucune preuve, au volcan éteint le Tecpam-Burro. (Rockstroh.)

520. — 1870. 16 juin.

Tremblement de terre général au Nicaragua et bruits souterrains à Granada. (Rockstroh.)

521. — 1870. Du 18 au 23 juin.

Tremblement de terre à Cuajiniquilapa. (Rockstroh.)

522. — 1870. 18 juin.

Trois tremblements de terre se font sentir dans presque toute la République de Nicaragua. C'est surtout à Léon qu'ils furent violents. L'on entendait de forts retumbos venant du Momotombo. (Rockstroh.)

523. — 1870. 12 juillet, IV^h 50'.

Un fort et rapide tremblement de terre, ressenti aussi dans le Salvador, causa quelques dégâts dans les départements de Santa-Rosa (Honduras) et de

Jutiapa (Guatémala). Rockstroh et Perrey donnent par erreur la date du 13. La presse de San-Salvador est unanime à donner celle du 12. Dieffenbach, *l. c.,* donne le 13, à V^h 50'.

524. — 1870. 26 juillet, XVI^h 49'.

Tremblement de terre à Managua. Toutes les nuits on entendait des retumbos venant du Momotombo. (Rockstroh.) Perrey donne XVII^h, et ajoute que ce volcan aurait vomi, parait-il, des flammes et de la fumée.

525. — 1870. 27 juillet.

Fort tremblement à San-Salvador. (Rockstroh, Perrey.)

526. — 1870. 28 juillet, XI^h 30'.

Fort tremblement de terre, mais sans dégâts, au Salvador. (Rockstroh, Perrey, A. Lancaster.)

527. — 1870. 6 septembre, VII^h 25'.

A San-Salvador, lente oscillation de deux à trois secondes.

528. — 1870. 12 septembre, V^h 20'.

A San-Salvador, forte et rapide secousse.

529. — 1870. 18 septembre, XVII^h.

A San-Salvador, léger tremblement. (Rockstroh.) N'est-ce pas une erreur pour le 18 octobre, V^h ?

530. — 1870. 18 octobre, V^h.

A San-Salvador, léger tremblement.

531. — 1870. 19 décembre, X^h 20'.

A San-Salvador, léger tremblement d'oscillation et de peu de secondes de durée.

532. — 1871. 14 janvier, II^h 35'.

A San-Salvador, léger tremblement d'environ quinze secondes de durée et terminé par une forte secousse. Donné aussi par Perrey.

533. — 1871. 26 janvier, XVIII^h 27'.

A San-Salvador, tremblement fort, mais très court.

534. — 1871. 8 février.

A San-Salvador :

VII^h 35'. Tremblement fort.

VII^h 38' 30". Tremblement plus faible.

535. — 1871. Entre le 23 février et le 2 mars.

A San-Salvador, deux secousses légères.

536. — 1871. 18 mars, XXII^h 12'.

A San-Salvador, tremblement fort et prolongé.

537. — 1871. 24 mars, XIII^h 45'.

A San-Salvador, tremblement assez fort, mais de courte durée. Donné aussi par Perrey.

538. — 1871. 29 mars, XXII^h 15'.

A San-Salvador, deux fortes secousses consécutives.

539. — 1871. 30 Mars.

A San-Salvador, deux secousses. (Perrey.)

540. — 1871. 10 octobre, VIII^h 37'.

A San-Salvador, légère secousse. Perrey donne VIII^h 27'.

541. — 1871. 13 octobre.

A San-Salvador, 0^h 0' et 0^h 30', deux fortes secousses, la seconde de dix-neuf secondes de durée. Dans le reste de la nuit, deux autres secousses. Perrey place la première le 12, à XXIII^h 36'. *La Opinion nacional,* de Caracas, del 28 de noviembre, dit que le tremblement du 12, à XXIII^h, a été fortement ressenti au port de La Libertad par le steamer *Honduras,* qu'elle paraissait venir de l'Est, et fut signalée à La Union et au Nicaragua.

542. — 1871. 10 novembre.

A San-Salvador, tremblement léger. (*The Nature,* t. V, p. 212; Perrey.)

543. — 1871. 12 novembre.

A San-Salvador, fort tremblement. (Mêmes sources.)

544. — 1872. 1er octobre, 1h 45'.

A San-Salvador, trois légères secousses.

545. — 1872. 8 novembre.

A San-Salvador :

IIh 30'. Trois secousses suivies d'un retumbo. Elles semblaient avoir la direction du S.-E. au N.-O.

XXIIIh 30'. Autre oscillation de même direction.

Ce jour-là on entendit de nombreux retumbos vers le San-Jacinto.

546. — 1872. 14 novembre (?).

Aux deux dates du 14 novembre 1867 et du 14 novembre 1872, Fuchs donne un récit à peu près semblable d'une éruption près de Léon par un cratère nouveau. Nous admettons la première (voir plus haut), mais c'est sans hésitation que nous rejetons la seconde.

547. — 1872. Décembre.

Eruption de l'Izalco.

548. — 1872. 29, 30 et 31 décembre.

Série de tremblements de terre à San-Vicente.

Le 29, à XXIIIh 50', il y eut cinq secousses dont une très forte. Le 30, il y eut cinq secousses très légères, à VIIh 56', et soixante-seize de VIIIh à XVh. Le 31, quelques secousses seulement.

Les tremblements de terre du 29 firent quelques dégâts, et il y eut des morts et des blessés. Le confluent du Rio Ismatac avec l'Acahuapa (rivière de San-Vicente) se mit dans un état de mouvement continu. Ces secousses furent, mais sans preuves d'aucune sorte, attribuées aux volcans éteints El Brujo (le Sorcier) et le Siguatepeque (montagne de la Femme), près du Rio Lempa. (Caceres.)

549. — 1873.

Eruption de l'Izalco, d'après Fuchs.

550. — 1873. Du 22 février au 19 mars.

Ruine de San-Salvador.

Nous allons résumer les relations de Caceres, Rockstroh et Guzman.

Le 22 février, à l'aube, il y eut deux secousses, et il continua de trembler de nombreuses fois. Du 1er au 19 mars, les chocs devinrent de plus en plus fréquents. Le 4, il y en eut un très fort dont Caceres place le foyer dans les hauteurs de Texacuangos.

Les habitants de San-Salvador étaient dès lors très alarmés, quand dans la nuit du 18 au 19, par une atmosphère sereine, mais lourde, de forts retumbos vinrent réveiller leurs appréhensions.

A 11h, une première secousse, suivie d'une autre plus forte à 11h 6', fit sortir les gens des habitations. Peu après, à 11h 40', on entendit une forte détonation, et en même temps un violent tremblement de terre vertical renversa la ville, dont seulement une quinzaine de maisons restèrent debout. Au milieu d'un immense nuage de poussière, on entendit aussitôt s'élever les cris des blessés et des mourants. Les hurlements des chiens augmentaient encore l'horreur d'une nuit au milieu de laquelle chacun cherchait les siens sous les décombres. Les victimes furent nombreuses, quoique moins cependant qu'en 1854. Il y eut soixante petites secousses dans le reste de la nuit. Toutes les secousses allaient de l'E. à l'O., et comme les eaux du lac d'Ilopango étaient, au moment de la catastrophe, fort agitées, on peut supposer que ces tremblements de terre, qui semblaient venir de cette direction, étaient peut-être le premier effort d'une action volcanique au sein de ce lac. Cette action, dans cette hypothèse, n'aurait point alors été suffisante, pas plus qu'en 1854, pour briser l'écorce terrestre, de sorte que faute de soupape de sûreté, la ville de San-Salvador a été détruite à ces deux époques, tandis qu'en 1879-80, l'apparition du volcan d'Ilopango la sauva d'un nouveau désastre et peut-être la sauvera encore dans l'avenir, à moins que cette bouche ne se ferme complètement, ce qui malheureusement semble être dès maintenant un fait accompli. L'Izalco se montrait alors beaucoup plus actif que de coutume.

Le tremblement de terre du 19 fut ressenti jusqu'à Gracias, dans l'intérieur du Honduras, et l'aire des dégâts fut la suivante : San-Jacinto, San-Marcos, Santo-Tomas, Santiago-Texacuangos, Olocuilta, Mejicanos, Ayutustepeque, San-Sebastian, Aculhuaca, Cuscatancingo, Apopa, Soyapango, Tonacatepeque, San-Martin, Guayabal et Santa-Tecla; c'est-à-dire dans un rayon de cinq à six lieues seulement de la capitale. Après la secousse, le lac de Cuscatlan, qui occupait le fond d'un beau cratère du volcan de San-Salvador, se vida, et c'est maintenant le siège d'une importante usine à sucre.

Quelque opinion qu'on puisse avoir sur la très étrange théorie volcanique mise en avant par J.-M. Caceres, et d'après laquelle il existerait tout le long de l'immense développement de la Cordillère des Andes une communication caverneuse, qu'il appelle Cañon volcanique, parce que tous les volcans de cette chaine seraient placés au-dessus, et par laquelle s'effectueraient des circulations de gaz, des éboulements, etc..., théorie renouvelée de Bylandt-Rheidt, nous croyons intéressant de donner le passage suivant de sa lettre du 21 juin 1873, à Dario Gonzalez, et insérée dans le *Fenix,* journal san-salvadorénien, le 27 du même mois :

..... « Immédiatement après le second tremblement de terre, pré-
» curseur de celui de la ruine, apparut de l'autre côté du sommet du San-
» Jacinto ou Amatepeque (montagne des Amates; *Ficus Indica*) une lueur peu
» intense, rouge violacée, et par rafales intermittentes, précisément dans la
» direction du point où la commission des sieurs van Severen et Platt suppose
» le foyer de la commotion, c'est-à-dire dans les hauteurs de Texacuangos et
» près des bords du lac d'Ilopango. Peu d'instants après, l'on perçut une forte
» odeur sulfureuse suffocante..... »

De Humboldt admet que certains tremblements de terre ont été accompagnés de semblables phénomènes lumineux, ainsi que Poey, Arago et d'autres sismologues. Mais dans l'espèce il est convenable de douter de leur production le 19 mars à San-Salvador, car M. Van Severen, interrogé par moi-même, m'a nié qu'ils aient eu lieu. Quant à l'odeur sulfureuse, se reporter à la ruine de 1854.

Après le désastre, on se mit à rebâtir la ville sans plus songer à l'abandonner pour Santa-Tecla.

551. — 1873. Du 21 au 26 août.

De très grand matin, à Guatémala, on ressentit plusieurs tremblements de terre, dont deux furent assez intenses et prolongés. Dans l'après-midi du même jour, un autre fort tremblement causa quelques dégâts dans les habitations. Plusieurs petites secousses suivirent jusqu'au 29. On attribua tout au réveil du San-Antonio, volcan éteint, situé à quelques lieues de Guatémala, sur la route de la Verapaz, mais sans autre preuve que ce fait que les eaux de son lac cratérique se mirent en ébullition.

552. — 1874.

D'après Dario Gonzalez, le volcan de Santa-Ana fuma beaucoup cette année-là, et en conséquence dessécha les plantations de café du voisinage. Par compensation, l'Izalco aurait paru beaucoup plus tranquille que de coutume.

553. — 1874. 3 septembre.

Un fort tremblement de terre causa beaucoup de dégâts dans les départements de Chimaltenango, Amatitlan et Escuintla. Il y eut 116 morts et 85 blessés à Patzitzia, qui paraît avoir été le centre d'ébranlement. La Antigua Guatémala, Alotenango, Ciudad Vieja, Balanya et Amatitlan souffrirent notablement. Dueñas et San-Andres Iztapa furent presque complètement détruites. Le nombre total des victimes atteignit 200. (Rockstroh et documents officiels.)

554. — 1876. Avril et mai.

Le cratère du volcan de San-Salvador, situé sur l'éperon de la Joya, fuma légèrement. Ce phénomène m'a été signalé par le général Cesar Lopez, à cette époque simple géomètre, et alors occupé à des opérations d'arpentage en ce point et témoin oculaire. Un passage de Laët montre qu'à une époque indéterminée, mais intermédiaire entre la conquête et 1633, date de l'impression de son ouvrage, un des cratères du San-Salvador dégagea des gaz et donna des signes non équivoques d'activité. Ces deux faits, ainsi que la grande éruption de 1659 et celle moins certaine de 1806, montrent qu'on ne doit pas considérer le volcan de San-Salvador comme aussi complètement éteint qu'on le croit dans le pays, et que rien ne prouve qu'il ne puisse se réveiller un jour. A priori, rien ne peut me faire douter du fait signalé par le général Lopez.

555. — 1876. 4 octobre.

Fort tremblement de terre à Managua.

556. — 1877. 25 juin, XVII^h.

Léger tremblement de terre à San-Salvador. Dans la nuit, il fut suivi de quelques petites secousses.

557. — 1877. 21 novembre, X^h 15' et XXIII^h 5'.

A San-Salvador, deux légères secousses. Le même jour, un grand orage causa des dégâts à Sarragoza, sur la route de La Libertad.

558. — 1878. 27 juillet XIX^h 30'.

Tremblement de terre à San-José de Costarica. (Rockstroh.)

559. — 1878. Août.

Sept tremblements de terre à San-José de Costarica. (Rockstroh.)

560. — 1878. Septembre.

Quatre tremblements de terre à San-José de Costarica. (Rockstroh.)

561. — 1878. Octobre.

Deux tremblements de terre à San-José de Costarica. (Rockstroh.)

562. — 1878. 2 octobre, XX[h].

Ruine de Jucuapa (Salvador), sur le flanc nord du volcan éteint de même nom. Une seule secousse inopinée ruina cette ville. Chinameca, Tecapa, El Triunfo, Santiago de Maria, et les hameaux voisins, tous du département d'Usulutan, souffrirent beaucoup. Les victimes furent nombreuses à Jucuapa. (Documents officiels ; témoignages oraux de témoins oculaires ; Rockstroh.)

563. — 1878. Novembre.

Quatre tremblements de terre à San-José de Costarica. (Rockstroh.)

564. — 1878. 30 décembre, I[h] 25'.

Tremblement de terre à San-José de Costarica. (Rockstroh.)

565. — 1879. Commencement de l'année.

Petite éruption de cendres du Santa-Ana. Ce renseignement m'a été fourni par l'ingénieur don Carlos Zimmermann qui l'a observée lui-même.

566. — 1879. 18 mars.

Tremblement de terre à San-José de Costarica. (Rockstroh.)

567. — 1879. Avril.

Quatre tremblements de terre à San-José de Costarica. (Rockstroh.)

568. — 1879. 29 et 30 mai.

Six tremblements de terre à San-José de Costarica en ce mois-là, en outre de deux très forts, le 29, à XVIII[h] 36', et le 30, à 0[h] 50'. (Rockstroh.)

569. — 1879. Juin.

Sept tremblements de terre à San-José de Costarica. (Rockstroh.)

570. — 1879. 19 juin, III^h.

Léger tremblement de terre à Guatémala. (Rockstroh.)

571. — 1879. 21 septembre, XI^h 13'.

Faible tremblement de terre à San-José de Costarica. (Rockstroh.)

572. — 1879. 11 octobre, 0^h 45'.

Léger tremblement de terre à Guatémala. (Rockstroh.)

573. — 1879. 18 novembre, X^h 40'.

Faible tremblement de terre à San-José de Costarica. (Rockstroh.)

574. — Du 20 décembre 1879 à la fin de mars 1880.

Formation du volcan du lac d'Ilopango.

Les mémorables phénomènes qui ont eu lieu pendant cette période de près de quatre mois, et ont donné naissance à un nouveau mais éphémère volcan au sein du lac d'Ilopango, méritent une relation détaillée, car ils sont peu connus en Europe, malgré leur date récente. Nous résumerons et combinerons deux rapports scientifiques faits sur les lieux, celui de Goodyear, géologue d'état du Salvador, aidé en ses observations par le capitaine Spilsbury et le télégraphiste Quiñones, et celui d'une commission envoyée par l'observatoire de l'Institut de Guatémala et composée d'Edwin Rockstroh, sous-directeur de cet établissement, de l'ingénieur topographe *(sic)* Manuel R. Ortega et de Gregorio Aguilar.

Tout d'abord, nous devons donner une rapide esquisse de la région du lac d'Ilopango, au sein duquel se sont produits les intéressants phénomènes que nous avons à raconter.

Ce lac est situé à l'extrémité sud de la faille volcanique qui s'étend de San-Salvador au volcan de San-Vicente, et qui forme ce qu'on a très faussement appelé la vallée de San-Salvador. C'est en effet une erreur profonde que de faire une vallée du terrain compris entre la haute plaine de Santa-Tecla et les villes de San-Salvador et Soyapango. S'il en était ainsi, le Rio Acelghuate ne serait pas normal à cette direction et viendrait se jeter dans le lac d'Ilopango. Mais il faut avouer que l'aspect général des pentes donne facilement lieu à cette illusion d'optique, et que, pour se détromper, il faut étudier de près les cours d'eaux et leurs thalwegs et bien voir qu'ils coulent presque en sens inverse de ce qu'on pourrait croire tout d'abord. Cela vient de ce que leur cours en plan a été déterminé anciennement par la chaîne côtière du Salvador, et que plus tard, dérangés par une faille au travers des cendres volcaniques, ils ont profondément entamé ces couches extrêmement friables pour conserver seulement leur direction primitive générale. La formation même du lac d'Ilopango soulève les problèmes géologiques les plus ardus. Squier le regarde comme un cratère d'effondrement, et il faut reconnaître qu'à l'époque où ce voyageur écrivait et observait, les théories géologiques en cours trouvaient en ce lac un merveilleux exemple à l'appui des hypothèses de de Buch. Actuellement on a, comme on sait, généralement renoncé à cette explication. Dollfus et de Montserrat pensent que ce lac résulte, comme ceux d'Amatitlan et d'Atitlan, du barrage d'une vallée par des déjections volcaniques. Nous savons par les traditions indiennes que c'est le cas du lac de Guïjia. Mais pour celui d'Ilopango cette opinion est inadmissible. D'abord il n'y a pas de vallée, et de plus le terrain qui sépare le lac de la vallée du Rio Jiboa, et qui a été si profondément entamé pour laisser passer le trop plein des eaux du lac, est composé de roches porphyriques et trachytiques de beaucoup antérieures et au soulèvement de la chaîne côtière et au lac lui-même, creusé entièrement qu'il est dans des masses très modernes de tufs blanchâtres, de cendres et de ponces recouvrant les porphyres et les trachytes qui affleurent en de nombreux points du haut plateau de San-Martin, et surtout dans les hauteurs de Cojutepeque. Il ne reste plus guère qu'une seule hypothèse plausible, les deux précédentes étant éliminées, celle de regarder le lac d'Ilopango comme un cratère d'explosion, au milieu de masses profondes d'alluvions volcaniques et de cendres sans consistance. La très grande profondeur du lac (200m d'eau maintenant au centre; près de 300 avant la formation du volcan) et les falaises abruptes qui le bordent au nord, au nord-est et à l'est, mais se présentent plus douces le long du Cus-Cus, des Texacuangos et du San-Jacinto, montrent que cette explication est conforme aux faits d'observation qui me l'ont suggérée. Enfin, la vallée-déversoir est elle-même dans le prolongement de la faille à l'extrémité orientale de laquelle se trouve le San-Vicente, et aurait été probablement produite par l'immense explosion que nous supposons avoir donné lieu à ce cirque imparfaitement circulaire de 10 kilomètres dans son plus grand diamètre.

Les eaux du lac d'Ilopango ont beaucoup varié de niveau. L'étude des falaises le prouve péremptoirement. Les éboulements produits dans la vallée-déversoir, lors de la formation de l'Izalco en 1770, lui permirent, postérieurement à cet événement, de se remplir presque complétement. L'approfondissement progressif de cette fracture, jusqu'à lui donner une très faible pente vers le Rio Jiboa, lui assure actuellement une grande constance de niveau.

On n'est pas absolument d'accord pour fixer le commencement de la série des très nombreux tremblements de terre par lesquels préluda la formation du volcan. José C. Lopez, alors ministre de l'intérieur, le fixe au 20 décembre, à XIV^h, et le télégraphiste Quiñones au 21, à XVI^h. La première date est pour moi la plus probable, en raison de la facilité d'information que possédait le haut fonctionnaire précité, chef de la police, et dans les attributions duquel tout rentre dans les libres Républiques hispano-américaines, même les tremblements de terre. Quoi qu'il en soit de l'exactitude de l'une ou l'autre de ces deux dates, il est certain que les secousses, quoique encore de faible intensité, étaient accompagnées de retumbos si forts et se répétaient avec tant de fréquence, que le gouvernement salvadorénien, justement alarmé, ordonna au géologue d'état Goodyear d'aller examiner le lac d'Ilopango, qui était évidemment, même pour les personnes les moins compétentes, le centre de l'activité sismique dont on ressentait les manifestations. Cette opinion était corroborée par les anciennes superstitions indigènes relatives tant au lac lui-même qu'aux montagnes volcaniques de Cus-Cus, du Texacuangos et de San-Jacinto qui le bordent et constituent la Sierra de Texacuangos, que nous avons déjà vue tant de fois être le foyer de violents tremblements de terre, et qui s'étend jusqu'à Cuzcatlan, l'antique capitale des Indiens Précolombiens du Salvador. Suivant les auteurs espagnols que l'on consulte, ce nom voudrait dire « vallée des richesses », ce qui est peu vraisemblable, étant donnée la nature tourmentée et ravinée de cette région, ou « vallée du hamac », en raison des nombreux tremblements de terre qui l'ont de tout temps affligée. La vallée, qui de Santo-Tomas vient déboucher près de San-Salvador par San-Marcos, me semble, tant par l'examen des anciens textes espagnols que par l'aspect même du terrain, avoir été le siège d'un petit lac qui aurait rompu ses digues, peut-être sous l'effet du tremblement de terre de 1575. Ces auteurs, en effet, parlent fréquemment du lac de Texacuangos près de San-Salvador, et ce concurremment avec celui d'Ilopango. A l'autre extrémité et près du déversoir de l'Ilopango, se voit le pic, peut-être volcan éteint (il faudrait des investigations plus complètes que je n'ai pu le faire moi-même pour le prouver d'une manière incontestable) de Cus-Cus, qui, dans les anciennes traditions du pays, joue le rôle du mont Ararat, c'est-à-dire que ce serait là que se serait arrêtée la barque du Noé Aztèque ou Toltèque.

Cette belle nappe d'Ilopango, aux eaux d'une sulfuration variable, ses presqu'îles qui deviennent fréquemment des îles par suite de changements de niveau de la surface liquide, les deux lignes d'anciens rivages qui se profilent nettement sur tout le pourtour de ses falaises abruptes, le Canon d'Atuscatla qui le réunit au Rio Jiboa, les montagnes de Cus-Cus et de San-Jacinto qui le bordent, enfin les splendides volcans de San-Vicente, Cojutepeque et San-Salvador qui le dominent de près, tout cela constitue un des plus merveilleux spectacles du Centre-Amérique. Est-ce pour cela que les indigènes l'avaient consacrée à Xochilquetzal, déesse de l'amour, à laquelle ils sacrifiaient annuellement quatre jeunes vierges, comme ceux du Nicaragua le faisaient au cratère du Masaya, en les y précipitant du haut des falaises, et qui étaient ainsi destinées à apaiser le génie des tempêtes caché dans son sein. De fait ce lac est le siège, pendant la saison des pluies, de violents orages qui ne laissent pas que de causer des victimes parmi les pêcheurs. De l'étymologie nahuatl d'Ilopango donnée par Brasseur de Bourbourg, à savoir « plaine des Elotls (jeune maïs) », quelques centre-américains à l'imagination facile en concluent que les indigènes ont été témoins de la formation de ce lac; or ce nom s'applique certainement à la haute plaine de San-Martin. La croyance populaire à un accroissement continu du San-Jacinto, lent en temps ordinaire et brusque lors des grandes catastrophes, a été réduite à néant par les mesures que j'ai faites avec le capitaine Touflet. Rockstroh doute (*Informe.....*, p. 20), et avec raison, qu'il se soit élevé, au témoignage des Indiens des environs, d'un seul coup, de deux à trois pieds lors de la formation du volcan d'Ilopango. Je suis ainsi amené à reproduire la note suivante de mon camarade Touflet, comme souvenir à sa mémoire :

SUR LA MONTAGNE DE SAN-JACINTO.

« Dans l'opinion d'un grand nombre de personnes de San-Salvador, la belle
» masse qui, sous le nom de Cerro de San-Jacinto, se dresse au sud-est et
» très près de la capitale, ne jouit pas d'une complète immobilité, et on pense
» généralement que, depuis de longues années, elle ne cesse de s'élever d'une
» manière progressive, ce qui, si c'était certain, produirait des différences
» sensibles dans son altitude.

» Il y a plus; quelques-uns pensent qu'à certaines époques, et en parti-
» culier au moment de l'émersion de nouvelles roches au centre du lac
» d'Ilopango (1879-80), la montagne dont nous nous occupons s'est accrue
» d'une manière notable. On dit en outre, quoique peut-être il ne soit pas
» d'un très grand intérêt de le rappeler, que, comme résultat de cette idée
» d'élévation lente, les conséquences futures des actions souterraines qui la

» produisent ne laisseraient pas que de causer dans cette région, et spécia-
» lement à San-Salvador, de nouvelles et désastreuses catastrophes.

» Prenant en considération cette foule d'affirmations, je cherchai si, au
» moyen d'observations précises et en opérant à des intervalles de temps
» plus ou moins longs, il ne serait pas possible de vérifier ce qu'il y a de
» certain quant aux variations d'altitude des sommets de cette montagne.

» Quoique ces observations aient été exécutées uniquement sous l'impulsion
» d'un sentiment de curiosité personnelle à des intervalles irréguliers et
» pendant une période relativement courte, et qu'elles n'aient donné jusqu'à
» présent que des résultats entièrement négatifs, je crois cependant bon de
» les donner à connaitre, afin qu'ils puissent plus tard être comparés avec
» des essais du même genre faits par de nouveaux observateurs.

» J'ajouterai quelques mots sur ce Cerro.

» Topographiquement parlant, c'est une montagne presque complètement
» isolée de la chaine côtière, mais très rapprochée d'elle, et dont elle n'est
» séparée que par une étroite et profonde vallée (vallée de San-Marcos, ravin
» d'Ahuachilla).

» Le grand axe de sa base, qui est sensiblement elliptique, est parallèle à
» la direction générale de ladite chaine. Géologiquement, il semble qu'elle
» doive être considérée comme appartenant à la formation volcanique même
» de la Cordillère côtière, puisque les mêmes matériaux volcaniques (laves, tufs,
» talpetates, etc...) se trouvent être identiques sur les deux versants de cette
» vallée. En outre, la configuration de cette vallée, dont le flanc sud a une
» pente si raide et dont la crête est si brusquement coupée, tandis que le
» fond du ravin présente un terrain extrêmement inégal, coupé de petits ravins
» qui se croisent dans tous les sens, cette configuration, dis-je, est telle
» qu'elle semble le résultat d'un effondrement qui aurait fait disparaitre
» d'autres terrains plus ou moins élevés, par lesquels, en d'autres temps, le
» Cerro de San-Jacinto aurait été uni à la Cordillère.

» Les nombreuses masses de laves qui ont descendu le long du flanc sud,
» et qui se voient de chaque côté du chemin de Santo-Tomas, viennent aussi
» confirmer l'idée de rupture par un effondrement qui aurait suivi le même
» axe que celui de la partie qui s'est conservée, en constituant ainsi le Cerro
» de San-Jacinto parallèlement à la direction générale de la chaine côtière.

» Mais, d'autre part, l'axe prolongé du ravin irait sensiblement se confondre
» avec le grand diamètre du lac d'Ilopango, lequel a été sans aucun doute
» formé par un ou plusieurs effondrements (voir contre cette idée ce que j'ai dit
» plus haut) qui auraient approximativement pour centre les ilots de récente

» formation (1879-80), de telle sorte qu'on peut déduire de ces considé-
» rations que le lac d'Ilopango et la vallée de San-Marcos font partie de la
» même faille volcanique.

» Quant à savoir s'il y eut ou non contemporanéité entre les manifestations
» de cette action géologique aux divers points de la faille, ou si l'état actuel
» est dû à des effondrements successifs, c'est une question qui paraît presque
» insoluble.

» Pour ce qui est de l'âge du Cerro de San-Jacinto et de la partie voisine
» de la Cordillère relativement à celui des autres points de la même chaîne
» considérée dans une section perpendiculaire à la côte, il y a peut-être plus
» de probabilité d'arriver à une solution satisfaisante.

» En effet, les flancs si abrupts des ravins qui descendent depuis les som-
» mets jusqu'à la mer, par exemple ceux de Talpa et de l'Idole, laissent voir
» des lignes de stratification horizontales ou presque horizontales qui
» séparent des couches de talpetate plus ou moins compact, et quelquefois
» dur comme le roc, et dont quelques-unes de composition variable, ont été
» évidemment déposées antérieurement au fond de la mer.

» Quoi qu'il en soit, que les éléments qui entrent dans la composition des
» tufs aient émergé aux points mêmes qu'ils occupent aujourd'hui, ou qu'ils
» aient été produits par l'éruption de roches, soit déjà existantes, soit faisant
» leur éruption à la même époque, dans les deux cas on peut affirmer que
» celle des terrains qui composent les parties les plus élevées de la chaîne
» (près de San-Jacinto, San-Marcos, Panchimalco, etc...) n'est pas postérieure
» à ces formations horizontales, parce que les forces souterraines agissant au
» moment de ce soulèvement auraient évidemment détruit leur horizontalité
» en produisant ainsi une pente vers la mer.

» Cependant comme les séparations des couches volcaniques ne se pré-
» sentent pas avec régularité dans les parties élevées déjà mentionnées, on en
» déduit immédiatement la probabilité qu'elles aient été poussées à l'extérieur
» par l'action de forces puissantes qui ont produit au milieu de la mer, et
» pour un temps limité, des îles autour desquelles la disposition régulière des
» couches de détritus n'a pu se former que postérieurement.

» Par conséquent, la région où le soulèvement a été le plus puissant, et en
» effet c'est celle qui présente un maximum dans l'élévation des crêtes de la
» chaîne, est celle qui correspond, d'après ce que nous avons dit, aux époques
» les plus reculées de ces formations; c'est celle où se rencontrent les vestiges
» les plus importants de ces phénomènes géologiques en des temps relati-
» vement plus récents, et c'est enfin la même qui est actuellement le théâtre

» des séries de tremblements de terre, d'éruptions, etc... dont nous sommes
» témoins.

» De toutes ces considérations appliquées à la montagne dont nous nous
» occupons, on peut conclure que, puisque depuis une antiquité des plus
» reculées, quoique géologiquement récente, et jusqu'à nos jours, l'action
» volcanique n'a point cessé d'agir en ces régions, l'homme doit certainement
» avoir été depuis sa venue témoin d'un grand nombre de ces manifestations,
» dont quelques-unes méritent le nom de cataclysmes. La tradition des faits
» survenus à ces époques lointaines se conservait d'autant plus intacte que
» la nature se chargeait de donner, pour ainsi dire, à chaque génération, des
» preuves évidentes de la mobilité de ce terrain, et comme le Cerro de San-
» Jacinto est la montagne la plus rapprochée du centre de ces convulsions, il
» servit comme de pouls à l'artère volcanique, et c'est sur lui de préférence
» que se sont fixées l'attention et les croyances. Ces considérations ne sont-
» elles point l'explication la plus plausible de l'opinion relative à l'élévation
» graduelle des sommets du Cerro ?

» Voici donc le résumé des observations et de leurs résultats :

» Le théodolite qui servit pour les observations fut établi à l'angle N.-O.
» des rues de Marte et del Ferro-Carril (à 1 vare de distance de l'angle de la
» grande salle correspondante de l'Ecole militaire). Les premières détermi-
» nations de distances zénithales avaient pour objet les deux sommets les plus
» élevés du Cerro, qui de la station étaient en projection horizontale à
» 21° 9' 10" l'un de l'autre. Mais en raison des erreurs qui auraient pu se
» produire à cause de la végétation, cependant peu abondante, qui couvrait le
» sommet oriental, je ne donne que les résultats obtenus pour le sommet
» occidental.

» La première série d'observations eut lieu du 28 juillet au 10 août 1883,
» la seconde, du 19 au 28 août de la même année, et la troisième, du 12 au
» 22 septembre 1884. Chaque jour on faisait six répétitions le matin et autant
» le soir.

» La distance zénithale observée a toujours varié entre 82° 24' 7" et
» 82° 24' 9", 1, c'est-à-dire qu'aucune dénivellation ne peut être constatée.
» La distance horizontale de l'instrument au sommet ouest est de 3,100 m, et
» il faudrait une variation de distance zénithale de plus de 20" pour accuser
» une différence d'altitude de 1 pied. »

Tout en m'élevant contre l'hypothèse de l'effondrement comme cause effi-
ciente dans la formation du lac d'Ilopango, j'ai bien peu de chose à ajouter
sur la région qui nous occupe. J'ai trouvé très près du sommet du San-Jacinto

des restes d'une espèce indéterminée de mastodonte. Cela donne une indication, peu précise il est vrai, sur l'âge de la partie supérieure de la chaîne. L'étude des traditions indiennes locales prouve que le lac d'Ilopango a été dès une très ancienne antiquité un foyer de séismes (Camilo Galvan : *Sociedad economica de Guatemala*, n° 6, 14 de marzo de 1880). La base du San-Jacinto présente une localité que les indigènes croient être dans un état de mouvement continuel, et qu'ils nomment pour cela *tiemblatierra*. Malgré de nombreuses visites à ce point, nous n'avons jamais pu, le capitaine Touflet et moi, reconnaître la réalité d'une si curieuse propriété, au moins pour l'époque actuelle. On peut seulement conjecturer que ce point a dû être à quelque époque le foyer de très nombreuses secousses toutes locales. Quoi qu'il en soit, le San-Jacinto a toujours été et est encore le siége de fréquents retumbos, comme le montrent mes observations de 1881-85. Enfin, on peut ajouter que le ravin d'Atuscatla, par lequel le lac d'Ilopango déverse son trop plein dans le Rio Jiboa, est sensiblement dans le prolongement de la faille volcanique étudiée plus haut.

Nous pouvons maintenant aborder le récit des événements et résumer les deux mémoires de Goodyear et de Rockstroh.

Les préliminaires de l'apparition du volcan consistèrent en une période de tremblements de terre du 20 ou du 21 au 31 décembre 1879, avec un maximum d'intensité et de fréquence le 27. 358 d'entre eux ont été notés, et comme leur fréquence n'a guère varié dans cet intervalle, on peut fixer leur nombre total à près de 800, en tenant compte des intervalles de temps et des jours où l'on n'a point observé, et cela avec de grandes probabilités d'exactitude. Goodyear donne un total de 600 seulement, ce qui est évidemment un nombre trop faible, ce dont on peut s'assurer en répétant le calcul indiqué.

Voici la liste des secousses notées à Asino, du 24 au 27 :

Le 24. De XVIII^h 30' à XXII^h 32'. 10 secousses.

  XXII^h 32'. Secousse verticale modérée avec un retumbo.

  40'. Id. oscillatoire légère.

  XXIII^h 8'. Id. complexe légère.

  34'. Id. verticale modérée.

Le 25. 0^h 5'. Secousse oscillatoire légère de 3'', avec un retumbo.

  20'. Id. verticale modérée de 4''.

  30'. Id. id. modérée de 6''.

  35'. Id. oscillatoire légère de 2''.

Le 25. 0ʰ 37'. Secousse complexe modérée de 10".

    40'. Id.   id.   forte de 20".

    42'. Id.   oscillatoire légère de 5".

    45'. Id.   id.   légère de 5".

    47'. Id.   verticale forte de 12".

    51'. Id.   oscillatoire légère de 2".

    55'. Id.   verticale légère de 15".

    58'. Id.   id.   modérée de 8".

1ʰ 15'. Id.   oscillatoire légère de 3".

    18'. Id.   id.   légère de 2".

    28'. Id.   id.   modérée de 7".

    30'. Id.   complexe modérée de 6".

    36'. Id.   verticale modérée de 10", avec un retumbo.

    40'. Id.   oscillatoire modérée de 6",   id.

    41'. Id.   id.   légère de 2".

    44'. Id.   id.   légère de 2".

II ʰ 5'. Id.   verticale forte de 25".

    7'. Id.   oscillatoire légère de 2".

    20'. Id.   verticale légère de 2".

    21'. Id.   id.   forte de 15", avec un retumbo.

    30'. Id.   oscillatoire légère de 2".

    32'. Id.   id.   légère de 2".

    35'. Id.   id.   légère de 2".

    40'. Id.   id.   légère de 2".

    45'. Id.   verticale légère de 5".

    50'. Id.   id.   forte de 25", avec un retumbo.

    55'. Id.   id.   modérée de 10".

    56'. Id.   id.   légère de 3".

III ʰ 20'. Id.   oscillatoire légère de 5".

    26'. Id.   verticale forte de 25".

    45'. Id.   oscillatoire légère de 2".

    50'. Id.   id.   légère de 5".

    55'. Id.   id.   légère de 5".

IV ʰ 0'. Id.   id.   modérée de 10".

    10'. Id.   verticale forte de 26".

    15'. Id.   id.   légère de 4", avec un retumbo.

    18'. Id.   id.   forte de 3",   id.

    20'. Id.   id.   forte de 3".

Le 25. IV^h 30'. Secousse verticale modérée de 6".

       35'. Id.   id.   forte de 10".

  V^h 0'. Id.   id.   légère de 3".

       10'. Id.   id.   légère de 2".

       30'. Id.   id.   modérée de 5".

       45'. Id.   id.   modérée de 4".

  VI^h 0'. Id.   id.   modérée de 2".

       15'. Id.   id.   modérée de 6".

       35'. Id.   id.   modérée de 5".

       40'. Id.   id.   forte de 12".

       50'. Id.   id.   légère de 4".

  VII^h 0'. Id.   id.   légère de 9".

       10'. Id.   oscillatoire légère de 2".

       30'. Id.   complexe légère de 3".

       45'. Id.   verticale modérée de 5".

  VIII^h 0'. Id.   id.   forte de 8", avec un retumbo.

       16'. Id.   id.   forte de 4",   id.

       47'. Id.   id.   forte de 25".   id.

       C'est la plus forte de celles observées jusqu'alors.

       52'. Secousse verticale légère de 5", avec un retumbo.

  IX^h 10'. Id.   id.   légère de 5",   id.

       48'. Id.   id.   légère de 5",   id.

  X^h 45'. Id.   id.   légère de 3".

       55'. Id.   id.   légère de 8".

  XI^h 13'. Id.   id.   forte de 10".

  XII^h 39'. Id.   id.   modérée de 3".

  XIII^h 5'. Id.   id.   légère de 2".

       7'. Id.   id.   légère de 7".

  XIV^h 0'. Id.   id.   légère de 5".

       32'. Id.   id.   légère de 4".

       33'. Id.   id.   légère de 6".

       35'. Id.   id.   légère de 2".

       50'. Id.   id.   modérée de 6".

       55'. Id.   oscillatoire modérée, avec un retumbo, et de direction S. 75° E.

  XV^h 21'. Id.   giratoire de 12".

       30'. Id.   oscillatoire de 10".

       Quatre secousses au moins n'ont pas été notées.

28

Le 25. XVI^h 0'. Secousse oscillatoire modérée de 10".

30'.	Id.	id.	légère de 2".
40'.	Id.	complexe très forte de 15".	
XVII^h 55'.	Id.	verticale légère de 2".	
XVIII^h 16'.	Id.	légère de 2".	
34'.	Id.	oscillatoire forte de 20", avec un retumbo, et de direction N. 80° E.	
42'.	Id.	légère de 3".	
57'.	Id.	id. de 1".	
XIX^h 4'.	Id.	id. de 3".	
12'.	Id.	id. de 4".	
15'.	Id.	id. de 3".	
41'.	Id.	id. de 3".	
44'.	Id.	id. de 2".	
XX^h 12'.	Id.	id. de 4".	
15'.	Id.	modérée de 4".	
18'.	Id.	id. de 8".	
19'.	Id.	id. de 4".	
20'.	Id.	légère de 2".	
25'.	Id.	id. de 3".	
26'.	Id.	id. de 3".	
35'.	Id.	modérée de 10".	
45'.	Id.	id. de 8".	
47'.	Id.	légère de 2".	
50'.	Id.	modérée de 10".	
XXI^h 0'.	Id.	oscillatoire forte de 30", avec un retumbo, et de direction N.-S.	
10'.	Id.	légère de 2".	
45'.	Id.	modérée de 8".	
46'.	Id.	légère de 3", avec un retumbo.	
48'.	Id.	complexe forte de 20".	
XXII^h 1'.	Id.	très légère de 1".	
5'.	Id.	id. de 1".	
18'.	Id.	oscillatoire forte de 3", avec un retumbo, et de direction E.-O.	
30'.	Id.	légère de 3", avec un retumbo.	
40'.	Id.	oscillatoire forte de 20", avec un retumbo, et de direction E.-O.	

Toutes avec un retumbo. *(accolade regroupant les lignes de XX^h 15' à 50')*

Le 25. XXII^h 42'. Secousse légère de 4".

          50'.   Id.   id. de 4".

          54'.   Id.   id. de 15", avec un retumbo.

          56'.   Id.   id. de 4",   id.

Le 26. 0^h 2'.   Id.   id. de 5".

          6'.   Id.   id. de 2".

        13'.   Id.   id. de 2".

        22'.   Id.   id. de 15".

        24'.   Id.   id. de 2".

        25'.   Id.   id. de 2".

        50'.   Id.   id. de 2".

 1^h 20'.   Id.   id. de 3".

        44'.   Id.   id. de 10".

        57'.   Id.   oscillatoire modérée de 15", avec un retumbo,
                et de direction E.-O.

        58'.   Id.   légère de 4", avec retumbo.

 II^h 5'.   Id.   oscillatoire forte de 10".

        23'.   Id.   légère de 4", avec un retumbo.

        35'.   Id.   id. de 10".

        39'.   Id.   id. de 8".

        40'.   Id.   id. de 2".

 III^h 5'.   Id.   modérée de 20".

         8'.   Id.   légère de 4", avec un retumbo.

        33'.   Id.   complexe modérée de 10".

        48'.   Id.   légère de 4".

        49'.   Id.   complexe légère de 10".

        59'.   Id.   légère de 4", avec un retumbo.

 IV^h 21'.   Id.   id. de 5",   id.

        33'.   Id.   id. de 4",   id.

        36'.   Id.   oscillatoire modérée de 5", avec un retumbo, et
                de direction E.-O.

        41'.   Id.   légère de 5".

        50'.   Id.   oscillatoire modérée de 10", avec un retumbo,
                et de direction E.-O.

        54'.   Id.   légère de 4", avec un retumbo, et de même
                direction.

 V^h 0'.   Id.   complexe forte de 10", avec un retumbo.

         3'.   Id.   légère de 4", avec un retumbo.

Le 26.   V^h 12'. Secousse légère de 4".
         15'.   Id.   id. de 4".
VII^h 27'.   Id.   id. de 2".
VIII^h 22'.   Id.   modérée de 8".
         42'.   Id.   légère de 2", avec un retumbo.
         44'.   Id.   modérée de 4",   id.
         53'.   Id.   id. de 15",   id.
IX^h 6'.   Id.   id. de 10".
         26'.   Id.   id. de 10", avec un retumbo.
         28'.   Id.   légère de 3",   id.
         46'.   Id.   modérée de 6",   id.
         50'.   Id.   légère de 2".
   X^h 2'.   Id.   id. de 8".
         15'.   Id.   id. de 6", avec un retumbo.
 ·   32'.   Id.   id. de 6",   id.
         33'.   Id.   id. de 4".
         44'.   Id.   id. de 4", avec un retumbo.
         46'.   Id.   id. de 10",   id.
         49'.   Id.   giratoire forte de 20", avec un retumbo.
         54'.   Id.   légère de 6",   id.
XI^h 30'.   Id.   id. de 6".
         45'.   Id.   id. de 4", avec un retumbo.
         55'.   Id.   id. de 3".
XIII^h 35'.   Id.   id. de 2".
XIV^h 0'.   Id.   id. de 10".
         2'.   Id.   oscillatoire forte de 6", de direction E.-O., et
                         avec un retumbo très fort.
         4'.   Id.   modérée de 6", avec un retumbo.
         36'.   Id.   id. de 4",   id.
         49'.   Id.   légère de 3",   id.
XVI^h 3'.   Id.   forte de 5".
         28'.   Id.   légère de 2", avec un retumbo.
         34'.   Id.   id. de 6",   id.
         35'.   Id.   id. de 6".
         42'.   Id.   forte de 10", avec un retumbo.
         43'.   Id.   forte de 6".
XVII^h 10'.   Id.   modérée de 10".
         15'.   Id.   id. de 6", avec un retumbo.

Le 26. XVII^h 58'. Secousse modérée de 6", avec un retumbo.

XVIII^h 9'.	Id.	légère de 3".
20'.	Id.	id. de 6", avec un retumbo.
42'.	Id.	id. de 4", id.
53'.	Id.	id. de 3", id.
56'.	Id.	id. de 4".
58'.	Id.	forte de 17".
XIX^h 17'.	Id.	id. de 3", avec un retumbo.
50'.	Id.	id. de 15", id.
XX^h 10'.	Id.	giratoire forte de 15", avec un retumbo.
14'.	Id.	légère de 5", id.
39'.	Id.	id. de 6", id.
XXI^h 30'.	Id.	id. de 1".
35'.	Id.	id. de 1".
40'.	Id.	modérée de 2".
XXII^h 0'.	Id.	légère de 1".
28'.	Id.	forte de 10".
29'.	Id.	légère de 2".
38'.	Id.	modérée de 6".
XXIII^h 5'.	Id.	id. de 6".

Le 26. XVII^h 58'. Secousse modérée de 6", avec un retumbo.

XVIII^h 9'. Id. légère de 3".

20'. Id. id. de 6", avec un retumbo.

42'. Id. id. de 4", id.

53'. Id. id. de 3", id.

56'. Id. id. de 4".

58'. Id. forte de 17".

XIX^h 17'. Id. id. de 3", avec un retumbo.

50'. Id. id. de 15", id.

XX^h 10'. Id. giratoire forte de 15", avec un retumbo.

14'. Id. légère de 5", id.

39'. Id. id. de 6", id.

XXI^h 30'. Id. id. de 1".

35'. Id. id. de 1".

40'. Id. modérée de 2".

XXII^h 0'. Id. légère de 1".

28'. Id. forte de 10". } Avec un retumbo.

29'. Id. légère de 2".

38'. Id. modérée de 6".

XXIII^h 5'. Id. id. de 6".

11'. Id. giratoire de 30"; la plus forte jusqu'alors, avec un retumbo.

19'. Id. très forte, quoique moins que la précédente, avec un retumbo.

41'. Id. modérée de 8", avec un retumbo.

Le 27. 0^h 22'. Id. giratoire de 20", id.

38'. Id. modérée de 15", id.

41'. Id. giratoire de 20", de même force que celui de la veille, à XXIII^h 11', et avec un retumbo.

(Interruption des observations.)

III^h 30'. Secousse forte de 10", avec un retumbo.

IV^h 46'. Id. modérée de 4", id.

VI^h 10'. Id. id. de 4".

11'. Id. légère de 2".

14'. Id. modérée de 4".

45'. Id. légère de 4".

VIII^h 17'. Id. id. de 4".

Le 27. VIII^h 27'. Secousse modérée de 6".

36'.	Id.	id. de 4".
45'.	Id.	légère de 4".
IX^h 20'.	Id.	id. de 3".
26'.	Id.	id. de 2".
40'.	Id.	id. de 4", avec un retumbo.
49'.	Id.	id. de 4".
X^h 53'.	Id.	giratoire forte de 10".
XI^h 5'.	Id.	légère de 4".
14'.	Id.	id. de 6", avec un retumbo.
20'.	Id.	id. de 4".
43'.	Id.	id. de 5".
XII^h 20'.	Id.	id. de 8".
38'.	Id.	compliquée et terrible, de 50", de direction N.-S., et avec un retumbo ; la plus forte jusqu'à présent.

TOTAL : 233.

Cette dernière secousse fut suivie de quatre autres dans un très court intervalle de temps, et ses principaux effets consistèrent en des dégâts à Asino et surtout à Ilopango, et en immenses éboulements sur les bords du lac. Les petits ruisseaux qui s'y rendent virent leur régime momentanément décuplé, et l'on observa un phénomène assez étrange, à savoir la formation de nouvelles sources en divers points. En outre, de nombreux petits orifices se montrèrent entourés de petits cônes de sable. Il n'est pas très facile d'expliquer ce dernier fait signalé dans d'autres régions, par exemple, lors du tremblement de terre d'Orihuela, le 21 mars 1829, et de celui d'Achaïe, le 24 janvier 1862. Il se passe alors des phénomènes vibratoires au sein des couches sableuses, rappelant en quelque sorte les petits cônes de poussière qu'on peut obtenir sur les plaques vibrantes de Chladni, et par l'axe desquels cônes viennent sourdre les eaux souterraines dérangées de leur route habituelle par le tremblement de terre.

L'aire de destruction de cette secousse fut un cercle de trois milles de diamètre autour d'Apulo comme centre.

Il faut observer que, si les eaux du lac d'Ilopango s'agitèrent alors notablement, cependant il ne se manifesta rien de remarquable au Desagüadero, si ce n'est des éboulements à ses falaises, ce qui lui fut commun avec les autres ravins du voisinage.

Nous croyons utile de reproduire ici le passage suivant du rapport de la commission guatémaltèque :

« Le tremblement de terre produisit un effet curieux dans la maison du
» capitaine Payes, commandant d'Ilopango. Cette habitation était orientée
» S. 86° E. Au nord, elle avait une vérandah soutenue par cinq piliers rec-
» tangulaires. Avant la secousse, ils étaient parallèles aux murs de la maison,
» mais après, leur position fut changée de telle sorte que quelques-uns
» d'entre eux tournèrent de 14°, et un de 28°, autour de leurs axes ver-
» ticaux.....

» Dans l'église d'Ilopango, dont les murs latéraux étaient orientés de
» l'E. à l'O., le toit était soutenu par deux files de huit piliers de bois. Tous
» tournèrent de 5 à 6° dans le même sens que ceux de la maison Payes, et les
» quatre autres du milieu se tordirent d'un peu plus de 8 ou 10°. »

De ces mouvements, Rockstroh conclut que cette secousse était giratoire.
De nombreuses relations de tremblement de terre renferment des exemples
analogues, quelques-uns classiques : Rio Bamba, 1797; Calabre, 1783;
Mayorque, 1851 ; Viège, 1855..... Mais, pour moi, et conformément à l'opinion de Perrey, cette nature spéciale de tremblements de terre n'existe point.
Les effets de ceux qui ont été considérés comme giratoires, soit sur les objets
inanimés, soit sur l'organisme des observateurs, me semblent pouvoir s'expliquer très bien par des ondes réfléchies, car on ne conçoit pas du tout
comment une portion limitée de l'écorce terrestre pourrait prendre un mouvement quelconque de rotation, je ne dis pas de torsion, indépendamment du
reste de la masse de la planète.

Les observations interrompues à Asino furent continuées à Ilopango, et
voici la liste des secousses qui y furent notées :

Le 27. XX^h 30'. Secousse modérée de 16".
        34'. Id. légère de 4".
        58'. Id. id. de 3".
  XXI^h 32'. Id. modérée de 8".
        58'. Id. id. de 6".
  XXII^h 5'. Id. id. de 24". } Avec un retumbo.
        7'. Id. légère de 3".
       12'. Id. id. de 5".
       35'. Id. id. de 4".
  35' 30". Id. modérée de 8".

Le 27. XXII^h 36'. Secousse légère de 10".

XXIII^h 2'.   Id.   id.   de 2".

3'.   Id.   id.   de 4".

55'.   Id.   id.   de 4".   } Avec un retumbo.

56'.   Id.   id.   de 4".

Le 28.   0^h 28'.   Id.   modérée de 6".

1^h 10'.   Id.   id.   de 10".

47'.   Id.   légère de 12".

II^h 0'.   Id.   modérée de 6", avec un retumbo.

45'.   Id.   légère de 4".

III^h 20'.   Id.   id.   de 2".

42'.   Id.   id.   de 6".   } Avec un retumbo.

V^h 45'.   Id.   id.   de 4".

VI^h 24'.   Id.   modérée de 10".

26'.   Id.   légère de 8".

VII^h 24'.   Id.   id.   de 4".

42'.   Id.   id.   de 2", avec un retumbo.

50'.   Id.   id.   de 6".

56'.   Id.   id.   de 6".

57'.   Id.   id.   de 4".

VIII^h 5'.   Id.   id.   de 4".

6'.   Id.   id.   de 2".

8'.   Id.   id.   de 3".

10' 30".   Id.   id.   de 2".   } Avec un retumbo.

30'.   Id.   id.   de 7".

37'.   Id.   ia.   de 2".

50'.   Id.   id.   de 4".

55'.   Id.   modérée de 2".

IX^h 0'.   Id.   id.   de 6", avec un retumbo.

22'.   Id.   id.   de 8",   id.

42'.   Id.   id.   de 12".

X^h 15'.   Id.   légère de 4".

XI^h 5'.   Id.   modérée de 6".   } Avec un retumbo.

40'.   Id.   id.   de 10".

42'.   Id.   forte de 20".

XII^h 26'.   Id.   légère de 2".

32'.   Id.   modérée de 6", avec un retumbo.

58'.   Id.   légère de 2".

Le 28. XIII^h 34'. Secousse modérée de 12".
 XIV^h 6'. Id. légère de 4".
 XV^h 4'. Id. modérée de 6".
 5'. Id. légère de 20". } Avec un retumbo.
 8'. Id. modérée de 10".
 XVIII^h 0'. Id. légère de 4".
 19'. Id. id. de 8".
 52'. Id. modérée de 10".
 XIX^h 5'. Id. légère de 1".
 10'. Id. modérée de 4".
 50'. Id. légère de 6".
 56'. Id. id. de 3".
 XX^h 0'. Id. id. de 6".
 2'. Id. id. de 2".
 22'. Id. id. de 4". } Avec un retumbo.
 XXI^h 4'. Id. id. de 2".
 52'. Id. id. de 6".
 XXII^h 16'. Id. id. de 10".
 XXIII^h 20'. Id. id. de 2".
 30'. Id. id. de 2".
 37'. Id. id. de 4".

(Interruption des observations.)

Le 29. III^h 30'. Secousse modérée de 4", avec un retumbo.
 IV^h 43'. Id. id. de 6", id.
 46'. Id. légère de 4".
 V^h 5'. Id. id. de 2", avec un retumbo.
 VI^h 9'. Id. id. de 2".
 48'. Id. id. de 2".
 VII^h 0'. Id. forte de 8".
 5'. Id. légère de 4".
 7'. Id. id. de 6".
 VIII^h 35'. Id. id. de 4". } Avec un retumbo.
 54'. Id. id. de 2".
 X^h 0'. Id. id. de 2".
 15'. Id. très violente de 2".
 35'. Id. légère de 2".
 XI^h 45'. Id. forte de 4".

20

Le 29. XII^h 0'. Secousse légère de 2", avec un retumbo.
    XIII^h 0'.   Id.   id. de 1".
    13'30".   Id.   id. de 2", avec un retumbo.
    14'.   Id.   id. de 1".
    XIV^h 31'.   Id.   id. de 3".
    43'.   Id.   id. de 1".
    47'.   Id.   id. de 4".
    XV^h 50'.   Id.   id. de 2".
    XVI^h 21'.   Id.   id. de 4".
    22'.   Id.   id. de 2".
    54'.   Id.   forte de 6".
    56'.   Id.   légère de 6".   } Avec un retumbo.
    58'.   Id.   modérée de 6".
    XVIII^h 45'.   Id.   légère de 2".
    XIX^h 11'.   Id.   id. de 1".
    37'.   Id.   modérée de 4".
    XX^h 57'.   Id.   légère de 6".
    XXI^h 46'.   Id.   id. de 2".
    XXII^h 0'.   Id.   très légère de 1".
    XXIII^h 19'.   Id.   légère de 2", avec un retumbo.
Le 30.   0^h 33'.   Id.   légère de 2".
    I^h 56'.   Id.   id. de 2", avec un retumbo.
    V^h 30'.   Id.   id. de 1".
    34'.   Id.   id. de 2".
    VI^h 7'.   Id.   id. avec un retumbo.
    VII^h 20'.   Id.   id. de 1", avec un retumbo.
    29'.   Id.   id. de 2".
    30'.   Id.   id. de 2".
    45'.   Id.   id. de 4".
    VIII^h 17'.   Id.   id. de 1".
    18'.   Id.   id. de 2".
    40'.   Id.   modérée de 3".   } Avec un retumbo.
    X^h 0'.   Id.   légère de 2".
    14'.   Id.   id. de 1".
    15'30".   Id.   id. de 1".
    XI^h 45'.   Id.   id. de 2".
    XIII^h 11'.   Id.   id. de 4".

Le 30. XIII^h 54'. Secousse légère de 4".

       XIV^h 50'.   id.   id.   de 4", avec un retumbo.

      Total : 126 secousses.

Dès lors les tremblements de terre cessèrent presque complètement. On voit combien les retumbos étaient devenus progressivement plus fréquents.

Le 31 décembre, il y eut trois secousses notables aux heures suivantes :

XI^h 36'. Fort tremblement.

XIX^h 25'. Tremblement modéré.

XIX^h 34'.   Id.   violent.

Cette dernière secousse fut très différente de celle du 27, non par l'intensité, mais parce qu'elle fut ressentie dans tout le Salvador, dont elle dépassa même les limites, tandis que les précédentes avaient un caractère purement local.

Les dégâts produits tout autour du lac, quoique d'une certaine importance cependant, ne présentèrent rien de particulier comme celle du 27 :

San-Martin : Quelques maisons endommagées.

San-Ramon : Crevasses à l'église.

Candelaria souffrit beaucoup; de grands éboulements dans les ravins du voisinage.

Analco : Destruction de l'église; éboulements.

Exaltacion de la Cruz : Chute de l'église.

San-Miguel Tepezontes : Ecole, prison et deux maisons renversées.

San-Juan Tepezontes : Destruction de l'église, de la prison et de 99 maisons.

Chemin de Candelaria à Atuscatla : Enormes éboulements.

San-Antonio et San-Pedro Masahuat, Santo-Tomas et Santiago Texacuangos n'ont pas souffert.

Cette secousse a été forte à Coatepeque, Quetzaltepeque et San-Marcos.

Le calcul que fait Goodyear de la proportion des secousses nocturnes et diurnes est faux, parce qu'il ne tient pas compte du nombre d'heures pendant lesquelles on interrompit les observations. Or, si on construit un graphique, en supposant que dans ces intervalles la succession des chocs a été un moyen terme entre ce qu'elle a été pendant les quatre heures qui précèdent et suivent ces intervalles, on trouve une répartition horaire tout à fait comparable à celle donnée dans l'introduction, sauf quelques irrégularités de détail.

Cette remarque donne un grand caractère de probabilité à cette loi de répartition, dont la raison est tout à fait mystérieuse dans l'état actuel de la sismologie, et qui demande, en tout cas, d'être vérifiée pour les secousses microsismiques.

67 chocs p. % n'étaient pas accompagnés de retumbos.

Il faut noter que les retumbos et les tremblements de terre ont toujours été plus forts à Ilopango qu'à Asino, deux points qui sont cependant fort voisins l'un de l'autre. Il faut attribuer cette différence à une question de composition du sous-sol profond.

Il paraît très probable que cette période de secousses correspondait à un travail interne, et que peu à peu, sous ces chocs répétés, le fond du lac finit par devenir assez fragile et brisé, surtout après le tremblement de terre du 31 décembre, pour qu'un cône volcanique pût s'élever lentement, sans plus d'efforts ni de chocs, en raison de la tendance qu'ont les laves de sortir de l'écorce terrestre, quelle que soit d'ailleurs l'origine de cette poussée centrifuge.

On peut dire que la grande secousse du 31 ferme cette période préparatoire, et nous entrons dans la phase de croissance du volcan. Cette seconde période est caractérisée par le débordement du lac, en conséquence de l'élévation graduelle du volcan. Il y eut cependant quelques secousses encore.

Le 2 janvier :

Entre III et IV^h. Légère secousse.
XVI^h 20'. Forte secousse.
XVI^h 28'. Douce secousse.
XVI^h 29'. Très douce secousse.

Le 6, on apprit à San-Salvador que les eaux du lac montaient sensiblement. Le 12, ce changement de niveau atteignait 1^m,219.

Le 7, il y eut à Asino un fort tremblement de terre à XXIII^h 5', et il fut suivi à Ilopango d'une autre secousse douce, mais prolongée.

Depuis des siècles, le déversoir des eaux du lac dans la vallée du Rio Jiboa se faisait par un étroit et profond ravin, ouvert, comme nous l'avons vu, dans la direction générale de la faille volcanique du système et dans le prolongement de la faille géologique. Un petit ruisseau sans importance, à sec une partie de l'année, en occupait le fond. Mais le 9 janvier 1880, la montée des eaux fut suffisante pour l'approfondir et donner naissance à un torrent furieux et dévastateur qui emporta la plage et le hameau d'Atuscatla, situé à l'entrée dudit ravin. La vallée du Jiboa fut inondée et dévastée. Ses rives furent couvertes de cadavres de bestiaux dont l'élevage faisait la richesse de la région qui, entre le Rio Lempa, le San-Vicente et les hauteurs de Panchimalco, s'étend en pente douce jusqu'à la mer pour former le département de La Paz ou de Zacatecoluca. Les pertes furent immenses.

La montée des eaux cessa le 11 et se changea en baisse le 12. Ce jour on sentit un léger tremblement de terre à XXI^h 45', à San-Miguel Tepezontes. Ce mouvement de baisse atteignit 13^m,34, et Goodyear évalue à 635,000,000^{mc} le volume de l'eau évacuée jusqu'au 6 mars.

Pendant ces événements, l'odeur sulfureuse des eaux du lac avait progressivement augmenté, et le 22 ou observa vers le centre une aire assez grande où l'on voyait éclater de nombreuses bulles gazeuses.

Le 20 janvier, après une forte explosion, une énorme colonne de fumée noire s'éleva en ce point, et d'Apulo on put apercevoir des rochers incandescents pendant la nuit. Il ne se produisit aucun changement jusqu'au 23, à V^h 30', alors qu'une très forte explosion annonça les proportions gigantesques qu'allait prendre la colonne de fumée. A ce moment, le nouveau volcan, composé de roches incandescentes, avait une quarantaine de mètres au-dessus de la surface liquide. Il avait donc *au maximum* émergé de 350^m au-dessus du fond du lac. Le 27 janvier, se formèrent deux iles nouvelles, dont l'une disparut presque tout aussitôt.

Le 3 février, après de nombreux et incessants changements sans grande importance, le nouveau volcan semblait formé de blocs isolés.

Le 23 février, à IX^h 21', on sentit dans tout le Salvador un léger tremblement de terre, et une odeur sulfureuse insupportable se dégagea tout autour du lac. Il est douteux que cette secousse appartienne en propre aux phénomènes d'Ilopango.

Là nous fermerons la période de formation et d'accroissement du volcan pour ouvrir celle des bruits souterrains, dont voici la relation :

Le 24 février, la colonne de fumée se prit à augmenter de nouveau avec un bruit continu.

A XIV^h 21', on ressentit un léger tremblement de terre à Apulo.

Le 25, à XIV^h, on entendit de très forts retumbos.

Le mieux est de citer textuellement ce qui suit du rapport de la commission guatémaltèque, document difficile à résumer.

« Le 25, à XIV^h et à XIV^h 10' le bruit de l'échappement de vapeur était
» par moment si fort que je (Rockstroh) l'entendais du Desague. Dans l'après-
» midi, je trouvai beaucoup d'écume noire jusque près d'Apulo.

» Le 26, le volcan resta tout le jour dans le même état.

» A IV^h et IV^h 30', à Apulo, tremblement de terre léger et sans bruit.

» A XI^h 26', même localité, choc modéré et aussi sans bruit.

» A XVII^h 39' et XVII^h 42', retumbos comme une canonnade lointaine.

» Il ne fut pas possible de distinguer la direction d'où venaient les retumbos.

» A la tombée de la nuit, la quantité de vapeur diminua beaucoup.

» Le 27, les deux petites îles avaient disparu, probablement le jour pré-

» cédent, quand on entendit les retumbos.

» A VIII^h 2', retumbo.

» Le 28, le volcan rejeta très peu de vapeur pendant la journée.

» A XVI^h, la quantité de vapeur augmenta un peu.

» A XIX^h 27', tremblement avec un retumbo.

» A XX^h 15', tremblement de terre très léger à Apulo.

» Le 29, le flanc nord du volcan est complètement dégagé. Du côté sud

» sort une quantité considérable de vapeur.

» A Apulo, deux légères secousses sans bruit, à III^h 20' et à XVII^h 45'.

» Le 2 mars, il sort très peu de vapeur du côté sud.

» Le 3, il sort très peu de vapeur du côté nord.

» A X^h, retumbo. Après chacun d'eux, la colonne de vapeur augmentait un

» peu. Deux roches de 8 à 10 mètres de hauteur apparaissent à l'ouest du

» volcan. De fréquents et violents retumbos, de XX^h à XXIV^h.

» Il trembla à Apulo pendant presque toute la nuit du 3 au 4.

» Le 4 mars, de III à IV^h, retumbos très intenses.

» Les deux roches de la veille ont disparu; mais au nord du volcan, il s'en

» était élevé quelques autres.

» De IX^h 25' à IX^h 30', 52 retumbos.

» De IX^h 30' à IX^h 33', 19 retumbos.

» De IX^h 33' à IX^h 39', 26 retumbos.

» De IX^h 39' à IX^h 49', 52 retumbos.

» Tout cessa jusqu'à X^h 2'.

» De X^h 2' à X^h 5', 11 retumbos.

» De X^h 5' à X^h 14', 43 retumbos.

» De X^h 14' à X^h 17', 16 retumbos.

» De X^h 17' à X^h 20', 18 retumbos.

» Quelques secondes après les plus forts retumbos, se soulevait généralement

» une aire d'eau d'environ une manzana (carré de 16^m de côté) de surface à

» l'ouest du volcan, probablement par suite d'une rapide conversion de l'eau en

» vapeur. Quelquefois ces soulèvements n'étaient pas précédés de retumbos.

» Le 5, à XIX^h 28', léger tremblement de terre sans bruit à San-Salvador.

» A XX^h, on entendit de nouveau les retumbos du lac à San-Salvador, et,
» rentrant à Apulo, j'y notai ce qui suit :

» De XXIII^h 55' à XXIII^h 57', 41 retumbos.

» De XXIII^h 57' à XXIII^h 59', 27 retumbos.

» De XXIII^h 59' à minuit, 18 retumbos.

» Le 6 mars, à 0^h 11', bruit prolongé et très violent, comme produit par
» la chute de roches. Un peu après, et pendant plusieurs secondes, un autre
» moins intense.

» De 0^h 15' à 0^h 17', 87 retumbos.

» De 0^h 17' à 0^h 19', 3 retumbos.

» De 0^h 19' à 0^h 19' 30", 7 retumbos.

» A 0^h 19'45", rugissement violent.

» A 0^h 21', 3 retumbos.

» A 0^h 22', 1 retumbo très intense.

» A 0^h 23', 1 retumbo très intense.

» A 0^h 24', 1 retumbo très intense.

» A 0^h 25', 2 retumbos très intenses.

» A 0^h 26', 1 retumbo très intense.

» A 0^h 27', 3 retumbos moins forts.

» A 0^h 28', rugissement très intense.

» De 0^h 33' à 0^h 38', cela diminua un peu, puis reprit plus fort.

» De 0^h 38' à 0^h 39', 7 retumbos.

» De 0^h 39' à 0^h 41', 41 retumbos.

» De 0^h 41' à 0^h 42', 24 retumbos.

» De 0^h 42' à 0^h 43', 9 retumbos très forts.

» De 0^h 45' à 0^h 46', 19 retumbos.

» De 0^h 48' à 0^h 49', 29 retumbos.

» De 0^h 49' à 0^h 50', 7 retumbos.

» De 0^h 50' à 0^h 51', 22 retumbos.

» De 0^h 51' à 0^h 54', 15 retumbos.

» De 0^h 54' à 0^h 55', 40 retumbos moins forts.

» De 0^h 55' à 0^h 58', 64 retumbos très forts.

» Alors commença à se faire sentir une forte odeur d'hydrogène sulfuré, et
» tout bruit cessa pendant une demi-heure.

» A 1^h 35', 1 retumbo.

» De 1^h 43' à 1^h 47, rugissements.

» De 1^h 47' à 1^h 49', 24 retumbos légers.

» De I^h 55' à II^h, 18 retumbos légers.

» De II^h 15' à II^h 18', 42 retumbos violents.

» De II^h 18' à II^n 25', 23 retumbos violents.

» De II^h 25' à II^h 26', 26 retumbos violents.

» A II^h 35', 1 retumbo.

» A II^h 40', 8 retumbos forts et consécutifs.

» A II^h 48', 1 retumbo.

» De III^h 5' à III^h 6', 60 retumbos forts.

» De III^h 6' à III^h 7', 17 retumbos forts.

» De III^h 7' à III^h 10', 114 retumbos forts.

» De III^h 10' à III^h 13', 111 retumbos forts.

» Jusqu'alors les retumbos étaient courts et rappelaient plus ou moins une
» canonnade lointaine. A III^h 17', tout cela changea. Les retumbos devinrent
» longs. Ils commençaient par un bruit très intense qui diminuait un peu et
» se terminait par un son plus fort. La durée de chacun d'eux était de 3 à 5''.
» Tous les autres procédaient clairement du centre du lac, tandis que ceux-ci
» semblaient venir d'une autre direction (de l'ouest), et je pensai tout d'abord
» que c'était le tonnerre. Mais alors il n'y avait pas de nuages, et j'observai
» bientôt en outre que chacun de ces nouveaux retumbos était suivi d'une
» haute colonne de fumée qui s'élevait du volcan, et cela d'une manière tout
» à fait analogue à l'échappement d'une machine à vapeur. Quand ils ces-
» sèrent, à III^h 21', une immense colonne de fumée noire s'éleva, et après
» s'être dilatée, couvrit en dix minutes le tiers du ciel jusqu'alors serein.

» De III^h 17' à III^h 21', 26 retumbos longs.

» A III^h 43' 30'', 1 retumbo.

» A III^h 46', 6 retumbos longs et consécutifs.

» Jusqu'à IV^h 44', il y eut un repos seulement interrompu par un léger
» tremblement de terre sans bruit.

» De IV^h 44' à V^h 6', les différents retumbos (courts et longs), accompagnés
» de l'échappement de vapeur, se suivirent avec tant de rapidité, ayant même
» quelquefois lieu simultanément, qu'il me fut impossible de les compter.
» Constamment ils semblaient venir de l'ouest.

» A V^h 30', très fort échappement de vapeur.

» De VI^h 16' à VII^h, de nombreux retumbos d'un son métallique parti-
» culier; ils se suivaient avec tant de rapidité, ayant même quelquefois lieu
» simultanément, qu'il me fut impossible de les compter.

» A VII^h 21', 4 retumbos ordinaires.

» A VII^h 30', nous nous embarquâmes et passâmes à mi-distance entre

» Apulo et le volcan. Celui-ci avait beaucoup diminué de volume (le 1/3 peut-
» être avait disparu), surtout dans sa partie occidentale. Nous entendîmes de
» nombreux retumbos, et toujours deux ou trois secondes avant chacun d'eux
» la barque semblait passer sur du sable, ce qui produisait au-dessous d'elle
» un bruit de grincement. Je ne notai rien de particulier relativement à l'état
» ou au mouvement de l'eau à ces moments-là.

» Le 10 mars, dans la matinée, on sentit une forte odeur d'hydrogène
» sulfuré à San-Salvador.

» D'après ce que m'a conté l'ingénieur don Eduardo Rubio, qui a dernière-
» ment visité le volcan, le 19 mars il s'est élevé une masse de même volume et
» de même hauteur que la première, et entre les deux ont eu lieu de véritables
» éruptions à des intervalles de demi-heure. Avec une forte détonation le
» volcan lança une colonne de sable et beaucoup de vapeur. D'après cela, il
» semble qu'il va se former un véritable cratère au point qui déjà, pendant notre
» présence au lac, s'était manifesté comme le foyer de plus grande activité. »
Cet événement ne s'est pas produit.

Les produits du volcan d'Ilopango sont principalement constitués par une
ryolithe avec petits cristaux d'amphibole et d'augite. Ce qu'ils présentent de
plus notable sont des concrétions à zônes concentriques dont le volume varie
depuis celui d'un pois jusqu'à celui du poing. Quelques-unes sont craquelées
et cloisonnées. Agglutinées entre elles, elles forment des corps aux formes les
plus bizarres.

Du récit précédemment donné de la période des retumbos, je ne vois guère
à noter que la série des longs retumbos venant de l'ouest d'Apulo, c'est-à-dire
du San-Jacinto. Cela prouve que cette montagne était le théâtre, elle aussi,
de quelque activité sismique ou volcanique.

Peu de jours après le 19 mars 1880, le centre du lac d'Ilopango ne présentait
plus que deux îlots isolés, auxquels on donna respectivement les noms de
volcan de terre et volcan de pierre en raison de la nature des matériaux qui
les constituent respectivement. Ce sont les vestiges de deux parties diamétralement opposées de l'orle du cratère, maintenant éteint et démantelé par
l'action des eaux. C'est du moins ce que me permettent de supposer des
sondages que j'ai effectués dans le lac.

Depuis lors, le volcan du lac d'Ilopango n'a plus donné signe de vie, si ce
n'est de temps en temps des émanations sulfureuses, peu fréquentes, mais
toutefois suffisantes pour détruire un grand nombre de poissons. Une source
thermale chaude (50°) sourd au bord du volcan de pierre.

Fuchs (*Min. u. Petr. Mitth. de Tschermak*, t. III, p. 53) fait commencer la série des tremblements au 20 décembre, d'après le consul La Ferrière. On se rappelle que c'est la date que nous avons préférée.

578. — 1879. 25 décembre.

Eruption de l'Izalco avec de violentes détonations. (Guzman.)

579. — 1879. 29 décembre, XIX^h 43'.

A San-José de Costarica, tremblement oscillatoire, assez fort et long. (Rockstroh.)

580. — 1880. 1er janvier.

Fort tremblement à La Libertad. (Fuchs, *l. c.*, t. IV, p. 57.)

581. — 1880. 7 janvier.

Faible tremblement à San-José de Costarica. (Rockstroh.)

582. — 1880. 11 janvier, XX^h 42'.

Léger tremblement à Guatémala. (Rockstroh.)

583. — 1880. 22 janvier.

A La Union, Gotera et San-Miguel, on sentit de fortes secousses qui ne furent pas observées à San-Salvador, et qui, par conséquent, étaient indépendantes des phénomènes volcaniques et sismiques dont le lac d'Ilopango était alors le théâtre. (Goodyear.)

584. — 1880. 26 janvier.

Faible tremblement à San-José de Costarica. (Rockstroh.)

585. — 1880. Mars.

Petite éruption de pierres et de cendres du volcan de Santa-Ana par le cratère appelé Mala Cara (mauvaise figure). La couche de cendres atteignit une épaisseur de quatre pouces dans les haciendas de la côte, vers Sonsonate et Acajutla.

586. — 1880. 3 mars, IX^h 50'.

Faible tremblement à San-José de Costarica. (Rockstroh.)

587. — 1880. 17 mars, X^h 32'.

Tremblement assez fort à San-José de Costarica. (Rockstroh.)

588. — 1880. Mai.

A San-José de Costarica :

Le 15, XX^h 31'. Tremblement léger.

Le 22, XVIII^h 17'. Tremblement léger.

Le 25, II^h 58'. Fort tremblement de 7 à 8". (Rockstroh.)

589. — 1880. Juin.

Léger tremblement à San-José de Costarica. (Rockstroh.)

590. — 1880. Du 19 au 26 juin.

A Amatitlan, Palin et Petapa, bruits et tremblements de terre, préludant probablement à l'éruption du Fuego. On nota surtout à Guatémala la secousse du 24, à XIV^h.

591. — 1880. Du 29 juin au 4 juillet.

Éruption du volcan de Fuego.

Le 29 juin, à I^h, le volcan de Fuego commença à présenter un magnifique spectacle, lançant des flammes à une hauteur immense. Les bruits souterrains étaient forts et continus. Il y eut deux tremblements de terre. Dans la matinée du 30, vers IX^h, l'éruption de lave se convertit en une éruption de cendres qui couvrit tout le jour d'épaisses ténèbres la région de Masatenango, Retalhuleu et la Costa-Cuca jusqu'à Quetzaltenango. On recueillit jusqu'à dix livres de cendres par mètre carré en certains points de la côte. Les cendres allèrent tomber jusqu'au Soconusco. Dans la nuit du 30, la lave se reprit à couler vers le sud-ouest, mais en moindre quantité que précédemment. Le jour suivant (1er juillet) se fit une nouvelle éruption, mais beaucoup plus faible.

Le 4 juillet, de XVII^h 20' à XIX^h 10', il y eut une autre éruption de cendres et de pierres avec de deux tremblements de terre et des retumbos notés à l'observatoire de l'Institut national de Guatémala.

(*Prensa de Guatemala*; alcance al n° 170 del *Bien publico*, de Quetzaltenango, del 30 de julio; *La Zumba de La Antigua*; Figuier, *Année scientifique pour 1880*, p. 328.)

Le volcan continua de fumer pendant vingt-deux jours.

Fuchs, dans les *Min. u. Petr. Mitth. de Tschermak*, t. IV, pp. 55 et 65, fait commencer l'éruption le 29, à III^h.

592. — 1880. 13 août, VII^h 30'.

Faible tremblement à San-José de Costarica. (Rockstroh.)

593. — 1880. 20 août. A l'aube.

Petite éruption du volcan de Fuego.

594. — 1880. Du 20 au 26 août.

Retumbos à Guatémala. — A Chimaltenango, où ils furent entendus jusqu'au 23 seulement, on les attribua, mais sans aucune preuve, au Pacaya. Le 26, à Totonicapam, on les signala comme venant de l'ouest.

595. — 1880. 27 août, IV^h.

A San-Felipe (Guatémala), tremblement assez fort.

596. — 1880. 29 août, VII^h 30'.

A San-Salvador et Escuintla, fort tremblement.

597. — 1880. 6 septembre, XVI^h.

A San-Marcos (Guatémala), léger tremblement de terre pendant une série de retumbos qui dura du 1er au 8.

598. — 1880. 28 octobre, XVI^h.

On entendit à la Antigua Guatémala des retumbos forts et prolongés qui semblaient venir du volcan de Agua.

599. — 1880. 28 novembre.

XVIII^h. Fort tremblement de trois secondes à la Costa-Cuca, à Totonicapam et à Las Marias.

XX^h. A Jutiapa, fort tremblement.

Ce même jour, heure non indiquée, on ressentit une forte secousse à San-Salvador. Peut-on l'identifier avec une des deux précédentes ?

600. — 1880. 8 ou 9 décembre, XX^h 4'.

Très fort tremblement à Tecapa. On l'attribua, mais sans aucune preuve, au petit volcan (?) El Tigre, près du Taburete.

601. — 1880. 30 décembre, XXII^h 4'.

Tremblement de terre de trois secondes à San-José de Costarica. (Rockstroh.)

602. — Nuit du 31 décembre 1880 au 1er janvier 1881.

Deux légers tremblements de terre à Guatémala.

603. — 1881. 23 janvier.

V^h 30'. Tremblement modéré à Guatémala.
V^h 55'. Faible tremblement à San-José de Costarica. (Rockstroh.)
La différence de temps entre ces deux points étant de 30', il s'ensuit que ces deux secousses ont été presque simultanées. Il est donc très probable qu'il s'agit là d'un seul et unique phénomène, non signalé dans les régions intermédiaires. .

604. — 1881. Du 1er au 7 février.

Plusieurs secousses à la Costa-Cuca.

605. — 1881. 10 février.

Tremblement prolongé, mais doux, à San-Marcos (Guatémala.)

606. — 1881. Nuit du 2 au 3 mars.

Plusieurs secousses dans la même localité. (Rockstroh.)

607. — 1881. Du 16 au 22 avril.

On sentit environ dix-huit secousses verticales à San-Salvador, dont les habitants furent très alarmés en se rappelant que les tremblements de 1854 avaient commencé à la même date et aussi pendant la semaine sainte.

608. — 1881. Du 15 au 30 avril.

Série de tremblements de terre au Nicaragua.
Les principales secousses eurent lieu le 15 et le 28. Ce dernier jour, il y en eut deux violentes, à XXI^h et à XXII^h. La première dura sept secondes, et la deuxième, plus forte, fut sentie dans toute la République, causant quelques dommages à San-Juan del Sur, Corinto et Chinandega. Elle fut d'intensité moindre à Managua, Rivas, Granada et Léon. On disait dans le pays que, depuis 1844, il n'y avait pas eu au Nicaragua de tremblement de terre aussi fort.
Le 28, à XXIII^h 30', il y eut une autre secousse.
(Calderon, *Consideraciones sobre los terremotos de Nicaragua; La Juventud,* t. III.)

609. — 1881. 27 avril, XI^h 20' et XI^h 30'.

Deux légères secousses. (Observatorio de Guatémala.)

610. — 1881. 26 mai. Vers IX^h 1/2.

Léger tremblement à la Antigua Guatémala.

611. — 1881. 29 mai, XIII^h 40'.

Faible tremblement. (Observatorio de Guatémala.)

612. — 1881. Juin.

A Coban (Guatémala). Ne pas confondre cette localité avec la fameuse ville morte de Copan (Honduras) :

Le 3, XX^h 10'. } Deux légères secousses.
Le 4, XX^h 55'. }

613. — 1881. 5 juin, XIX^h.

A Mazatenango, tremblement de terre d'une certaine force, mais de peu de durée, après une violente averse.

614. — 1881. 9 juin.

A San-José de Costarica, trois forts tremblements de terre causèrent quelques dommages, mais sans importance. Il faut les identifier avec les quatre chocs, dont un fort, que Fuchs (*l. c.*, t. V, p. 115) signale à San-Juan del Norte, ou Greytown, d'après l'*Am. J. of Science,* pour la nuit du 8.

615. — 1881. 15 juillet, XXI^h.

A San-Salvador, léger tremblement de terre. C'est le premier que j'y ressentis.

616. — 1881. 18 juillet.

A San-Salvador, léger tremblement de terre.

617. — 1881. 13 août.

A Chinique (département du Quiché), plusieurs tremblements forts et continus. Le principal eut lieu à XII^h 30', et fut perçu fortement aussi à San-Marcos, mais légèrement à l'observatoire de Guatémala, par une très forte chaleur, l'atmosphère sereine et le soleil avec un halo.

618. — 1881. 21 septembre, XVIII^h 30'.

A San-Salvador et à Santa-Tecla, légère secousse, assez forte cependant pour ébranler les portes.

619. — 1881. 25 septembre, IX^h 17'.

Légère secousse. (Observatoire de Guatémala.)

620. — 1881. 31 octobre, IX^h 30'.

A Sololà, il y eut un tremblement de terre assez fort, qui fit penser aux habitants que le volcan de Santa-Maria allait entrer en activité.

621. — 1881. Novembre.

A San-Salvador :

Nuit du 28 au 29, légère secousse.

Le 29.
- VIII^h 30'. Légère secousse.
- XV^h 45'. Secousse assez forte de trente secondes.
- XVI^h. Légère secousse.
- XVI^h 15'. Légère secousse.

622. — 1881. Décembre.

A San-Salvador :

Le 4, III^h 5'. Légère secousse qui semblait venir du S.-E.
Le 11, XXIII^h 50'. Léger tremblement avec un retumbo.
Le 13, XXIII^h 30'. Forte secousse.
Le 26, 0^h 45'. Tremblement assez fort avec un fort retumbo.

623. — 1882. 20 janvier, XXII^h 2'.

Observatorio del Instituto de Guatémala. — Léger tremblement de terre, ressenti aussi à San-Salvador, où il fut de trois oscillations.

624. — 1882. 26 janvier, XI^h 50'.

Faible tremblement de terre à San-José de Costarica. (Rockstroh.)

625. — 1882. Mars.

Grande activité de l'Irazù.

626. — 1882. 1er mars, XIV^h 10'.

Léger tremblement de terre à Capetillo (Guatémala). (Rockstroh.)

627. — *1882. 1er mars, XXII*h *10'.*

A San-Salvador, secousse longue, mais douce.

628. — *1882. 2 mars.*

Observatorio de Guatémala :

II h 48'. Fort tremblement de vingt-quatre secondes de durée, et de direction S.-S.-O. à N.-N.-E. Signalé par moi à San-Salvador, à III h 15'.

V h 58'. Tremblement assez fort de dix-sept secondes de durée, et de même direction.

629. — *1882. Nuit du 2 au 3 mars.*

Cinq tremblements de terre modérés à Salamà. (Rockstroh.)

630. — *1882. 3 mars, VII*h *48'.*

Fort tremblement de terre oscillatoire du N.-E. au S.-O., et de quarante-sept secondes de durée, à San-José de Costarica. Il fut aussi senti à Puntarenas, Heredia et Cartago. Il causa quelques dégâts à Cartago, Alajuela, San-José, Puntarenas, San-Ramon et Grecia. A midi, un léger tremblement à San-José et à Alajuela, et à XXIII h 30', un autre léger à Puntarenas, d'après Rockstroh. On les attribua, comme les quatre suivants du même mois, à l'Irazù, alors en pleine activité. (Documents et témoignages locaux ; Figuier, *Année scientifique pour 1882,* p. 273.)

631. — *1882. 4 mars, 0*h *20' et 0*h *45'.*

Légères secousses à San-Salvador.

632. — *1882. 4 mars, IV*h *30'.*

Très léger choc à Puntarenas. (Rockstroh.)

633. — *1882. Mars. Nuit du 15 au 16.*

A San-Salvador, fort et léger tremblement de terre, de direction E.-O.

634. — *1882. 16 mars, I*h *15'.*

Fort tremblement de deux secondes à San-José de Costarica. (Rockstroh.) C'est peut-être le même que le précédent.

635. — 1882. 21 mars.

A San-José de Costarica :

1ʰ 30'. Faible tremblement.
11ʰ 42'. Fort tremblement. (Rockstroh.)

636. — 1882. 3 avril.

A San-Salvador :

1ʰ. Légère secousse.
IVʰ. Retumbo.
XVIʰ. Légère secousse.

637. — 1882. 10 avril, XVIIʰ 30'.

Léger tremblement de terre à Capetillo. (Rockstroh.)

638. — 1882. 21 avril.

Tremblement de terre modéré à Guatémala. A la même heure, forte secousse à Capetillo (Rockstroh), où les oscillations durèrent près de trente secondes.

639. — 1882. Mai.

A San-Salvador :

Le 4, XVIIʰ. Petit choc à peine sensible.
Le 7, Vʰ. Secousse longue et forte, et de direction N.-E. à S.-O. Mouvement horizontal lent.
Le 17, VIIIʰ 35'. Très légère secousse.
Le 21, IXʰ 45'. Forte secousse précédée de quelques douces oscillations.

640. — 1882. 21 mai, XXIʰ 37'.

Observatorio de Guatémala. Tremblement modéré.

641. — 1882. 22 mai, IVʰ.

A San-Salvador, un retumbo.

642. — 1882. 31 mai, XXʰ 30'.

Secousse très légère à Santa-Tecla.

31

643. — 1882. Juin.

Le 8. { XXI h. Deux tremblements de terre consécutifs et de trépidation à Guatémala.

XXIII h 52'. Tremblement oscillatoire modéré à Guatémala, et de quinze secondes de durée à Capetillo. Un fort orage dans la soirée.

Le 9. { XXI h 25'. Tremblement à Capetillo. Il commença légèrement, se suspendit pendant trois secondes et se répéta fortement. A la même heure, deux tremblements de trépidation à Guatémala.

XXI h 35'. Tremblement très doux de trois secondes de durée à Capetillo et de trépidation à Guatémala.

Le 10, XXII h 37'. Tremblement de terre de trépidation à Guatémala. (Rockstroh.)

644. — 1882. — 13 juin, III h 30'.

Légère secousse de direction S.-N. à San-Salvador.

645. — 1882. 27 juin, XXI h 30.

Fort tremblement de dix-huit secondes de durée à Capetillo. (Rockstroh.)

646. — 1882. 15 juillet, IX h 0'.

Doux tremblement de terre de quinze secondes à Capetillo. (Rockstroh.)

647. — 1882. Juillet.

A San-Salvador :

Le 18, II h 30'. Légère secousse de six secondes et de direction N.-S.
Le 21, heure non observée. Très douce secousse.

648. — 1882. 21 juillet, VI h 55'.

A Capetillo, fort tremblement de dix-huit secondes. (Rockstroh.)

C'est par erreur que ces faits des 15, 18 et 21 juillet sont indiqués pour le mois de juin dans mon premier travail (*Temblores....*, p. 177).

649. — 1882. 2 août, IV h 30'.

A San-Salvador, assez forte mais courte secousse, et de direction E.-O.

650. — 1882. 19 août, XI^h 25'.

Deux secousses de tremblement de terre à Trujillo (Honduras), de direction S.-E. à N.-O. et de quatre secondes de durée. Elles s'étendirent sur presque toute la République de Honduras et toute celle de Nicaragua. (Rockstroh.)

651. — 1882. 23 août, XVI^h 30'.

Doux tremblement de terre de cinq secondes de durée à Capetillo. (Rockstroh.)

652. — 1882. 24 août, XV^h 46'.

Tremblement de terre modéré à Tecpam-Guatémala, Patzitzia et Quetzaltenango. (Rockstroh.)

653. — 1882. Septembre.

Éruption de l'Atrato et tremblements de terre à Panama.

Un cratère nouveau se forma près du Rio Sucio et à 40 milles de l'Atlantique dans la région de l'Atrato, et il s'y produisit une éruption de sable et de cendres. Les tremblements de terre et les retumbos furent très nombreux et firent fuir les habitants du pays. A Turbo, sur le golfe d'Urrabà, une source thermale se fit jour au travers des rues et inonda complètement cette localité, qui souffrit beaucoup, ainsi que celles de Bulles et de Nienzo.

Convaincu que les tremblements de terre de Panama ont été la conséquence de ces phénomènes volcaniques de l'Atrato, lesquels ne cessèrent qu'en juillet 1883, et quoique ce point ne fasse point, à vrai dire, réellement partie du système volcanique centre-américain, je donne en même temps les détails relatifs au tremblement de terre, d'après la communication faite le 6 novembre 1882 par M. de Lesseps, et ceux relatifs à l'un et l'autre phénomène extraits de l'*Estrella* de Panama.

La première secousse, et la plus violente, eut lieu le 7 septembre, à III^h 10' (III^h 24', d'après l'*Estrella*). Elle était ondulatoire et de direction N.-E. à S.-O., ce qui, soit dit en passant, pourrait faire penser qu'elle ne venait pas de l'Atrato. Mais les observations de direction sont trop souvent si peu exactes, quand, en outre, elles ne sont pas masquées par les ondes sismiques réfléchies, pour qu'on puisse raisonnablement en tirer une conclusion ferme. Cette secousse, de 55 à 60 secondes de durée, eut un maximum d'intensité vers son milieu et causa quelques dégâts, dont voici le détail : Le frontispice de l'église de San-Francisco, cathédrale de Panama, célèbre par ses deux clochers recouverts de coquilles marines, s'écroula en partie. L'hôtel de la

Compagnie du Canal interocéanique fut lézardé. Les chiens et les perroquets donnèrent des signes d'une grande inquiétude. Le steamer *Honduras*, de la Pacific Mail steamship Company, fut soulevé et crut chasser sur ses ancres. La ligne de Colon-Aspinwal à Panama fut légèrement endommagée, ainsi que le pont de Barbacoas sur le Rio Chagres. A Gamboa, on entendit de forts bruits souterrains. A Chagres, Gatun et Cruces, l'on constata quelques dégâts. Des crevasses s'ouvrirent à Colon, où il y eut des morts et quelques blessés. Le câble de la Jamaïque fut rompu. Malgré tout, l'on conçoit que, dans sa communication à l'Académie des sciences, M. de Lesseps ait insisté sur l'immunité sismique relative de l'isthme, et il faut bien reconnaître que cette partie du Centre-Amérique n'a jamais souffert sérieusement.

Le 7, autre secousse de trois à quatre secondes, trois quarts d'heure après la première. Les nuits suivantes furent signalées chacune par un certain nombre de faibles oscillations.

L'*Estrella* de Panama donne en outre les secousses suivantes :

Le 7, XXIII^h ;

Le 8, II^h 45' et III^h.

(Chapel; Figuier, *Année scientifique pour 1882*, p. 273; *Bulletin du Canal interocéanique; Courrier des États-Unis*, du 28 septembre; *Nature*, 2e semestre 1882, p. 358 et 383.)

654. — 1882. 7 septembre, I^h 20'.

Légère secousse à Rivas.

655. — 1882. 11 septembre, IV^h.

Léger tremblement à San-Salvador.

656. — 1882. 13 septembre, IV^h.

Tremblement de terre fort à San-José de Costarica et faible à Guatémala. N'ayant été signalé en aucun point intermédiaire, notamment à San-Salvador, on peut se demander s'il s'agit d'un phénomène unique.

657. — 1882. 14 septembre, XXII^h 30'.

A San-Salvador, forte et longue secousse.

658. — 1882. 16 septembre.

A Panama, tremblement de terre au lunistice. (De Parville, *C. R. Ac. Sc.*, 1887, t. II, p. 762.) Ce fait me paraît douteux.

659. — 1882. 16 septembre, XX^h.

A San-Salvador, deux fortes secousses avec un fort bruit de poutres entre-choquées.

660. — 1882. Septembre.

A Guatémala :

Le 19, XVI^h 17'. Tremblement modéré.

Le 20, XIII^h 0'5". Tremblement oscillatoire de treize secondes de durée et de direction S.-E. à N.-O. Il fut aussi perçu à Amatitlan, où il dura environ trente secondes. (Rockstroh.

661. — 1882. 11 octobre, XXIII^h.

A San-Salvador, tremblement oscillatoire.

662. — 1882. 20 octobre, VII^h 15.

Tremblement modéré à Escuintla. (Rockstroh.)

663. — 1882. Octobre.

A San-Salvador :

Le 22, 0^h 30'. Tremblement de sept ou huit oscillations, de direction N.-S. et de vingt-cinq secondes de durée. Les oscillations se succédaient de trois en trois ou de quatre en quatre secondes.

Le 23, XXIII^h 30'. ⎫
Le 24, I^h. ⎪
Le 26, 0^h 30'. ⎬ Légères secousses.
Le 27, VIII^h. ⎭

664. — 1882. 27 octobre, XX^h 30'.

Faible tremblement d'une seconde de durée à San-José de Costarica. (Rockstroh.)

665. — 1882. 5 novembre, XVI^h.

Fort tremblement de terre oscillatoire, de deux secondes de durée et de direction E.-O., à San-José de Costarica. (Rockstroh.)

666. — 1882. 7 novembre.

Tremblement à Panama. (*Revue des cours scientifiques*, nᵒ du 27 janvier 1883, p. 128.)

667. — 1882. 10 novembre, XXII^h 45.

Tremblement de sept à huit oscillations, de direction N.-S. et de dix-sept secondes de durée, à San-Salvador.

668. — 1882. 13 novembre, XIV^h 30'.

Tremblement de terre à Panama. Observé aussi à Taboga et à Colon. Son foyer paraît avoir été dans le voisinage des îles. (*Revue des cours scientifiques, l. c.*)

669. — 1882. 28 novembre, XVII^h 15.

A San-Salvador, tremblement de terre, d'après Rockstroh. Alors absent de cette ville, je n'ai pu l'observer.

670. — 1882. 29 novembre, V^h 3' 37''.

Observatorio del Ateneo municipal de Panama. — Léger tremblement de terre d'oscillation et de trépidation N. 34º E. à S. 35º O. Amplitude de 1º 30' (O. 47' à S. et O. 43' à N.). Le mouvement sismique n'était pas continu, mais se composait de plusieurs oscillations, séparées par des intervalles de quatre et cinq secondes. Ne serait-ce pas le même phénomène que le suivant?

671. — 1882. 29 novembre, V^h 20'.

Tremblement de vingt-cinq secondes à San-Salvador.

672. — 1882. Commencement de décembre.

Le volcan de San-Miguel lance de grandes colonnes de fumée et rejette un peu de sable fin. (*Diario de Centro-America,* nº 698.)

673. — 1882. Décembre.

A San-Salvador :

Le 7, IV^h. Douce secousse d'une durée inusitée, soixante-douze secondes.

Le 17, XXII^h 30'. $\Big\}$ Très petites secousses.
Le 18, II^h.

674. — 1883. Janvier.

A San-Salvador :

Le 14, 0^h 40'. Petite secousse de cinq à six secondes, suivie d'une autre rapide et de plus grande intensité.

Le 15, IV^h 30'. Assez forte secousse de sept à huit secondes, avec un retumbo.

675. — 1883. 5 Février, X^h 37'.

Tremblement à Panama et dans l'isthme. Fuchs (*l. c.*, t. VI, p. 204), d'après Rockwood.

676. — 1883. 6 février, VII^h 10'.

Forte secousse de dix secondes à Quetzaltenango.

677. — 1883. 18 février.

Quelques retumbos à San-Salvador.

678. — 1883. 20 février, XIII^h 45'.

A Guatémala, tremblement modéré et de direction S.-O. à N.-E.

679. — 1883. 25 février, VI^h 30'.

Légère, mais longue secousse à San-Salvador.

680. — 1883. 8 mars, XVIII^h.

Un fort tremblement de terre causa quelques dégâts à Panama, Cartagena, Santa-Rosa, Yarumal, Medellin et dans l'isthme du Darien. Il fut suivi de quelques autres secousses, et, comme celui du 29 novembre 1882, il était probablement en relation avec les phénomènes volcaniques qui continuaient encore dans l'Atrato. (Boscowitz; *Estrella* de Panama; Fuchs, *l. c.*, t. VI, p. 205.)

681. — 1883. Commencement d'avril.

Le volcan Omotepeque donne des signes d'une activité inusitée.

682. — 1883. Avril.

Pendant ce mois, il y eut de nombreux retumbos au San-Jacinto.

683. — 1883. 4 avril, VI^h.

Très légère secousse à Panama. (*Estrella* de Panama, du 16 août.)

684. — 1883. 30 avril, IX^h.

Légère secousse à San-Salvador.

685. — 1883. Du 1er au 6 mai.

Eruption de l'Omotepeque.

Le volcan d'Omotepeque ou de Concepcion, de quelques anciens géographes, forme, avec le Madeira, l'île de Zapotera, ou Zapotero, c'est-à-dire des Zapotiers, dans la partie S.-O. du lac de Nicaragua. Omotepeque veut dire deux montagnes; c'est l'équivalent du Chichontepeque, ou San-Vicente au Salvador. Cette île du lac de Nicaragua, appelée aussi Chomiltenamitl, est fort connue des américanistes par les gigantesques statues monolithes découvertes en 1854 par Squier au sein de la forêt vierge. Plusieurs de ces idoles, ainsi que nombreuses figurines plus petites, que j'ai trouvées au Salvador, ne laissent aucun doute sur l'existence en ces régions, et avant la conquête, d'un vice contre nature, qui a totalement disparu maintenant.

Quoi qu'il en soit, les deux volcans d'Omotepeque et de Madeira jouissaient de la plus parfaite réputation d'extinction, lorsque les pauvres pêcheurs de l'île furent alarmés, le 1er mai 1883, à X^h, par un grand bruit souterrain de deux à trois minutes. Le 2, quelques personnes montèrent au sommet de l'Omotepeque et constatèrent que son cratère s'était élargi. Tout autour, de grandes masses de roches avaient été répandues de toutes parts, surtout au S.-O., et elles étaient recouvertes d'une fine cendre couleur d'ardoise. Le 4, à XIV^h 30', une secousse. Le 6, il se produisit une série d'éruptions effrayantes, accompagnées de retumbos prolongés. Le même jour, à XIV^h 30', on vit s'ouvrir le sol et les rochers près du cratère, et couler la lave, pendant que s'élevait à une grande hauteur une épaisse colonne de fumée couleur de plomb. Il ne se produisit aucun dégât, parce qu'heureusement la lave suivit une direction où il n'y avait ni habitation ni champs cultivés.

Boscowitz fait commencer par erreur l'éruption au 8 mars et la met en relation avec le grand tremblement de terre de Copiapo, ce qui constitue un rapprochement tout à fait arbitraire.

(*Estrella* de Panama; A. Forel; Fuchs, *Tschermak's mineralogische Mittheilungen*, t. VI, pp. 189 et 208, 1884.)

686. — 1883. 8 mai.

A San-Salvador :

I^h 30'. Légère secousse.

XVI^h 50'. Très légère secousse.

687. — 1883. 21 mai, VII^h.

Tremblement de terre à Morupos, État de Bolivar (Colombie); ressenti aussi à Guayaquil et à San-Salvador. (Fuchs, *l. c.*, t. VI, p. 209.) Je ne crois pas qu'il se soit étendu à San-Salvador.

688. — 1883. 23 mai, XIII^h 15'.

A San-Salvador, très légère secousse.

689. — 1883. 1er juin, XVI^h 30'.

Forte secousse oscillatoire de trois secondes, à Jalapa (Guatémala).

690. — 1883. Juin.

A San-Salvador :

Le 3, XVIII^h 15'. ⎫
Nuit du 9 au 10. ⎬ Très légères secousses.
Le 16, VI^h 15'. ⎭

691. — 1883. Du 19 au 30 juin.

Nouvelle éruption de l'Omotepeque.

Le 19, un nouveau cratère s'ouvrit, et jusqu'au 30 lança beaucoup de laves et des rochers énormes, dont les dimensions atteignirent jusqu'à 50 (?) vares de long et une largeur proportionnelle. Dans tout le département de Rivas et jusqu'à une distance de 10 à 12 lieues, il tomba nuit et jour une pluie de cendres qui paraissaient sulfureuses et produisaient de l'inflammation aux yeux. Dans quelques pâturages, elles firent périr le bétail. Les habitants de l'île durent émigrer à Granada, Rivas, etc.....

(Mêmes sources que pour l'éruption de mai ; *La República* (de San-Salvador), del 10 de julio ; *Courrier des Etats-Unis,* 18 août ; *Bulletin de la Société de géographie de Bordeaux pour 1883,* p. 585 : Les Tremblements de terre en 1883, d'après l'*Astronomie,* mai 1884, p. 178.)

Fuchs dit que ce volcan avait eu sa dernière éruption en 1853. Je ne crois pas à l'exactitude de cette assertion.

692. — 1883. 24 juin.

A San-Salvador :

X^h. Légère, mais très longue secousse.
XIV^h. Deux légères secousses.

693. — 1883. 25 juin, I^h 4'.

Léger tremblement de terre de trépidation à Guatémala.

32

694. — 1883. Juin.

A San-Salvador :

Le 25, IX h. Légère secousse.

Le 27, XXII h 15'. Très légère secousse.

695. — 1883. Juillet.

Recrudescence et fin des phénomènes volcaniques, dont l'Atrato était le siège depuis le mois de septembre 1882. (*Courrier des États-Unis,* du 21 juillet.) Comme ils n'eurent alors aucun écho sismique dans l'isthme, il est inutile d'en parler plus longuement.

696. — 1883. Juillet.

A San-Salvador :

Le 8, 0 h 10'. Fort tremblement. Il fut senti à San-Salvador, Santa-Tecla, Zacatecoluca, Usulutan et Cojutepeque. En ce dernier point, il avait la direction S.-O. à N.-E. Chute de quelques vieux murs à San-Salvador.

Le 9, 1 h. Forte secousse.

697. — 1883. 9 juillet.

Tremblement de terre à La Antigua Guatémala, d'après un câblegramme adressé à Panama.

698. — 1883. 14 août, XIV h 55'.

Double secousse à San-Salvador, Santa-Tecla et une partie de la République jusqu'à Usulutan.

699. — 1883. 27 août, XVI.

Plusieurs retumbos à San-Salvador.

Tout d'abord, je dois traduire ce que j'écrivais en 1884, dans mon premier mémoire (*Temblores.....*) :

« Cette date appelle fortement l'attention, car c'est celle de la fameuse et
» terrible éruption du volcan de Krakatoa qui changea la configuration du
» détroit de la Sonde, et dont les cendres impalpables répandues dans les
» régions supérieures de l'atmosphère ont été la cause probable des extraor-
» dinaires lueurs rouges qui se sont montrées sur presque toute la terre, au
» lever et au coucher du soleil, depuis cette époque jusqu'à mars 1884. C'est

» aussi la date de bruits souterrains qui ont été entendus dans l'Etat d'An-
» tioquia à des intervalles de cinq à vingt minutes. (Lettre de Julio Orpima,
» de Medellin, en date du 4 septembre.) On sait que l'onde sismique produite
» à Java fit complétement le tour du monde et fut accusée par tous les
» marégraphes de l'univers, comme l'a si brillamment montré l'ingénieur
» français Bouquet de la Grye. Les retumbos de San-Salvador seraient-ils
» l'écho de l'un ou l'autre phénomène ? »

Depuis cette époque, M. le professeur A. Forel de Morges s'est occupé
de la transmission de l'explosion du Krakatoa à de grandes distances. (Bruits
souterrains entendus, le 26 août 1883, dans l'îlot de Caïman-Brac, mer des
Caraïbes ; 9 mars 1885.) Dans cette communication, M. Forel conclut comme
il suit :

« Etant donnée la différence des longitudes, le 27 août, VIII^h 30' de
» Batavia, correspond au 26 août, XX^h 5' de Caïman-Brac. Si nous admettons
» une heure environ pour la durée de la transmission du son à travers les
» 12,000 kilomètres du diamètre terrestre, les plus fortes détonations ont dû
» être entendues aux Caïmans vers XXI^h, le 26 août. Malheureusement, la
» lettre de M. Roulet n'en indique pas l'heure. »

Avant de discuter de plus près le fait de la transmission du phénomène
explosif à une distance aussi considérable, voyons dans quelles conditions
s'observent les retumbos à San-Salvador. On y en entend de trois sortes :
1° ceux de l'Izalco ; 2° ceux du San-Jacinto ; 3° enfin des retumbos de directions variables avec ou sans tremblements de terre. L'Izalco, comme nous
l'avons vu maintes fois, a une éruption toutes les quinze ou vingt minutes avec
une forte explosion, qui, dans le pays environnant, se traduit par un retumbo
ou roulement sourd. Mais entre ce volcan et la ville de San-Salvador viennent
s'interposer le massif du volcan de San-Salvador, la Cordillère côtière et le
col élevé de Santa-Tecla entre les deux, ce qui rend très rare la perception de
ces bruits à San-Salvador, tandis qu'ils sont fréquemment entendus à Santa-
Tecla. La distance de Santa-Tecla à l'Izalco est d'environ 16 lieues, et de
San-Salvador d'environ 18, de telle sorte que la non-perception des retumbos
à cette dernière ville est uniquement due à la disposition du terrain. Il aurait
donc fallu, pour que les retumbos du 27 août aient été dus à l'Izalco, que ce
volcan ait eu un paroxysme anormal, ce que contredisent mes informations
prises à l'époque. Les retumbos fréquemment entendus à San-Salvador dans
la direction du San-Jacinto se perçoivent dans une direction toujours la même
et facilement reconnaissable. Ce n'a pas été le cas le 27 août. Les retumbos
dont nous nous occupons ne peuvent donc être que ceux de la troisième caté-

gorie sans tremblements de terre. Mais le fait que dans l'Etat d'Antioquia on en a entendu le même jour, porte à faire penser qu'il faut leur attribuer une origine commune. M. le professeur A. Forel n'hésite point à admettre que, dans la communication de M. Roulet (lettre datée d'Utila), il y eut une erreur d'un jour, et qu'il faut lire 27 et non 26 août. Dans une communication à l'Académie des sciences, M. Lleras de Santo-Domingo parle de retumbos entendus dans cette île le lundi 28 août, à XVI ou XVII^h. Or le lundi était le 27. Il résulte donc de ces faits que c'est bien le 27 qu'en ces quatre points : Antioquia, San-Salvador, Caïman-Brac et Santo-Domingo, vers XVI ou XVII^h, on a entendu presque simultanément des bruits souterrains anormaux.

L'arc de grand cercle terrestre, entre Krakatoa et San-Salvador, est de 18,462,040^m. Si nous admettons qu'entre ces deux points l'air ait été à une température moyenne de 20°, cela correspond à une vitesse de transmission des ondes sonores de 343^m,6 par seconde. Il aurait ainsi fallu 14^h 55' 53" pour qu'elles arrivassent à San-Salvador. Or, on indique trois heures différentes pour l'explosion du Krakatoa : VI^h 45', VIII^h 30' et X^h, soit qu'il y ait eu trois phases différentes dans le maximum du phénomène, et c'est ce qui me paraît le plus probable, soit que cela provienne de mauvaises observations. Quoi qu'il en soit, prenant ces trois heures, nous trouvons que le son serait arrivé à San-Salvador aux heures suivantes (en temps de Krakatoa), XXI^h 40' 53", XXIII^h 25' 53" le 27, et 0^h 55' 5" le 28, ou en temps de San-Salvador, X^h 39' 25", XII^h 24' 25" et XIII^h 54' 25" le 27, la différence des longitudes étant de 165° 25' d'arc ou de 11^h 1' 28". Or, les retumbos ont été entendus à XVI^h. Nous trouvons là une différence de 2^h 5' 35" qu'il s'agit d'expliquer. Or, la transmission du son est influencée par le vent. Si l'on cherche quel vent de l'est à l'ouest régnant sur tout le Pacifique tropical aurait pu causer ce retard de 2^h 5' 35", on trouve qu'il faudrait lui attribuer une vitesse de 45^m à la seconde. Ce chiffre est beaucoup trop fort, car on sait que la vitesse moyenne du vent sur cet océan est d'environ 17 milles 1/2 par heure, ce qui correspond à une vitesse d'environ 8^m. Il faut donc chercher ailleurs. Je propose l'explication suivante : La vitesse de propagation du son diminue avec la température, et par suite diminue quand augmente l'altitude de la couche d'air au travers de laquelle on considère cette propagation. Ceci posé et une onde sonore étant, à un moment donné, l'enveloppe des ondes élémentaires émanées des divers points de la masse ébranlée primitivement à un même instant (dans le cas actuel cette masse est représentée par la verticale du Krakatoa), il s'ensuit que ces ondes autour de la verticale de ce volcan ne seront point des cônes concentriques, mais bien des surfaces de révolution dont la méridienne se rapprochera de plus en plus de la verticale du Krakatoa à mesure que l'on s'éloignera davantage du sol. De plus, les méridiennes de ces surfaces successives s'ouvriront de plus en plus au ras du sol.

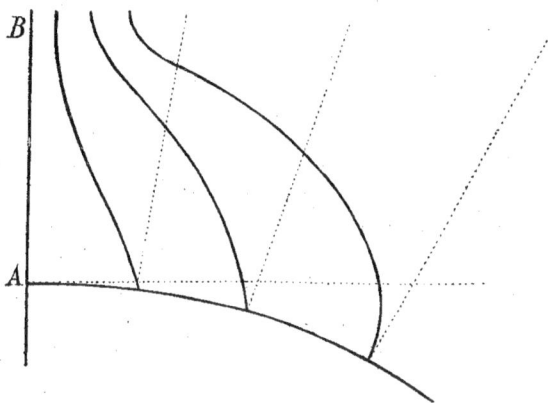

On voit ainsi s'accentuer graduellement le retard des parties supérieures des ondes sonores engendrées par l'explosion suivant A B. Au-dessus du Pacifique, les parties inférieures, soit par suite de vents en sens divers, d'îles nombreuses et recouvertes de végétations, etc....., ont pu être graduellement éteintes. Il n'est plus resté, à un moment donné, que les parties supérieures, lesquelles arrivant au-dessus de l'Amérique centrale et des Antilles avec un retard considérable, ont donné lieu elles-mêmes à des ondes secondaires, et ce sont celles-ci qui ont été perçues au sol aux quatre points dont nous avons parlé. J'ai tout lieu de penser que la différence de temps que cette explication permet de supposer est de l'ordre de grandeur de celle dont il s'agit de rendre compte.

700. — 1883. 29 août, XXʰ 30′.

Longue secousse de deux oscillations et avec un retumbo, à San-Salvador et à Cojutepeque.

701. — 1883. Commencement de septembre.

Formation d'un nouveau cratère latéral à l'Izalco, et activité inusitée de ce volcan. Je tiens ce renseignement du maire du village de Dolores-Izalco.

702. — 1883. 2 septembre, V ʰ 30'.

Petite secousse de trois secondes à San-Salvador.

703. — 1883. Septembre.

A San-Salvador :

Le 6, IV ʰ 50'. Long tremblement de terre de presque deux minutes de durée. Il fut très doux.

Le 7, { VII ʰ 5'. Légère secousse avec un retumbo.
{ XXI ʰ 45'. Longue et douce secousse.

Le 8, XXII ʰ 30'. Très douce secousse.

Le 9, { 0 ʰ 31'.
{ IX ʰ 45'. } Très douce secousse.
{ X ʰ.

704. — 1883. 12 septembre, 0 ʰ 20'.

A San-Salvador, longue secousse de très longues oscillations horizontales.

705. — 1883. 20 septembre, XIV ʰ 40'.

A San-Salvador, rapide, mais douce secousse de trois oscillations.

706. — 1883. 29 septembre, XV ʰ 30'.

A San-Salvador, longue et forte secousse, de direction N.-E. à S.-O., de quatre ou cinq oscillations et de trente secondes de durée, avec un retumbo.

707. — 1883. 11 octobre, XXII ʰ 45'.

A San-Salvador, tremblement de terre assez fort.

708. — 1883. 22 octobre, X ʰ 30'.

A San-Salvador, secousse assez forte.

709. — 1883. Octobre.

Dans le Darien :

Le 25, XI ʰ. Fort tremblement de terre de trois oscillations à Las Palmas.

Le 26, { IV ʰ.
{ IX ʰ. } Fortes secousses à Chepigana.

Le 28. Bruits souterrains dans le Darien. (*Estrella de Panama.*)

710. — 1883. 9 novembre, III^h.

Très léger tremblement de terre à l'observatoire de Guatémala.

711. — 1883. 13 novembre.

L'Izalco donne des signes de plus d'activité que de coutume, et une forte odeur sulfureuse s'étend jusqu'à Santa-Tecla.

712. — 1883. 13 novembre, XVII^h 6'.

Tremblement de terre de trois oscillations, de quatre secondes de durée et de direction N.-S., à Panama. (*Estrella de Panama.*)

713. — 1883. 17 novembre, I^h 15'.

Très léger tremblement de terre à San-Salvador.

714. — 1883. 30 novembre.

A San-Salvador :

IV^h 30'. ⎫
VI^h. ⎬ Légères secousses.

XIV^h 45'. Assez fort tremblement de onze secondes de durée et de direction S.-E. à N.-O.

715. — 1883. 8 décembre, XVII^h 10'.

Tremblement de terre assez fort à San-Salvador.

716. — 1883. 16 décembre, XII^h 50'.

Tremblement de terre assez fort à Santa-Tecla.

717. — 1883. 18 décembre, XX^h.

Petite secousse à La Libertad.

718. — 1883. 19 décembre.

Tremblement de terre à la côte au sud de Panama. (*Estrella de Panama.*)

719. — 1883. 24 décembre, XX^h 10'.

A San-Salvador, deux tremblements de terre oscillatoires, à trente secondes d'intervalle.

720. — 1884. 28 janvier, XXIII^h 30'.

Petite secousse à San-Salvador.

721. — 1884. 4 février, IX^h 4'.

A San-Salvador, douce secousse de quatre à cinq secondes de durée et accompagnée d'un retumbo à Santa-Tecla. Comme les retumbos de l'Izalco sont rarement entendus à San-Salvador, à cause du massif de Santa-Tecla, cette secousse et le retumbo doivent être attribués au volcan.

722. — 1884. 7, 8 et 9 février (?).

Le volcan d'Ilopango donne des signes d'activité (*Diario del Comercio*). J'ai dû émettre un doute sur ce fait, car les Indiens que j'ai consultés à ce sujet ne m'ont point fourni de témoignages assez concordants sur ces apparitions de fumées ou de flammes.

723. — 1884. 10 février, XV^h et XXIII^h 15'.

Très faibles secousses à San-Salvador.

724. — 1884. 13 février, XV^h et XVIII^h.

Très faibles secousses à San-Salvador.

725. — 1884. Février.

A San-Salvador :

Le 16, { XX^h 20'. Légère secousse.
{ XXI^h 50'. Fort, mais court tremblement de terre.
Le 17. Une petite oscillation entre II et IV^h.

726. — 1884. Nuit du 29 février au 1er mars, 1er et 2 mars.

A San-Salvador, quelques retumbos dans la direction du San-Jacinto et du lac d'Ilopango.

727. — 1884. Mars.

A San-Salvador :

Le 6, XVI^h 30'. Tremblement de terre assez fort. Chute de quelques vieux pans de murs, en particulier dans la cour du Consulat britannique.

Le 7, XIX^h 30'. Fort retumbo du San-Jacinto.

728. — 1884. 9 et 10 mars.

Le Santa-Ana fume avec intensité et lance quelques cendres. En même temps, l'Izalco donne des signes d'une activité tout à fait anormale.

729. — 1884. 13 mars.

Le volcan d'Ilopango donne des signes d'activité. Mêmes doutes que précédemment. Retumbos à San-Salvador.

730. — 1884. 14 mars, XVII^h 30'.

A San-Salvador, fort retumbo du N.-O.

731. — 1884. 16 mars.

A San-Salvador :

II^h 30'. Tremblement assez fort.
XV^h 35'. Secousse légère.

732. — 1884. 20 mars, XX^h 20'.

A San-Salvador et à San-Andres, fort tremblement de terre de quatre oscillations, de cinq secondes de durée et de direction S.-N. dans la première localité et avec un léger retumbo. Observé à San-Andres par mon camarade Touflet.

733. — 1884. 21 mars, XX^h 57'.

A San-Salvador, fort tremblement de trois ou quatre secondes, précédé de quatre petites secousses. Les chiens hurlèrent.

734. — 1884. 21 mars, XXI^h 59'.

Légère secousse à San-Miguel, Cojutepeque, San-Salvador, San-Andres et Sonsonate, c'est-à-dire d'un bout à l'autre du Salvador. Il y a lieu de l'attribuer à l'Izalco, car elle fut surtout forte à Sonsonate. (*Diario del Comercio.*)

735. — 1884. Mars.

A San-Salvador :

Le 21, XXIII^h 48'. Forte secousse.
Le 22, XXI^h 30'. Deux légères secousses.
Le 23, { II^h 30'. Léger tremblement de terre.
{ IX^h 45'. Trois douces secousses.

33

Le 24, $\begin{cases} \text{XVIII}^\text{h} \ 30'. \\ \text{XX}^\text{h} \ 50' \end{cases}$ Légères secousses.

Le 25, XXII$^\text{h}$ 6'. Légère secousse de direction S.-N.

Le 26, I$^\text{h}$. Léger tremblement de terre.

Le 27, IV$^\text{h}$ 55'. Assez forte secousse de trépidation.

Le 28, $\begin{cases} \text{XXI}^\text{h}. \text{ Douce secousse trépidatoire de sept à huit secondes de durée.} \\ \text{XXII}^\text{h}. \text{ Secousse semblable.} \\ \text{XXIII}^\text{h}. \text{ Tremblement de terre un peu plus fort.} \end{cases}$

Le 29, IV$^\text{h}$. Légère secousse trépidatoire.

736. — 1884. 30 mars, III$^\text{h}$ 4'.

A Panama et à la Sabana, tremblement de terre assez long et fort, et de direction N.-E. S.-O.

737. — 1884. Mars.

A San-Salvador :

Le 30, $\begin{cases} \text{XVI}^\text{h} \ 30'. \\ \text{XXII}^\text{h} \ 40'. \end{cases}$

Le 31, $\begin{cases} \text{X}^\text{h} \ 22'. \\ \text{XII}^\text{h} \ 55'. \\ \text{XII}^\text{h} \ 56'. \end{cases}$ Légères secousses.

738. — 1884. Avril.

A San-Salvador :

Le 1er, IX$^\text{h}$ 45'. Petit tremblement de terre.

Le 26, XX$^\text{h}$ 30'. Petit tremblement de terre de deux oscillations.

Le 28, XIII$^\text{h}$. Petite secousse.

Le 29, 0$^\text{h}$ 20'. Doux tremblement de terre de longues oscillations et de quarante-deux secondes de durée.

739. — 1884. Mai.

A San-Salvador :

Le 2, XVIII$^\text{h}$ 23'. Fort tremblement de terre de trois oscillations, de direction E.-O., et avec un retumbo.

Le 13, XXII$^\text{h}$ 6'. Long et doux tremblement de terre, de direction N.-S.

740. — 1884. 1er juin, IV$^\text{h}$ 45'.

Petite secousse à San-Salvador.

741. — 1884. 2 juin.

A San-Andres (Observations de mon camarade Touflet) :

XXI^h 45'. Légère secousse.
XXI^h 50'. Légère secousse.
XXII^h 10'. Légère secousse d'une seconde.
XXII^h 50'. Légère secousse d'une seconde.
Toutes du S.-O. au N.-E., c'est-à-dire venant de l'Izalco.

742. — 1884. 3 juin, XII^h 42'.

A San-Salvador, long tremblement de terre de cinq ou six douces oscillations et venant de l'O.

743. — 1884. 3 juin. De XXI à XXII^h.

A San-Andres, trois tremblements semblables à ceux du 2. (Touflet.)

744. — 1884. Juin.

A San-Salvador :

Le 5, XXII^h 6'. Longue secousse de quarante secondes de durée, de direction N.-S., avec un retumbo, et de cinq ou six oscillations.
Le 9, XII^h 2'. Légère secousse.

745. — 1884. Juin.

A Santa-Tecla :

Le 10, XVIII^h 15'. Longue et forte secousse qui allait *crescendo*.
Le 11, XIX^h 10'. Deux petits tremblements de terre suivis.

746. — 1884. Juin et juillet.

Série de forts tremblements de terre à la capitale du Nicaragua. (*El Diario del Comercio*, d'après une lettre du 10 juillet.) Cela me ferait penser que les faits des 18, 19 et 20 juillet sont en réalité de juin.

747. — 1884. 12 juillet, V^h 20'.

A San-Salvador et à Santa-Tecla, tremblement assez prolongé.

748. — 1884. 16 juillet. De VI à VIII^h.

A Santa-Tecla, cinq forts retumbos qui semblaient venir de l'Izalco. Ils ne furent pas entendus à San-Salvador.

749. — 1884. Juillet.

A la capitale du Nicaragua :

Le 18, { V^h. Forte secousse avec retumbo.
        { VIII^h. Forte secousse.

Le 19, { VII^h. } Deux secousses.
        { VIII^h. }

Le 20, VI^h. Une secousse.

(Detaille, *l'Astronomie,* mai 1885, p. 185.)

750. — 1884. Juillet.

A Santa-Tecla :

Le 25, VII^h. Légère secousse de deux oscillations, venant de l'Izalco, et
        non perçue à San-Salvador.

Le 27, XXI^h 15'. (*Ibidem.*)

751. — 1884. 29 juillet, XXI^h 15'.

A San-Salvador, très petite secousse.

752. — 1884. Août.

A San-Salvador :

Le 4, X^h. Fort retumbo qui semblait venir du San-Jacinto.

Le 9, XXIII^h 59'. Léger tremblement de terre. Il paraissait venir du San-
        Jacinto et se composait de sept à huit oscillations, qui
        se succédaient à raison de cent par minute environ.

Le 15, { 0^h 45'. Petite secousse.
        { III^h 47'. Tremblement plus fort et d'une seconde de durée.

Le 21, 11^h 30'. Tremblement assez fort.

753. — 1884. 21 août, III^h 45'.

Fort tremblement, avec froissement des poutres et d'une minute de durée,
à San-Salvador, Cojutepeque et Santa-Tecla. Il fut perçu fortement à Miraflores,
dans le département de Zacatecoluca et à San-Pedro Masahuat.

754. — 1884. Septembre.

A San-Salvador :

Le 3, XXII^h 55'. Très légère secousse.

Le 10, XIV^h 7'. Faible secousse avec deux retumbos successifs.

Le 13, 0ʰ 3'. Très faible secousse. Cependant les chiens donnèrent des signes d'une profonde terreur.

Le 14, Iʰ 42'. Secousse faible, mais prolongée. Hurlements des chiens.

755. — 1884. 1er octobre.

Au Nicaragua :

Vers XIVʰ 32'. Deux secousses à Rivas.

XXʰ. Tremblement de terre à San-Juan del Sur et l'espace compris entre le Pacifique et le lac.

(Fuchs, *l. c.*, t. VIII, p. 55.)

756. — 1884. 10 octobre, XIVʰ.

A Santa-Tecla, léger tremblement de terre. (Hernandez : *Observaciones meteorologicas hechas en el Liceo San-Luis é insertadas en el Boletin de Agricultura.*)

757. — 1884. 17 octobre, VIʰ 10'.

A San-Salvador, assez forte secousse de deux oscillations.

758. — 1884. 5 novembre.

Dans l'isthme de Panama, un fort tremblement de terre renverse une église et quelques maisons. (Fuchs, *l. c.*, t. VIII, p. 55.)

759. — 1884. 6 novembre, IVʰ 30'.

A San-Salvador, tremblement de terre doux, mais prolongé, et de sept à huit oscillations.

760. — 1884. 1er décembre, XXIIʰ 45'.

A San-Vicente, trois très forts tremblements de terre qui alarmèrent la population. Beaucoup de familles campèrent le reste de la nuit par crainte de surprise.

761. — 1884. 8 décembre, XIʰ 47'.

A San-Salvador, tremblement de terre prolongé, mais d'oscillations rapides. Il dura plus d'une minute et paraissait venir de l'E. Un fort grincement de poutres l'accompagna, et il alarma tout le voisinage. Il fut senti à Santa-Ana, Sonsonate et tout le Salvador. Il y avait eu une très faible secousse à Xʰ.

762. — 1884. 30 décembre, XXI[h]*.*

Tremblement de terre fort à Guatémala et doux à San-Salvador.

763. — 1884. 31 décembre, XXII[h]*.*

A San-Salvador, petite secousse avec un retumbo.

764. — 1885. Janvier.

A San-Salvador :

Le 1er, XV[h] 12'. Petit tremblement de trépidation.
Le 17, XV[h]. Tremblement sensible.
Le 19, VI[h] 20'. Légère secousse.

765. — 1885. Mars.

Grande activité de l'Irazù.

766. — 1885. 20 et 21 mars.

J'ai vu nettement de Puntarenas la Herradura lancer beaucoup de fumée et quelques flammes. En se reportant à l'introduction (p. 49), on comprendra toute l'importance de cette constatation, qui corrobore les observations de Wagner (juillet 1853) et l'affirmation de Felipe Molina relative à la non-extinction totale de ce volcan.

767. — 1885. 24 mars, III[h]*.*

A Panama, trois fortes secousses. (Detaille : *L'Astronomie*, juin 1886, p. 219.)

C'est le dernier tremblement de terre que j'ai ressenti au Centre-Amérique.

768. — 1885. 11 octobre, XXI[h] *30'.*

Tremblement de terre au Nicaragua.

Léon et Chinandega furent très éprouvées. A Managua, on entendit un fort retumbo de trente secondes. Le reste de la nuit et le jour suivant, il y eut quelques autres petites secousses. Pas de victimes. La cathédrale de Léon fut crevassée. Les dégàts matériels furent énormes. Cette secousse fut sentie par un navire à 20 milles de la côte.

Depuis quelques jours, le Santa-Clara et le Telica donnaient de l'inquiétude par leurs retumbos. (Marcel Blanchard, *Nature*, 1er semestre 1886, p. 51.)

D'après le *Diario oficial del Salvador* et la *República de San-Salvador* du

15 octobre, cette secousse fut sentie à San-Juan Nonualco. On observa que le lac d'Ilopango répandit une forte odeur sulfureuse à la suite de cette secousse.

769. — 1885. 22 novembre, VI[h].

A Amatitlan, fortes secousses avec destruction de maisons. (Detaille, *l. c.*, p. 224.)

770. — 1885. 18 décembre.

Ruine d'Amatitlan.

Les secousses commencées en novembre atteignirent leur maximum de fréquence le 18 décembre. Ce jour-là, de V[h] à XVIII[h], on compta plus de trois cents secousses, dont le plus grand nombre était précédé et suivi de retumbos. Elles étaient en général de direction S.-E. à N.-O. On signale les secousses de II[h] et de XVII[h] 22'. La secousse de XVII[h] 36' renversa la ville. Detaille lui donne l'intensité IX de l'échelle Rossi-Forel. San-Vicente Pacaya et les haciendas environnantes furent très maltraitées. Rockstroh attribue ce tremblement de terre au Pacaya. Il se produisit de grands éboulements et de nombreuses crevasses. Au bord sud du lac d'Amatitlan apparurent de nouvelles sources thermales. D'autres virent leur régime notablement augmenté. Des vapeurs s'élevaient d'une des crevasses formées. Les secousses, encore très nombreuses pendant la nuit et le jour suivant, allèrent, en s'espaçant de plus en plus, jusque dans les premiers jours de janvier 1886.

(Rockstroh : *Informe sobre los efectos de los últimos temblores en el departamento de Amatitlan; de el Guatemalteco. Diario oficial del Salvador,* del 30 de enero de 1886. Fuchs, *l. c.*, t. VIII, p. 47. Detaille, *l. c.*, mai 1887, p. 183.)

771. — 1886. 22 janvier.

A Guatémala, fortes secousses. Enfoncement de terre *(sic)*. (Detaille, *l. c.*, mai 1887, p. 171.)

772. — 1886. 22 et 23 mai.

A Managua, fortes secousses. Eruption du Momotombo. (Detaille, *l. c.*, mai 1887, p. 173.)

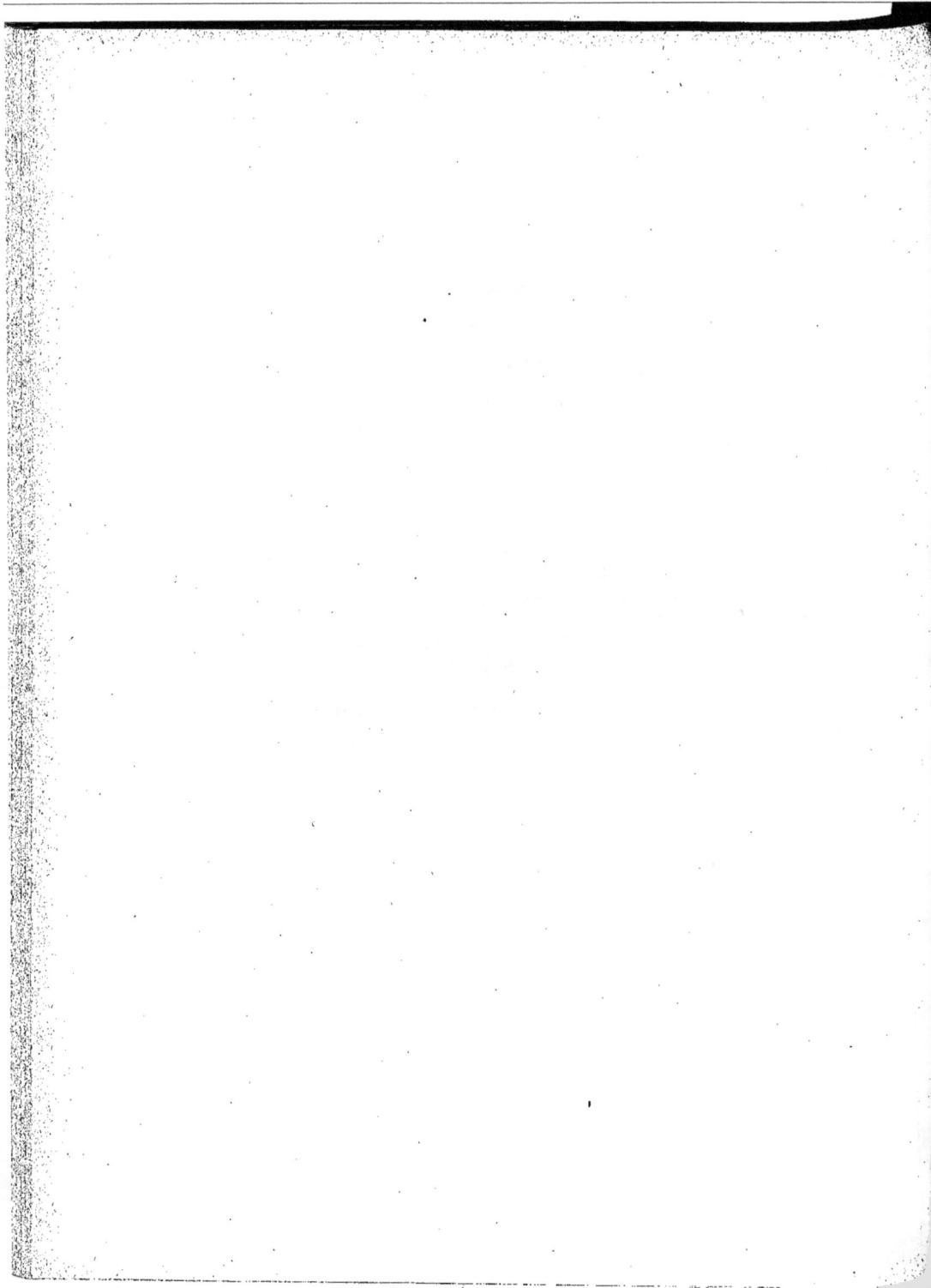

INDEX BIBLIOGRAPHIQUE

Cet index comprend les auteurs, ouvrages et documents cités, et en outre quelques autres, marqués d'un astérisque, lesquels intéressent directement les études sismiques et volcaniques au Centre-Amérique et m'ont servi utilement. Il n'y a pas de double emploi entre les auteurs et les publications périodiques.

1. ABBADIE (Ant. d'). Communication à Perrey.
2. ACOSTA. Histoire naturelle et morale des Indes, tant orientalles qu'occidentalles, composée en castillan et traduite en françois par Robert Cauxois. MDC.
3. ALVARADO (El Adelantado Pedro de). Dos cartas dirigidas à Hernan Cortes. (De la collection Ternaux-Compans.)
4. ALVARADO (Alfredo). Las Ruinas. Novela historica. San-Salvador, 1880. — Ruina de San-Salvador en 1854, Observaciones por don José-Maria Caceres, p. 26.
5. *American Daguerrian Gallery*, 1854.
6. *Americano (El)*, 19 mai 1873; Guzman, La Ruina de San-Salvador.
7. ANDRADE (José-Antonio de). Carta dirigida al Gobernador Intendente José-Antonio Ortiz de la Peña sobre la erupcion del volcan de San-Miguel en 1787.
8. *Annalen (Die) der Physik*. Bd. LXXXVI, S. 539.
9. *Annales de Chimie et de Physique*, t. XV, p. 424.
10. *Annuaire des Deux-Mondes*, 1854-1855.
11. *Annual Register*, t. XVI, p. 149.
12. ANONYME. Relation de ce qui, d'après la volonté de Dieu, est arrivé le samedi 10 du mois de septembre 1541, à deux heures d'après le coucher du soleil, dans la ville de Santiago de Guatimala. (Des Archives de Simancas ; Ternaux-Compans, *Recueil de pièces relatives à la conquête du Mexique*, p. 269-285. Paris, 1838.)
13. ANONYME. Antigüedades del Salvador.

31

14. Arago (François). Instructions concernant la physique du globe rédigées pour le voyage de circumnavigation de la *Bonite*. (*C. R. Ac. Sc.*, 1835, t. II, p. 410.) — Œuvres complètes. Edition Barral. — Catalogues sismiques annuels dans les *Annales de Chimie et de Physique* de 1817 à 1836.

15. Archiac (d'). Histoire des progrès de la géologie de 1835 à 1845.

16. Archigenes (médecin de l'ambassade ottomane). Question relative aux tremblements de terre posée à l'Académie des sciences au nom d'Emyn Pacha. (*C. R.*, 1842, t. I, p. 923.)

*17. Arlach (H. de T. d'). Souvenirs de l'Amérique centrale, 1850, Paris.

*18. Astaburuaga (F.-S.). Sobre los notables volcanes de Centro-América. (*Revista de Ciencias y Letras*, t. I, n° 3, pp. 406 y 426; Santiago de Chile, octubre de 1857.)

19. Atlas de Bromme.

20. Audrand. Coïncidence entre les tremblements de terre et les inondations. (*C. R. Ac. Sc.*, t. XXXX, 1855, pp. 138 et 844.)

21. *Ausland* (Das). 1830, n°⁸ 115 et 315, S. 1256.

*22. Ayon (Tomas). El Volcan de Masaya. (*El Ateneo de Leon*.) — Historia de Nicaragua desde los tiempos mas remotos hasta el año de 1852.

23. Baglivi (Georgii) Opera omnia. (Bassani, 1737, Venetiarum, 1752.)

*24. Bancroft. The wild tribes of Pacific coast.

25. Barrutia (Salvador). Elegia à la Antigua Guatemala. (*El Noticioso*, anno 1, n° 8, Guatemala, 11 de diciembre de 1861.)

26. Belcher (Cⁿ of U. S. N.). Voyage round the world, 1843.

27. Belly (Félix). A travers l'Amérique centrale. Le Nicaragua et le canal interocéanique, Paris, 1871. — La Question de l'isthme américain; épisode de l'histoire de notre temps. (*Revue des Deux-Mondes*, 1860.)

28. Berghaus. *Allgemeine Länder und Volker-Kunde*, t. VI, Hertha, 1860.)

29. *Bermuda royal Gozette*, 11 mai 1854.

30. *Bern. Naturgeselschaft*, 1852; Loi de Wolf.

31. Bernal Diaz del Castillo, Historia verdadera de la conquista de la nueva España.

32. Bernouilli. Briefe aus Guatemala, 1869.

33. *Bibliothèque universelle de Genève*, 3ᵉ série, t. III, p. 411.

34. *Bien* (El) *publico*, de Quetzaltenango, 30 de julio de 1880.

35. Blanchard. Le Tremblement de terre du Nicaragua, du 11 octobre 1885. (*Nature*, 14ᵉ année, n° 656.)

36. *Boletin extraordinario del Gobierno del Salvador*. Cojutepeque, mayo de 1854.

37. *Boletin de Agricultura*, San-Salvador; Observaciones meteorologicas y sismicas hechas en el liceo San-Luis de Santa-Tecla, desde 1882 hasta 1885, por D. Daniel Hernandez.

38. Bonito. Terra Tremante.

*39. BOOTE. Eine Tour durch die westlichen Theile von San-Salvador, 1858. (*Zeits. f. allg. Erdkunde;* N. F., t. IX, p. 480-488.)

40. BOROWSKI. Abriss einer Naturgeschichte des Elementarreiches.

41. BOSCOWITZ (Arnold). Les Volcans. — Les Tremblements de terre.

*42. BOUCART. Note sur la constitution géologique des provinces de Panama et de Veraguas. (*C. R. Ac. Sc.*, 1849, t. II, p. 811.)

43. BOUÉ. Parallèle des tremblements de terre, des aurores boréales et du magnétisme terrestre, mis en rapport avec le relief et la géologie du globe terrestre, ainsi qu'avec les changements éprouvés par sa surface. (*Bulletin de la Société géologique de France*, t. XIII, 2e série, 1855, p. 466.)

44. BOUINEAU. Le Tremblement de terre du 19 décembre 1862. (*Echo du Pacifique* (San-Francisco), 81 janvier 1863.)

45. BOULANGIER. Etude sur le relief du sol et recherche des lois qui y président.

46. BOUQUET DE LA GRYE. Les Mouvements de la mer. Conférence faite à l'Association scientifique de France, le 1er mars 1884.

47. BOUSSINGAULT. Sur les Tremblements de terre des Andes. (*Annales de Chimie et de Physique*, t. LVIII, p. 84.)

48. BRASSEUR DE BOURBOURG. Lettre à Malte-Brun. (*Nouv. Annales des Voyages*, 1860, t. I, p. 360.) Carta dirigida al conde de La Motte-Thoy. — De Guatémala à Rabinal. — Antigüedades guatemaltecas.

49. BUCH (Von). Description physique des îles Canaries, suivie d'une indication des principaux volcans du globe, traduite de l'allemand par C. Boulanger, ing. des mines, revue et augmentée par l'auteur. Paris, 1836.

50. BUFFON. Théorie de la terre.

51. *Bulletin des Sciences physiques de Férussac*, t. V, et t. XXVI, p. 32.

52. *Bulletin de la Société de Géographie de Bordeaux.* Les Tremblements de terre en 1883, p. 585.

53. BUSCHMANN. Die Aztekische Ortsnamen.

54. BUSTILLO. Extracto ò relacion metodica y puntual de los autos de reconocimiento en virtud de comision del señor Presidente de la real audiencia del Reino de Guatemala.

55. BYAM. Wanderings; wild life in the interior of Central-America.

56. BYLANDT DE PALTERSCAMP. Théorie des volcans.

57. CACERES (José-Maria). Geografía de Centro-América. Carta dirigida al Dr Dario Gonzalez sobre la ruina de San-Salvador. (*El Fénix*, 27 de junio de 1873.)

58. CADENA (Felipe, lector de teologia). Breve descripcion de la noble ciudad de Guatemala y puntual noticia de su lamentable ruina ocasionada de un violento terremoto el dia 29 de julio de 1773.

59. CALDCLEUGH. Some account of the volcanic eruption of Cosegüina in the bay of Conchagua, on the western coast of Central-America. Santiago de Chile, 18th of august, 1835. (*Phil. Trans.*, 1836, part. 1, p. 27.)

60. CALDERON Y ARANA (catedràtico de historia natural en el instituto de Segovia). Consideraciones sobre los terremotos de Nicaragua. (*La Juventud*, de San-Salvador, t. III.) — Los grandes lagos nicaragüenses en la America central.

61. CALIGNY (de). Considérations nouvelles sur les mouvements des fluides en tenant compte de la nouvelle théorie de la chaleur. (*C. R. Ac. Sc.*, 1866, t. II, p. 512.)

62. CANUDAS (R. P.) Nota sobre el temblor de 8 de diciembre de 1859. — Résumé des observations météorologiques faites à Guatémala pendant les années 1857-1860. (*Annuaire de la Société Météorologique de France*, t. IX, 1861, 1re partie, Tableaux météorologiques, pp. 159-169.) — Record of earthquakes felt in the collegiate of Guatemala in 1858 and 1859 : Report of the Regents of Smithsonian Institute for 1859.

63. Carta del intendente dirigida al señor Presidente de Guatemala, 5 de febrero de 1798, sobre la ruina de San-Salvador. (*El Escolar*, 1883, p. 67.)

64. Carta particular anonima sobre los temblores de Cojutepeque de noviembre de 1857.

65. Carta particular anonima sobre los temblores de La Union de diciembre de 1859.

66. Carta particular anonima (20 de abril) sobre los temblores de San-Salvador en la semana santa de 1881.

67. Carta particular anonima (20 de mayo) sobre los temblores de Nicaragua en abril de 1881.

*68. CASTELLANOS (J.). Compendio de la Geografia fisica y politica de la Repùblica del Salvador, 1864.

*69. CASTEING (A.). L'Avenir de Nicaragua et de Costarica. (*Mémoires de la Société d'Ethnographie*, t. IV, p. 51.)

70. *Centro-Americano* (*El*), de Granada, 6 de junio de 1858.

71. CHAMPAGNEUL. Expériences faites à la demande de M. Delaunay sur le mouvement de l'eau par rapport à celui du vase dans lequel elle est contenue. (*C. R. Ac. Sc.*, 1868, t. II, p. 170.)

72. CHAPEL. Essai sur le rôle des astéroïdes inférieurs dans la physique du globe.

73. CHARNAY (de). Les villes mortes de l'Amérique centrale.

*74. CHARPENNE. Mon Voyage au Mexique ou un Français au Coatzacoalcos.

75. CHATFIELD. Earthquakes at San-Salvador in 1839. (*Proceedings of the geol. Soc.*, t. III, n° 67, p. 179, febr. 5th, 1840.)

76. CHOTO (Ciriaco). Carta sobre la erupcion del Izalco en abril de 1869.

77. COLLA (A.). *Giornale Astronomico*, 1833, p. 72; 1841, p. 156; 1844, p. 153.

78. *Comercio* (*El*), de Lima, 26 de abril de 1859; 3 de agosto de 1860; 3 de octubre de 1860; 21 de enero de 1861; 5 de marzo de 1865.

79. *Comercio* (*Diario del*), de San-Salvador, 30 mai 1884.

80. CONINCK (G. de). Note relative à une relation entre les inondations et l'éruption du Vésuve. (*C. R. Ac. Sc.*, 1873, t. I, p. 432 et 632.)

81. Conningham. Volcanic eruption in Central-America. (*Science*, t. VII, p. 116.)

82. *Constitucional* (*El*, del Magdalena, 9 de abril de 1835 ; La Erupcion del Coseg̈üina.

83. *Constitucional* (*El*), de San-Salvador, 4 de julio de 1867 ; 30 de abril de 1868 ; 12 de noviembre de 1868.

84. Cooke and wood Rogers. Voyages.

85. Correal. (François). Voyage de (. . . . .) aux Indes occidentales, contenant ce qu'il y a vu de plus considérable pendant son séjour de 1666 à 1697.

86. Costa. (V. Acosta.)

87. *Courrier des Etats-Unis*, décembre 1867 ; 28 septembre 1882 ; 21 juillet 1883 ; 18 août 1883.

88. *Courrier de San-Francisco*, 30 mars 1866.

89. Cueva (Francisco de la). Declaracion en Cabildo eclesiastico de Guatemala, 1580, sobre el Terremoto de 1541.

*90. Cullen. Mines d'or dans l'isthme du Darien. (*Bibliothèque universelle de Genève, Archives des sciences physiques et naturelles*, 1851, t. XVIII, p. 133.)

91. Cuvier. Rapport sur les progrès des sciences naturelles.

92. Dabry de Thiersant. De l'origine des Indiens du nouveau monde et de leur civilisation, 1884.

93. Dampier. A new Voyage round the world.

94. Dary. Des causes électriques des tremblements de terre.

95. Darwin (Ch.) Geological observations on the volcanic Islands, 1844. — Journal of researches during the voyage of the *Beagle*, 1845.

96. Darwin (G.). Bodily tides of viscous and semi-elastic spheroids, and character of the ocean tides on a yelding nucleous. (*Proc. Roy. Soc.*, n° 188, 1878.)

97. Daubeny. Descriptions of volcanoes, 1826.

98. Daubrée. Observations extraites du rapport de M. Verbeck sur l'éruption du Krakatoa, les 26, 27 et 28 août 1883. (*C. R. Ac. Sc.*, t. XCVIII, 1884, p. 1019.) — Observations relatives à la communication d'Erington de la Croix sur la vitesse de propagation des ondes liquides. (*C. R. Ac. Sc.*, t. XCVII, p. 1576.) — Sur l'insuffisance des relevés statistiques des tremblements de terre pour en tirer des prédictions. (*C. R. Ac. Sc.*, t. XCVII, p. 728.)

*99. Davis (A.). Antiquities of Central-America ; Rochester, 1843.

100. Davy (Humphry). Sur les phénomènes des volcans. (Lu à la Soc. Royale de Londres, le 20 mars 1828.)

101. Delaunay. Sur l'hypothèse de la fluidité du globe terrestre. (*C. R. Ac. Sc.*, 1868, t. II, p. 65.)

102. Delaunay (C^{ne}). Note sur des prédictions de tremblements de terre. (*Ac. Sc.*, séance du 17 novembre 1879.)

103. DETAILLE. Catalogues sismiques annuels. (*L'Astronomie :* mai 1884, mai 1885, juin 1886, mai 1887.)

104. *Diario de la Marina de la Habana*, 11 de marzo de 1869.

105. *Diario de Centro-América*, 1882, nº 698.

106. *Diario oficial de Bogota*, 21 de agosto de 1869.

107. DIAZ (Francisco). La Erupcion del San-Miguel. (*Guirnalda Salvadoreña*, por Roman Mayorga Rivas, t. I, p. 75.)

108. DIEFFENBACH. Plutonismus und Vulkanismus in der Periode von 1868-73.

109. DICKINSON. Report of smithsonian Institute for 1867, pp. 467-470. — A new volcano in Nicaragua.

110. DOLLFUS et DE MONTSERRAT. (Mission scientifique au Mexique et dans l'Amérique centrale.) Voyage géologique dans les Républiques de Guatémala et de San-Salvador, 1868.

111. DOLOMIEU (Déodat de). Les tremblements de terre. (*Journal de Physique*, t. XLVI, p. 409.)

112. DUFRESNOY. Analyse des cendres du Cosegüina. (*C. R. Ac. Sc.*, 1837, t. IV, p. 76.)

113. DUMOULIN (ing. hydrographe à bord de l'*Astrolabe*). Lettre à Arago sur les tremblements de terre du Chili. (*C. R. Ac. Sc.*, 1838, t. II, p. 706.)

114. DUNLOP (R. Gl.). Travels in Central America, being a journey of nearly three years residence in the country.

115. DUROCHER (J.). Etudes hydrographiques et géologiques sur le lac de Nicaragua. (*C. R. Ac. Sc.*, 1860, t. II, p. 118.) — Etudes sur l'orographie et la géologie de l'Amérique centrale. (*C. R. Ac. Sc.*, 1860, t. I, p. 1170.) — Observations sur la climatologie de l'Amérique centrale. (*C. R. Ac. Sc.*, 1860, t. 1, p. 606.) — Recherches sur les systèmes de montagnes de l'Amérique centrale. (*C. R. Ac. Sc.*, 1860, t. II, p. 43.)

116. EBEN MERYAM (de Brooklyn). Lettre à Arago sur la marche du thermomètre avant les tremblements de terre. (*C. R. Ac. Sc.*, 1846, t. II, p. 638.) — Earthquakes and earthquake phœnomena. (*Daily national Intelligencer*, Washington, 24, 27 et 28 août, et 30 novembre 1855.)

117. *Echo du Pacifique*, 2 décembre 1864.

118. EDEN. (Cⁿ of H. M. navy). Letter to Caldcleugh : On the spumice of the volcano the Coseguina. (*Edinburg new philosophical journal*, january, 1836.)

119. *Edinburgh journal of science*, 1826, january, p. 70.

120. EDMONDS. *Cornwall. Polytech. soc. j.*, et *Edinburgh n. phil. j.*, 1845, t. XXXVIII, p. 271, et t. XXXIX, p. 386.

121. Efemeridas de la ciudad de Guatemala.

122. ELIE DE BEAUMONT. Note sur la composition des cendres du volcan de Coseguina. (*C. R. Ac. Sc.*, t. IV, p. 76.) — Remarques sur la communication de M. Ramon de la Sagra, relative à une éruption au Nicaragua. (*C. R. Ac. Sc.*, 1868, t. I, p. 482.)

123. ENAULT (Louis). L'Amérique centrale et méridionale.

124. *Encyclopædia Britannica*. Ninth edition. Guatemala, t. XI, p. 212; Masaya, t. XV, p. 614.

125. ENNERY et HIRTH. Dictionnaire de géographie.

126. ERNANDEZ ARANA XAHILA (Francisco, des princes Ahpotzatziles) et GEBUTA QUEH. Manuscrit cackchiquel ou Mémorial de Tecpam-Atitlan, Sololà. (Traduction de Brasseur de Bourbourg.)

127. Escritura del Cabildo de Guatemala, del 16 de setiembre de 1541.

128. Escritura del Cabildo de Guatemala, del 1º de febrero de 1705.

129. *Estrella de Panama*, 24 de febrero de 1866, etc.

130. Estudios del Colegio seminario de Guatemala, t. II, 1870. — *El Pacaya*.

131. FALB. Die Erdbeben, ex : Sirius.

132. *Faro (El) Salvadoreño*, 20 y 30 de enero de 1868, etc.

133. FAYE. Sur certaines prédictions relatives aux tremblements de terre. (*C. R. Ac. Sc.*, 1883, t. XCVII, p. 619.) — Sur les orages volcaniques. (*C. R. Ac. Sc.*, 1880, t. II, p. 708.) — Sur les soulèvements et les affaissements lents du sol. (*C. R. Ac. Sc.*, t. XCVII, 1883, p. 723.) — La terre à travers les âges géologiques. (*Revue des Cours scientifiques*, 20 février 1886, nº 8.) — L'écorce terrestre et la pesanteur. Réponse à M. de Lapparent. (*Revue des Cours scientifiques*, 27 mars 1886, nº 13.)

134. FERNANDEZ (Manuel). Bosquejo físico, político é historico de la República del Salvador.

135. FERNANDEZ (Mariano). Carta sobre la erupcion del Izalco de julio de 1869.

136. FIGUIER. *Année scientifique*, 1868, 1880, 1882.

137. FISHER (Otto). Informe sobre la exploracion de la planicie de Santa-Tecla para la edificacion de la Nueva San-Salvador, agosto de 1854.

138. FISHER. On the nature of the interior of the earth. (*Popular science review*, april 1869, et *Geological magazine*, t. IV, p. 435.)

139. FOREL (A. de Morges). Bruits souterrains entendus le 26 août 1883 dans l'îlot de Caïman Brac, mer des Caraïbes. — Les tremblements de terre orogéniques étudiés en Suisse. (*L'Astronomie*, décembre 1883 et janvier 1884.)

140. FOUQUÉ. Recherches sur les phénomènes chimiques de l'éruption de l'Etna en 1865. (*Archives des Missions scientifiques et littéraires*, 2ᵉ série, t. III, 1866, pp. 165-246.) — Santorin et ses éruptions.

141. FOURNET. *Annales de la Société Royale d'agriculture de Lyon*, 1845, t. VIII, p. 365. — Catalogue sismique.

142. FOWLER (Henry, colonial secretary). Narrative of a journey across the inexplored portion of British Honduras. Belize, 1879.

143. FRANTZIUS (Von). Klimatischen Verhältnisse Central Amerikas. (*Zeitschrift des Gesellschaft für Erdkünde*, Berlin, Bd. iii, 1869 und Bd. iv.) — Die Costa Rica Eisenbahn. (*Das Ausland*, 1868, nº 6.) — Beiträge zur

Kenntniss der Vulkane Costarica's. (*Petermann's geographische Mittheilungen*, 1861, IX, 329-338; X, p. 381-385.) — Das rechte Ufer des San-Juan Flusses, ein bis her fast gänzlich unbekannter Theil von Costarica. (*Ibid.*, 1862, III, p. 83-95.)

144. FROEBEL (Julius). Seven years in the Central America. London, 1859. — A travers l'Amérique.

*145. FRIEDERIKSEN (Von L.). Zur kartographie der Republik Costarica in Central Amerika.

146. FUCHS. Volcans et tremblements de terre. (Bibliothèque scientifique internationale.) — Die vulkanischen Ereignisse den Jahren, 1878, 1879..... 1886. (*Tschermak's miner. und petrogr. Mittheilungen*. Wien.)

147. FUENTES. Historia de Guatemala (M. S.)

148. FUNNEL (Pilote de Dampier). Sur les volcans de l'Amérique centrale. — A Voyage round the world. — A Collection of voyages. London, 1729; printed for James and John Knapton (trad. du t. IV. M. S.)

*149. GABB. Notes on the geology of Costarica. (*American journal of science and art*, nov. 1874; march 1875.)

150. *Gaceta de Guatemala*. Nombreux numéros de 1854 à 1861.

151. *Gaceta oficial del Salvador*. Nombreux numéros de 1847 à 1861; 11 de marzo de 1877.

152. *Gaceta de Costarica*. 1853, n° 252; 1854, n° 296; 1864, 9 de octubre.

153. *Gaceta de Nicaragua*. 15 y 22 de mayo de 1858; 1° de mayo de 1859; 10 de febrero de 1866.

154. GAGE (Tomas). Nueva relacion que contiene los viajes de (. . . . . .) en la nueva España, sus diversas adventuras y su vuelta por la provincia de Nicaragua hasta la Habana.

155. GALINDO. Eruption of Cosegüina. (*Sillimann's journal*, t. XXVIII, 1835, pp. 332-335.)

*156. GARCIA GRANADOS (Maria J.). Descripcion de la erupcion del Cosegüina ; epistola. (*Gaceta oficial de Nicaragua*, año 3, n° 31 ; Managua, 10 de setiembre de 1859. (150 vers.)

157. GAUTIER. Révolutions du globe.

*158. GAVARRETE (F.). Geografia de la Repùblica de Guatemala.

159. GAY-LUSSAC. Réflexions sur les volcans. (*Annales de Chimie et de Physique*, t. XXII, p. 415.)

160. *Gazette de Florence*, 1846. Lettre de Pistolesi de Pise sur la ruine de Cartago.

161. *Gazette de France*, 19 mai 1725, 27 juin 1774, 5 janvier 1776.

*162. GEHUCHTE (Van). Obs. astron. et topogr. sur la République de Guatémala (lettre à M. l'abbé Brasseur de Bourbourg). (*Nouv. Annales des Voyages*, 6e série, avril 1860, p. 13-24, avec une carte.)

163. GEYKIE (Archibald). Geology.

164. GOMARA (F. Lopez de). Historia general de las Indias con la descripcion de ellas.

165. GOMEZ CARRILLO. Estudio historico sobre la América central, 1884.

166. GONZALEZ (Dario). Geografia de Centro-América. — Compendio de geografia de Centro-América.

167. GOODYEAR (State geologist of Salvador). Earthquake and volcanic phœnomena, december 1879 and january 1880, in the Republic of Salvador. Panama, 1880.

168. GUEYDON (Du). Rapport au gouvernement du Salvador sur la reconnaissance de la barre du Rio Lempa et l'établissement du port d'El Triunfo à son embouchure, 1847. (Archives du gouvernement du Salvador.)

169. GUZMAN (David). Apuntamientos sobre la topografia fisica de la República del Salvador, 1884.

*170. HAGUE and IDDINGS. Notes on the volcanic Rocks of the Republic of Salvador. (*American journal,* vol. XXXII, p. 26.)

171. HEIM. Les tremblements de terre, leur étude scientifique, trad. par A. Forel.

172. HERRERA (Antonio de). Historia general de los Castellanos en las islas y tierra firme del mar oceano. — Descripcion de las Indias occidentales.

173. HŒFER. Sur la cause des tremblements de terre. (*C. R. Ac. Sc.,* 1855, t. I, p. 1184.)

174. HOFF (Von). Chronik von Erdbeben.

*175. HOFFMANN (Carl). Eine Excursion nach dem vulkan von Cartago in Central Amerika. (*Aus der Bomblandia,* n° 3, 1856.)

176. HUMBOLDT (Al. von). Cosmos. — Tableaux de la nature. — Ensayo politico sobre el reino de Nueva-España. — Etat présent de la République de Centre-Amérique ou de Guatémala, d'après des documents manuscrits. (*Nouv. Annales des Voyages,* 2ᵉ série, t. V, p. 281-330, sept. 1827.)

177. HUMBOLDT (Al. von) et DE BOMPLAND. Voyages aux régions équinoxiales du nouveau continent, faits de 1799 à 1804.

178. HUOT. Géologie.

179. Informe anual del jefe politico del departamento de San-Miguel. Sobre la erupcion del volcan de San-Miguel en 1819. (1833.)

180. Informe oficial del gobierno de Costarica sobre la ruina de Cartago en 1851.

181. Informe del gobierno del Salvador sobre los temblores de noviembre de 1854.

182. Informe de la comision nombrada por la municipalidad de Quetzaltenango sobre los temblores de enero de 1855.

183. Informe del corregidor del departamento de Zacatepez sobre la erupcion del volcan de Fuego en setiembr de 1855.

184. Informe del gobierno del Salvador sobre los temblores de noviembre de 1855.

185. Informe del comandante del puerto de Omoa sobre la ruina de agosto de 1856.

186. Informe del gobernador del departamento de Escuintla sobre los temblores de abril y de mayo de 1856.

187. Informe del alcalde de San-Pedro Yepocapa sobre la erupcion del volcan de Fuego en agosto de 1860.

188. Informe anual del comandante del departamento de la Paz (Zacatecoluca). Sobre los temblores de Chinameca Texacuangos, 1861.

189. Informe del corregidor de Jutiapa sobre los temblores de agosto de 1861.

190. Informe de una comision oficial nombrada para observar la erupcion del Conchagua en febrero de 1868.

191. Informe del alcalde de Dolores-Izalco sobre la erupcion del Izalco en mayo de 1869.

192. Informe de una comision oficial. Sobre la misma.

*193. JACKSON (Ch. T.) Extrait d'une lettre à Elie de Beaumont. Sur un gisement de combustible fossile découvert à Chirriqui. (C. R. Ac. Sc., 1861, t. I, p. 69.)

194. Journal encyclopédique, février 1774, mai 1784.

195. Journal des Débats, 23 juillet 1836, 16 janvier 1842, 23 avril 1868.

*196. JOLY (Alph.). Note concernant la possibilité d'une relation entre les phéno- mènes volcaniques et les périodes de grandes pluies. (C. R. Ac. Sc., t. II, p. 456.)

*197. JOMART. Rapport sur la géographie et les antiquités de l'Amérique centrale. Bruxelles, 1850.

198. JUARROS. Compendio de la historia y geografia del reino de Guatemala.

199. KLUGE. Uber Synchronismus und Antagonismus von Vulkanischen Erup- tionen und die Beziehungen derselben zu den Sonnenflecken und Erdma- gnetischen Variationen. Leipsig, 1863.

200. KORNHUBER. Allgemeine Zeitung, 1858, n° 7, p. 104.

201. K.z (Dr). Los fenomenos volcanicos de los ultimos tres años. (El Federalista de Caracas, del 5 de abril de 1867.)

202. LAET (Ioanne de). Antwerp, 1733. Novus orbis, seu descripcionis Indiæ occi- dentalis, libri XVIII.

203. LAFERRIÈRE. De Paris à Guatémala.

*204. LAMARRE (Clovis) et Charles WIENER. L'Amérique centrale à l'Exposition de 1878.

205. LANCASTER. Petermann's geogr. Mitth., t. XI, 1869.

206. LANDIVAR (P. Rafael). Ruine de Guatémala en 1765. (De la Rusticatio Mexicana et Guatemalana.)

207. LANDGREBE. Naturgeschichte der vulkane.

208. LARENAUDIÈRE. Guatémala. (L'Univers : Histoire et description de tous les peuples.)

*209. LARRAZABAL. Apuntamientos sobre la agricultura y comercio del reino de Guatemala, 1811.

210. LARREYNAGA (Miguel). Sobre el fuego de los volcanes de Centro-América, 1843.

211. LAUR. Influence des baisses barométriques brusques sur les tremblements de terre et les éruptions volcaniques. (*C. R. Ac. Sc.*, t. C, 1885, p. 189.) — Communication relative à de nouvelles coïncidences entre des explosions de feu grisou, des tremblements de terre et des dépressions barométriques au milieu du mois d'août 1885. (*C. R. Ac. Sc.*, t. C, 1885, p. 1151.) — Nouvelle coïncidence entre un tremblement de terre ressenti à Saint-Etienne et une hausse barométrique brusque précédée d'un régime de hautes pressions. (*C. R. Ac. Sc.*, t. XCIX, p. 1007 et 1168.) — Influence des baisses barométriques brusques sur les éruptions de gaz et d'eau au geyser de Montrond. (*C. R. Ac. Sc.*, t. XCVI, p. 1426.) — Sur les baisses barométriques et les éruptions volcaniques. (*C. R. Ac. Sc.*, t. XCVII, p. 469.)

*212. LEGENDRE. Description du volcan d'Izalco. — Voyage au pôle sud, par Dumont d'Urville, t. X, p. 293.)

213. LESSEPS (de). Le tremblement de terre de l'isthme de Panama. (*C. R. Ac. Sc.*, t. XCV, p. 817.) — Propagation du tremblement de terre de Java. (*C. R. Ac. Sc.*, t. XCVII, p. 1172.)

214. LÉVY (Paul). Notas geograficas y economicas sobre la República de Nicaragua.

215. Libro de Cabildo del noble Ayuntamiento extraordinario de Guatemala del 1° de febrero de 1705.

216. LIZARZABURU. Los temblores sentidos en diciembre de 1862 y enero de 1863.

217. LOÏS (Telesforo). Notes manuscrites.

218. LOOMIS. Electrical and magnetic relations. (*Silliman's journal*, 2ᵈ ser., XXXII, 324; XXXIV, 34, sept. 1870.) On Catalogue geogr. distr. sun spots.

219. LLENAS. Bruits souterrains entendus à l'île de Saint-Domingue. (*C. R. Ac. Sc.*, t. C., 1885, p. 1315.)

*220. LLOYD. Note on the Panama isthmus. (*Geology I. of the R. geogr. Soc. of London*, VI, p. 70.)

221. MALLET (Sir). Four Reports on the facts and theory of earthquake Phœnomena, in the *Reports of the British Association for the advancement of science*, 1850 to 1858. — On the dynamics of earthquakes, 1840. (*Irish R. Ac.*)

222. MALTE-BRUN. Géographie universelle.

223. MANGEOT (Stéphane). Rapport statistique sur les tremblements de terre et les ouragans dans l'Indo-Chine. (*Archives des Missions scientifiques et littéraires*, 3° série, t. VI.)

*224. MANO (Carlos). Informes presentados à la Secretaria de fomento de la República de Guatemala. — Cuencas geologicas y mineralogicas de los departamentos de Huehuetenango, del Quiché y sur de la Alta Vera Paz, y salinas del Magdalena. — Observations géologiques sur le passage des Cordillères par l'isthme de Panama. (*C. R. Ac. Sc.*, t. XCIX, 1884, p. 573.)

225. Manuscrito del convento de los Dominicos de San-Salvador.

226. MARROQUIN. Historia de Guatemala. — Carta del Obispo (.....) y oficiales de Guatimala al emperador Don Carlos, participando la muerte del Adelantado Don Pedro de Alvarado y de su mujer Doña Beatriz de la Cueva ; Santiago de Guatimala, 25 de noviembre de 1541. (Des Archives de Simancas, collection Toreno.)

227. MARURE. Efemeridas.

228. MAUSSION DE CANDÉ. Exploration de la République de Centre-Amérique ou de Guatémala en 1842. De la collection Albert Montémont : Voyages par mer et par terre effectués, de 1817 à 1847, dans les diverses parties du monde, analysés ou traduits.

229. MEISTER. Erdbeben von 1839-1942. (Ex : *Lamont's Annalen für die Meteorologie und Erdmagnetismus*, heft I, S. 163, 1844.)

230. MELLONI (M⁰). Considérations sur certains phénomènes de direction qui s'observent dans les volcans à double enceinte. (Bibl. universelle de Genève, *Archives des Sciences physiques et naturelles*, nouv. série, t. LV, 1845, p. 343.)

231. MÉRIAM (de Brooklyn). *Annual of scientific discovery for 1854*. Earthquakes.

232. MERMET (A.) Perturbations de l'aiguille aimantée observées avant et après le tremblement de terre de Marseille du 19 mai. (*C. R. Ac. Sc.*, 1866, t. I, p. 1239.)

233. *Mercantile Chronicle*, 16 juillet 1865.

234. MILLA (José). Historia de la América central desde el descubrimiento por los Españoles (1512), hasta su independencia de España (1821).

235. MILNE. Seismic science in Japan. (*Transactions of the seismological Society of Japan*, t. I, p. 3.)

236. MOLINA (Felipe). Bosquejo de la República de Costarica.

237. *Moniteur universel*. Janvier 1820 ; 16 avril 1867.

238. MONTGOMERY (G. W.). Narrative of a journey to Guatemala in Central America.

239. MONTUFAR. Reseña historica de Centro-Amèrica.

240. MORELET (Arthur). Voyage dans l'Amérique centrale, Cuba et le Yucatan. — Exploration d'une partie de l'Etat de Guatémala. (Extrait d'une note à l'Ac. des Sc., *C. R.*, 1850, t. I, p. 194.)

241. MORENO (Teodoro). Notas estàdisticas del departamento de Santa-Ana, 1858. — Formacion de la laguna de Guija por las erupciones prehistoricas de los volcanes San-Diego y Mazatepeque.

242. *National*, 11 décembre 1841.

243. *Nature (The)*, 2ᵈ semestre, 1882, pp. 358, 383.

244. *Nautical Magazine*, july 1860, p. 359.

245. *Neu Iahrbuch*, 1842, p. 861.

246. *New-York Herald*, 3ᵈ of march, 1860.

247. *New-York Tribune*, 15ᵗʰ of september 1856.

248. *Nouvelles Annales des Voyages*, 17ᵉ année, t. III, p. 260.

249. Observaciones meteorologicas hechas en el Instituto nacional de Guatemala por Dario Gonzalez y Edwin Rockstroh.

250. OERSTEDT. Schilderung der Natürverhältnisse von Nicaragua und Costarica.

251. *Opinion nacional* (de Caracas), 28 de noviembre de 1871.

252. *Opinion nacional* (de S. Salvador), 16 de agosto de 1867.

253. ORBIGNY (d'). Voyage pittoresque dans les deux Amériques.

254. ORDINAIRE. Histoire naturelle des Volcans.

255. ORPIMA (Julio). Lettre de Medellin (Antioquia, 4 sept. 1883). Bruits souterrains.

256. OVIEDO (Gonzalo Fernandez de) y VALDES. Sumario de la Historia general y natural de las Indias occidentales.

257. PALACIOS. Relacion de Guatemala, dirigida al Rey de España.

258. PARVILLE (de). Sur une corrélation entre les tremblements de terre et les déclinaisons de la lune. (*C. R. Ac. Sc.*, t. CIV, p. 762.)

259. PELAEZ (F. Paula Garcia, arzobispo de Guatemala). Memorias para la Historia del antigua reino de Guatemala.

260. PERALTA. Costarica. (*Globe*, de Genève, X, 1871.) — Costarica; its climate, constitution and resources, with a survey of its present financial position.

261. PERREY (Alexis). Mémoire sur les tremblements de terre ressentis au Mexique et dans l'Amérique centrale. (*Annales de la Société d'émulation des Vosges*, 1847.) — Mémoire sur les tremblements de terre ressentis au Pérou, dans la Colombie et la rivière des Amazones. — Catalogues sismiques annuels, de 1843 à 1871.

262. *Petermann's geogr. Mittheilungen*, 1856, p. 246; 1861, X, pp. 381-385; 1862, XI, p. 410; 1866, p. 273.

263. PFAFF. Die vulkanische Erscheinungen.

264. PHILIPPE. Lettre à M. Cordier sur un phénomène singulier qui, au cirque de Troumouse, a accompagné le tremblement de terre du 25 octobre 1835. (*C. R. Ac. Sc.*, 1835, t. II, p. 1169.)

265. PISTOLESI (de Pise). Communication à la *Gazette de Florence* sur le tremblement de terre de Santo-Tomas.

266. POEY. Catalogue général des tremblements de terre des Antilles. (*Ann. Soc. Mét. de France*, 1857, t. V, pp. 75, 127, 227 et 252.)

267. *Porvenir (El)*, de Caracas. 21 de febrero, 6, 21 y 23 de marzo de 1866.

268. POULETT SCROPE. Considerations on Volcanoes.

269. *Presse* du 19 août 1860.

270. *Prensa de la Habana*, 11 de mayo de 1869.

271. *Preussische Staatszeitung*, 1830, n° 145.

272. Privat-Deschanelles et Focillon. Dictionnaire des Sciences théoriques et appliquées. — Liste des éruptions les plus mémorables.

273. *Proceedings of the American association for the advancement of science*, 4th meeting, 1851, pp. 104-107. — Eruption of Las Pilas.

274. *Proceedings of the meteorological society of London*, t. I, 1862, n° 7, p. 315.

275. Proclamacion del Presidente San-Martin, despues de la ruina de San-Salvador en 1854.

276. Proclamacion del Presidente Mariscal Santiago Gonzalez, despues de la ruina de San-Salvador de 1873.

277. Radau. La Constitution interne du globe.

278. Ramon de la Sagra. Lettre à M. le Secrétaire perpétuel sur une éruption volcanique qui s'est produite dans l'Etat de Nicaragua, le 2 décembre 1867, et qui a duré seize jours. (*C. R. Ac. Sc.*, 1868, t. I, p. 481.) — Sur une éruption volcanique arrivée à Conchagua, le 23 février 1868. (*Ibidem*, p. 857.)

279. Rati-Menton. Extrait d'une lettre à l'Académie des sciences sur les phénomènes magnétiques accompagnant les tremblements de terre observés par Espinosa à Arequipa. (*C. R. Ac. Sc.*, 1852, t. II, p. 839.)

280. Reclus (Armand). Panama et Darien. Voyage d'exploration, 1876-1878.

281. Reclus (Elisée). Description des phénomènes de la vie du globe. — Les oscillations du globe terrestre. (*Revue des Deux-Mondes*, 1er janvier 1865.) — Les forces souterraines, les volcans et les tremblements de terre. (*Idem*, 1er janvier 1867.)

282. Remesal (Antonio de). Historia general de las Indias occidentales y particular de la gobernacion de Chiapas y Guatemala.

283. Reports of the committee on underground temperature. (*Brit. Ass. Rep.*, from 1868 to 1877.)

284. *República (La)*, de San-Salvador. 10 de julio de 1883; 15 de octubre de 1885.

285. *Revue des Cours scientifiques*, 1883, p. 128.

286. Reyes (Rafael). Nociones de Historia del Salvador.

287. Roberts (W. Orlando). Narrative of Voyages and Excursions on the coast and the interior of Central America, 1829. (Collection Montémont. V. Maussion de Candé.)

288. Roche. Mémoire sur l'état intérieur du globe terrestre.

289. Rockstroh (Edwin). Informe de la comision cientifica del Instituto nacional de Guatemala, nombrada por el señor ministro de Instruccion pública, para el estudio de los fenomenos volcànicos en el lago de Ilopango de la República

del Salvador. — Temblores y erupciones en Centro-América. (Ex : *Revista del observatorio nacional central de Guatemala*, nº 1, 1883, pp. 21-24, 40.) — Informe sobre los últimos temblores en el departamento de Amatitlan el 18 de diciembre de 1885.

290. Rockwood. Notes on American Earthquakes. (*Am. j. of science*, t. XXXII, p. 7.)

291. Rodas. Erupcion del Cosegüina, 1835.

292. Rojas. Carta al profesor Perrey sobre los fenomenos sismicos de América. (Ex : *El Federalista de Caracas*, 7 de setiembre 1867.

293. Romero (Vicente). 1ª Informe sobre la Erupcion del Cosegüina. (*Boletin oficial del Estado de Guatemala*, nº 75, 15 de febrero de 1835, p. 698.) 2º Informe... (*Idem*, 14 de marzo, p. 733.)

294. Rouaud y Paz Soldan. Communication à Perrey sur les tremblements de terre en Amérique.

295. Roulet. Lettre à Forel sur les bruits souterrains entendus à Caïman-Brac en août 1883.

296. Roulin. Cendres d'un volcan de l'Amérique centrale (Cosegüina, 1835). (*C. R. Ac. Sc.*, t. V, p. 75.)

297. Rusticatio mexicana et guatemalana.

298. Sainte-Claire Deville. Mémoire sur la composition chimique des gaz rejetés par les évents volcaniques de l'Italie méridionale. (*Mémoires présentés par divers savants à l'Académie des sciences*, t. XVI, 1862, p. 225.)

299. Sallé. Communication à Perrey sur les tremblements de terre à Panama.

*300. Salvin (Osbert). Der Vulkan de Fuego in Guatemala. (*Petermann's geogr. Mitth.*, 1861, X, p. 395-396.)

301. Samayoa y Eduardo Reta. Informe sobre el hundimiento de tierra que tuvó lugar en el departamento de San-Miguel, el 22 de julio de 1854.

302. Sanchez del Portero (Juan). Entrada y descubrimiento del volcan de Masaya en la provincia de Nicaragua.

303. Santis (Cayetano). El volcan de Fuego.

304. Sarravia (Miguel). Compendio de la Historia de Centro-América.

305. Schlözer. Neue Erdbeschreibung von Amerika.

306. Schmidt (Julius). Vulkanstudien.

307. Scherzer. Sitzungsberichte der phil. Histor. (*Classe der Akad. der Wissenschaft zu Wien*, t. XX, p. 58.) — Wanderungen durch die Mittel-Amerika's freistaaten Nicaragua, Honduras und San Salvador, 1854. — Observaciones meteorologicas y sismicas hechas en Guatemala. (Ex : *Gaceta de Guatemala*, 20 de julio de 1854.)

308. Seebach (Von). Zeitschrift für die Erdkunde, 1866. — Der Vulkan Izalco.

309. *Semana (La)*, de Guatemala. Efemeridas de la ciudad de Guatemala.

310. Solis (Antonio de). Historia de Mejico, poblacion y progreso de la América setentrional conocida por el nombre de Nueva España.

311. Solorçano. De jure Indiorum.

312. Sonnenstern (Maximilian von). Descripcion de cada uno de los departamentos del Estado del Salvador relativamente à su topografia, suelo, minerales, aguas y temperatura.

313. Squier (E. G.). Nicaragua ; its people, escenery, monuments, etc..... — Notes on Central America, Honduras, Salvador und Nicaragua. — On the volcanoes of Central America.

314. *Star and Herald of Panama*, 31 th of july, 1858.

315. Stephens (J. L.). Incidents of travel in Central America, Chiapas und Yucatan.

*316. Suarez (Fernando Paula de). Noticias generales sobre la Repùblica del Salvador.

317. Suarez (Johan de Peralta). Descubrimiento de las Indias y su conquista y los ritos y sacrificios y costumbres de los Indios, etc. (De la coleccion Zaragoza.)

318. Thomson (W.). On the hypothesis of the interior fluidity of the globe. (*Rep. Brit. Ass.* 1870, sections, p. 7; *Proceedings R. Soc.*, april 1862; n° 188, 1878; *Trans. R. Edinb. Soc.*, XIII, p. 157.)

*319. Thomson (C. A.). Narrative of an official visit to Guatemala and Central America.

320. *Times* (New Orléans). 14th dec. 1867.

321. Toaldo (Giuseppe). Della vera influenza degli astri, ecc..... (*Saggio meteorologico*, Padova, 1770.)

. 322. *Union* (*La*), de Nicaragua. 24 abril, 4 de mayo y 28 de setiembre de 1861.

323. Valle (Marcos Maria, cura parroco de Metapam). Notas estadisticas suministradas al ministerio del interior en julio 1869. — Sobre la formacion de la laguna de Guija por las erupciones del San-Diego y del Mazatepeque.

*324. Vandegehuchte (Aug.). Observations astronomiques et topographiques sur la République de Guatémala (lettre à M. l'abbé Brasseur de Bourbourg). (*Nouv. Annales des Voyages*, 6ᵉ série, avril 1860, pp. 13-24.)

325. Vanéechout (Edouard). Les côtes de l'Amérique centrale et la société Hispano-Américaine ; souvenirs d'une campagne dans l'océan Pacifique. (*Revue des Deux-Mondes*, 15 mai 1857.)

326. Vélain. Les Volcans; ce qu'ils sont et ce qu'ils nous apprennent.

327. Verbrugghe (Louis). Forêts vierges; Voyages dans l'Amérique du sud et l'Amérique centrale, Paris, 1880.

328. Villeneuve-Flayosc. Sur la vibration terrestre. (*C. R. Ac. Sc.*, 1865, t. II, p. 289.)

329. Virlet d'Aoust. Coup d'œil général sur la topographie et la géologie de l'Amérique centrale et du Mexique. — Sur un tremblement de terre partiel de la surface seule du sol dans le département du Nord. (*C. R. Ac. Sc.*, 1885, t. CI, p. 189.)

330. VIVENZIO (Giov.) Istoria e Teoria de' Tremuoti in generale ed in particulare di quelli della Calabria Ulteriore e di Messina nel 1783.

331. VOLGER (Otto). Untersuchungen über das Phänomen der Erdbeben in der Schweiz.

332. XIMENEZ. Historia general de Guatemala (manuscritos).

333. ZANTESCHI. De l'influence de la lune dans les tremblements de terre et des conséquences probables qui en dérivent, sur la forme ellipsoïdale de la terre et sur les oscillations des pendules. (C. R. Ac. Sc., t. XXXIX, p. 375-377, août 1854.)

334. Zeitschrift für Allgemeine Erdkunde, N. F., t. IX, pp. 480-481.

335. ZIMMERMAN. El Mundo antes la creacion del hombre.

336. ZURCHER et MARGOLLÉ. Volcans et tremblements de terre.

337. WAGNER. Die Republik Costarica. Leipsig, 1857.

338. WAGNER und SCHERZER. Die Republik Costarica. (Petermann's Mittheilungen, XI, p. 409, 1862.)

339. WELLS (W. Williams). Explorations and adventures in Honduras.

340. Westermann's Monatschefte (Heine ?), 1856, nº 16.

341. WILLIAMS. The Isthmus of Tehuantepec, being the results of a survey for a railway under the direction of major Barnard. New-York, 1852.

342. WHITE. Carta escrita en Medellin sobre las erupciones del Atrato en 1882.

APPENDICE

FAITS ET DÉTAILS DONT L'AUTEUR A EU CONNAISSANCE PENDANT
L'IMPRESSION DE L'OUVRAGE.

---

1. — 1866. 12 février. De nuit.

Fort tremblement à Granada, Masaya et Léon. (Fuchs.)

2. — 1867. 30 mai.

Sept secousses se suivirent à San-Salvador. (Fuchs.)

3. — 1868.

Chocs à Guatémala aux dates suivantes :
2, 3 et 9 juin ; 17 juillet ; 18 et 20 septembre, et 5 décembre, fort. (Fuchs.)

4. — 1869. 11 avril.

XXII^h 12' au lieu de XXI^h 30'. (Fuchs.)

5. — 1869. 13 avril.

Fort choc à San-Salvador. (Fuchs.)

6. — 1870. 6 septembre.

XIX^h 25' au lieu de VII^h 25'. (Fuchs.)

7. — 1870. 18 octobre.

XVII^h au lieu de V^h. (Fuchs.)

8. — 1871. 26 juin, XIX^h 50'·

A Chirriqui, une forte secousse. (*The Nature*, t. IV, p. 418 ; Perrey.)

9. — 1871. Vers le commencement d'octobre.

A Chirriqui, tremblement. (Perrey.)

Tout ce qui précède sous la rubrique : Fuchs, et tout ce qui suit, est extrait des : *Berichte über die Vulkanischen Ereignisse den Jahren,* 1872 . . . . . 1885 ; *Tschermak's Mineralogische und Petrographische Mittheilungen* (Wien) et du travail du même auteur : *Statistik den Erdbeben von 1865-1885* (aus dem XCII. Bande der Sitzungsb. der K. Akad. der Wissensch. I. Abth. October-Heft. Jahrg. 1885).

10. — 1871. Octobre.

Fuchs donne les dates du 12 octobre, XXIII^h 36', pour San-Salvador, et du 13, XXIII^h, pour un tremblement de mer, *Seebeben,* à La Libertad et La Union.

11. — 1873. 12 janvier.

Fort tremblement au volcan de San-Vicente, qui se mit en éruption. Cette seconde assertion est sûrement fausse.

12. — 1873. 4 mars.

Importante éruption de l'Izalco, presque au moment du désastreux tremblement de terre de San-Vicente. Fuchs donne pour cette date un grand tremblement à San-Vicente, mais ne parle pas de San-Salvador. En un autre passage, il fait détruire cette première ville le 5, et admet une relation directe entre ce phénomène et son éruption de l'Izalco.

13. — 1873. 19 mars.

A San-Vicente, nouvelle recrudescence du tremblement de terre, au lieu qu'en réalité c'est à San-Salvador qu'il se produisit et détruisit cette cité.

14. — 1873. 21 mars.

Ruine de San-Vicente. C'est une nouvelle erreur de temps et de lieu. Fuchs ajoute que les chocs furent beaucoup moins violents à San-Vicente qu'autour d'une colline située à six kilomètres de cette ville et près du confluent de l'Acahuapa et de l'Ismatac ; en réalité, cette observation se rapporte au 29 décembre 1872. Formation d'une crevasse de 400 mètres de long.

15. — 1873. 11 avril.

Renouvellement des secousses à San-Vicente, où il y eut en tout 800 victimes depuis le commencement du tremblement de terre. Ce fait est aussi à révoquer en doute.

16. — 1873. Commencement de mai.

Les secousses recommencent à San-Salvador, près de San-Vicente *(sic)*, après une courte pause.

17. — 1877. 17 avril, V^h 30'.

Tremblement de terre à Panama.

18. — 1877. Juillet.

A Coban (Guatémala) :

Le 13, VIII^h. Quatorze chocs, E.-O.

Le 20, X^h 5'. Deux chocs.

Le 27, XX^h. Un choc.

19. — 1877. 27 août, XI^h 35.

Trois chocs à Coban.

20. — 1877. 10 septembre, X^h 15'.

Deux chocs à Coban.

21. — 1877. 12 octobre.

Faible choc dans l'isthme de Panama.

22. — 1877. 21 novembre, X^h 17'.

Le choc de X^h 15' de San-Salvador fut senti à X^h 17' à Coban.

23. — 1878. 4 juin, 12^h 28' du soir (je lis : le 5, à 0^h 28').

Légère secousse à San-José de Costarica.

24. — 1878. 17 juin, XI^h.

A Granada, faible choc de onze secondes et de direction N.-O. S.-E.

25. — 1878. 27 juillet, XIX^h 30'.

Fort choc à San-José de Costarica.

26. — 1878. Août.

A San-José de Costarica :

Le   9, IV^h 5'.
Le 13, XIX ^{h} 17'.
Le 14, III^h.   } Forts chocs.
Le 22, XXII^h.
        12^h 23' du matin (je lis XII^h 23').

27. — 1878. Septembre.

A San-José de Costarica :

Le 24, { V^h.
         { VI^h 55'. } Forts chocs.
Le 29.   Tremblements.

28. — 1878. Octobre.

A San-José de Costarica :

Le 11, XVII^h 5'. Choc.
Le 31, IX^h 30'. Léger choc.

29. — 1878. Novembre.

A San-José de Costarica :

Le   3, XVII^h 20'. Très faible choc.
Le   8, XX^h 15'. Très faible choc.
Le 23. Fort tremblement de terre.
Le 26, I^h 40'. Choc à Alajuela.

30. — 1879. 30 janvier. Entre X et XI^h.

Fort choc à Colima. Cette localité est mexicaine. C'est évidemment par erreur que Fuchs la donne au Centre-Amérique, du moins je n'y en connais pas de ce nom.

31. — 1879. Février.

A San-José de Costarica :

Le 12,   XXII^h 46'.
Le 18,   III^h 10'.
         { VI^h.
         { VI^h 10'.
Le 26,   { XV^h 30'.   } Légers chocs.
         { XVI^h 40'.

32. — 1879. 18 mars.

Fuchs me donne l'heure qui m'était inconnue, XII^h 15' pour Alajuela, et XII^h 47' (E.-O., dix secondes de durée) à San-José de Costarica.

33. — 1879. Avril.

A San-José de Costarica :

Le 3, XI^h 25'. Faible choc.
Le 4, XI^h 44'. Fort choc.
Le 9, { XI^h 15'. San-José.
       { XI^h 25' à Alajuela et XI^h 34 à San-José.

34. — 1879. 8 juin, X^h 51'.

Tremblement de terre à San-José de Costarica.

35. — 1879. 18 novembre.

X^h 10' au lieu de X^h 40'.

36. — 1880. 3 mars.

VII^h 50' au lieu de IX^h 50'.

37. — 1880. 13 juillet, XIX^h 30'.

Tremblement de terre à San-José de Costarica.

38. — 1880. 30 décembre.

XIX^h 43' au lieu de XXII^h 4'.

39. — 1881. 23 janvier.

Fuchs répète la même heure, V^h 30', pour les deux chocs de ce jour, au lieu de V^h 30' et V^h 55'.

40. — 1881. Fin mars.

Forts chocs à Belize.

41. — 1881. 23 avril.

Forts chocs à Belize.

42. — 1881. 27 avril.

X^h 20 au lieu de XI^h 20'. Il faut préférer la seconde version.

43. — 1881. 28 avril.

Aux secousses de Nicaragua déjà signalées, Fuchs en ajoute une autre assez forte à XXIII h 30. La première, à XXI h au lieu de XXI h 1/4, fut, d'après ce sismologue, de cinquante secondes de durée et sentie à Managua, San-Juan del Sur, Chinandega, Granada, Léon et Roas (il faut lire Rivas plutôt que Poas).

44. — 1881. 8 juin, X h 51.

Choc à San-José de Costarica. (Fuchs, d'après Rockwood.)

45. — 1882. 9 juin.

XXI h 20 et 28' au lieu de XXI h 25 et 35'.

46. — 1882. Septembre.

Eruption du Chirriqui.

Ce volcan était en repos depuis le milieu du xvi e siècle. Cette éruption secoua une grande partie du Centre-Amérique. Nous verrons plus loin ce qu'il faut penser de cette dernière assertion. De nombreux et importants courants de laves anciennes (Hornblende-Andésite) divergent de ses cinq sommets et atteignent jusqu'à six milles géographiques de longueur.

47. — 1882. 7 septembre.

Grand tremblement de terre de Panama.

Fuchs place la grande secousse à III h 18' ; il en donne d'autres faibles à XI h 20', XIV h 15' et XVI h 19'. Ce qui est le plus important à noter dans son récit est l'immense extension de ce séisme, qui fut, dit-il, ressenti sur toute la côte N.-O. du Sud-Amérique, à Caracas (II h 20' = III h 10' 30", temps de Panama), à Buenaventura, Maracaïbo, Cartagena, Greytown, Rivas et Guayaquil. Il l'attribue à l'éruption du Chirriqui. Mais étant donnée cette aire ébranlée, on voit que ce volcan est beaucoup trop excentrique, et je pense que si l'on tient à faire appel à une cause volcanique, il vaut mieux s'adresser à l'Atrato, qui était alors le siège de puissantes manifestations éruptives.

48. — 1882. 9 septembre. Vers V h.

Nouvelle et forte secousse à Panama.

49. — 1882. 11 octobre.

Faut-il identifier la secousse de XXIII^h à San-Salvador (= XXIII^h 39' en temps de Panama) avec le choc de XXIII^h 15', que donne Fuchs pour cette dernière ville ?

50. — 1882. 20 octobre.

VII^h 30' à San-Salvador.

51. — 1882. 7 novembre.

La *Revue des Cours scientifiques* (27 janvier 1883, p. 128) donne une secousse à Panama pour cette date. Je l'avais sciemment omise pensant qu'il fallait lire 7 septembre. Mais Fuchs donne ce fait, et avec ce détail que ce séisme fut senti à Tabago et à Colva (lire Taboga, île de la baie de Panama, et Colon). Je pense maintenant qu'il faut l'admettre comme ayant probablement eu lieu réellement.

52. — 1882. 13 novembre, XIV^h 30'.

Tremblement de terre à Panama. Observé aussi à Taboga et à Colon. (*Revue des Cours scientifiques, l. c.*) Ce fait doit être vraisemblablement identifié avec le suivant.

53. — 1882. 14 novembre.

Tremblement de terre sur tout l'isthme de Panama.

54. — 1882. 19 décembre.

Deux légers chocs à Panama. (Fuchs, d'après l'*American journal of science*).

55. — 1883. 9 juillet.

11^h au lieu de 1^h.

56. — 1883. 20 juillet, XVI^h 48'.

A Panama, tremblement de terre, de direction O.-E.

Carte Schématique
des
Systèmes volcaniques du Centre-Amérique

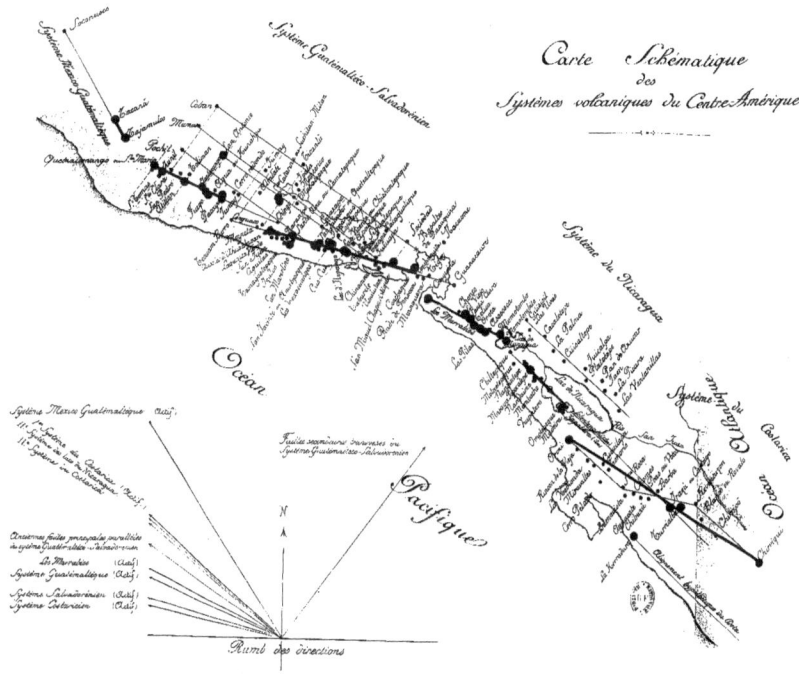

Système Guatémalteco-Salvadorien

Système México-Guatémalteque

Système du Nicaragua

Système du Costarica

Océan

Pacifique

Système México-Guatémalteque (Actif)
1er. Système du Costarica (Actif)
1er. Système du bas Nicaragua (Actif)
1er. Système du Costarica

Anciennes faultes principales parallèles
au système Guatémalteco-Salvadorien
Les Marrabios (Actif)
Système Guatémalteque (Actif)
Système Salvadorien (Actif)
Système Costaricien (Actif)

Faultes sismiques transverses du
Système Guatémalteco-Salvadorien

N

Rumb des directions

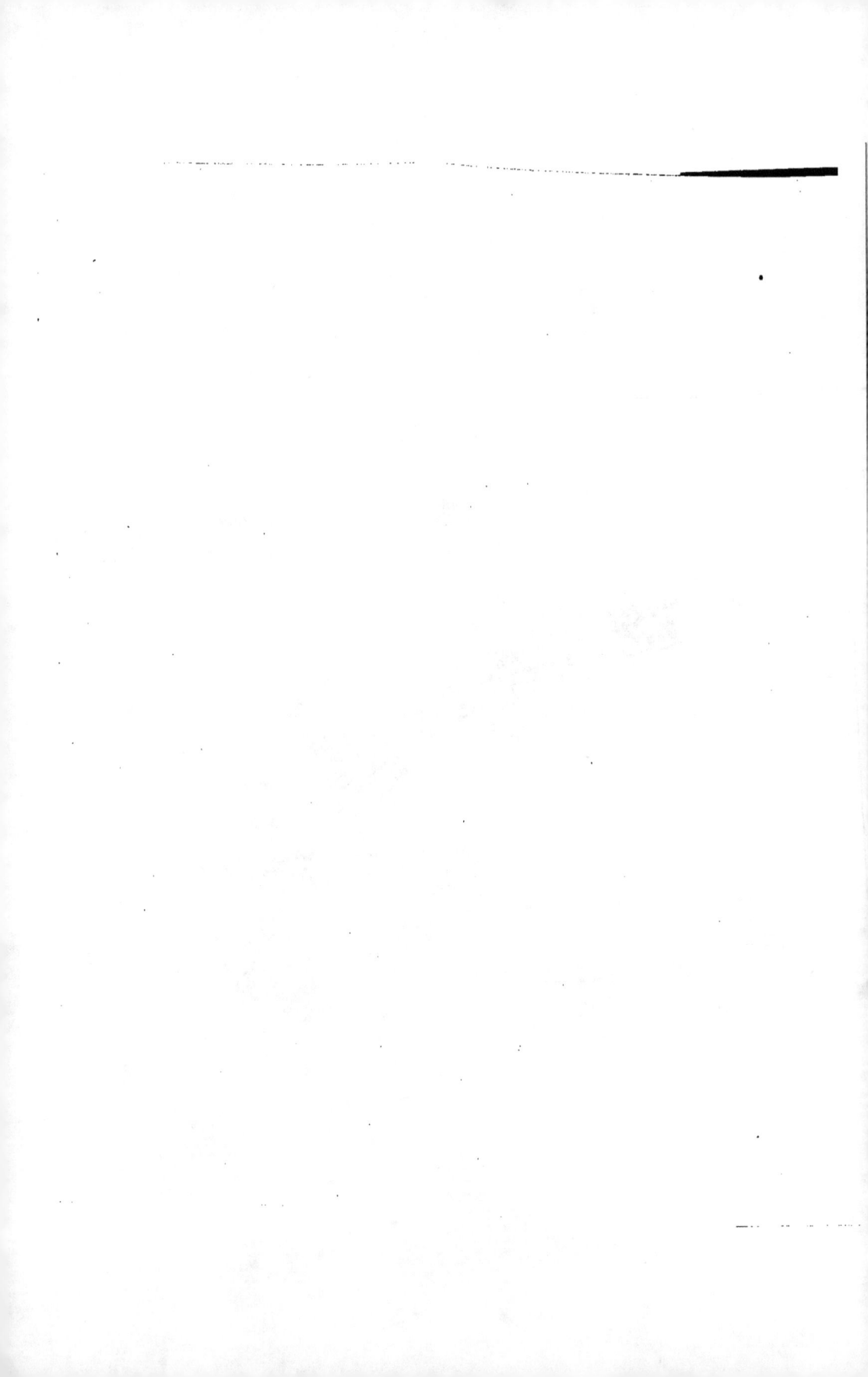

Lac d'Ilopango

ECHELLE : $\frac{1}{65,000}$

RÉPARTITION DES SÉISMES PAR RAPPORT AU PASSAGE DE LA LUNE AU MÉRIDIEN — 3e LOI DE PERREY.

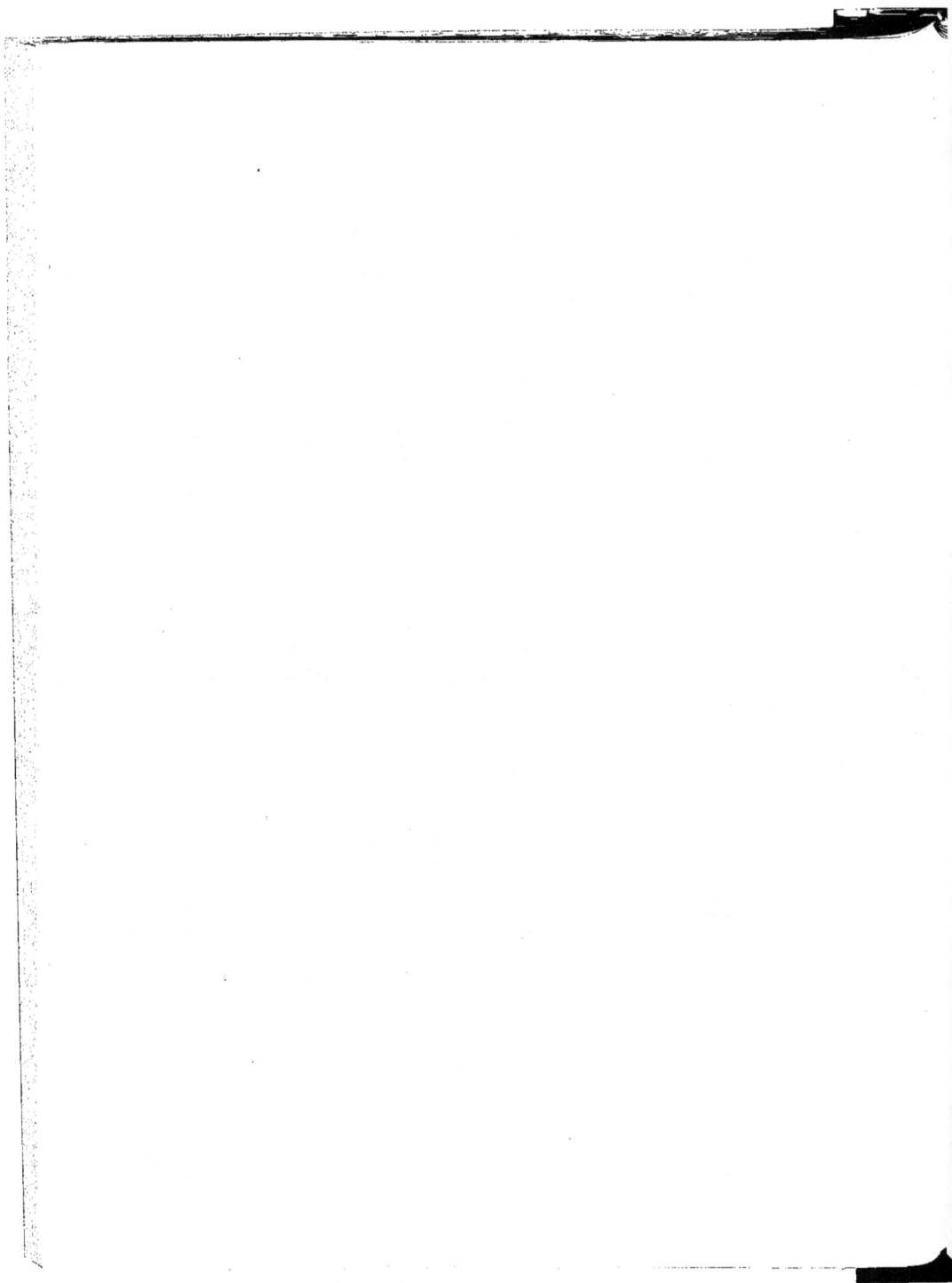

Tableau N° 5.

RÉPARTITION QUOTIDIENNE DES SÉISMES.

Premier semestre

MOIS / Jours	Janvier A	P	J	aS	CA	S	D	T	Février A	P	J	aS	CA	S	D	T	Mars A	P	J	aS	CA	S	D	T	Avril A	P	J	aS	CA	S	D	T	Mai A	P	J	aS	CA	S	D	T	Juin A	P	J	aS	CA	S	D	T
1	2	2		1	2			15	1	2		1		4		8	3	3		1	3		2	13	3		2	1		1		7	1	2			6	2	1	10	1	1			2		1	5
T	62	81	13	49	70	44	75	400	80	67	15	34	42	37	90	305	113	87	12	31	89	26	98	456	92	67	12	37	86	15	75	376	123	92	15	32	47	15	73	397	112	73	15	40	97	20	65	428

Second semestre

MOIS / Jours	Juillet A	P	J	aS	CA	S	D	T	Août A	P	J	aS	CA	S	D	T	Septembre A	P	J	aS	CA	S	D	T	Octobre A	P	J	aS	CA	S	D	T	Novembre A	P	J	aS	CA	S	D	T	Décembre A	P	J	aS	CA	S	D	T
1	2	1			2		2	8	2	3	1					6	4	7		1	7		2	18	2	2		1			2	7	2	1		1		2	1		2	1		1	1		1	
T	120	83	7	48	61	56	50	439	112	80	9	52	60	14	101	424	70	86	4	55	75	17	90	397	74		9	47	47	16	129	388	88	55	9	58	64	78	71	421	44	80	7	60	68	84	109	452

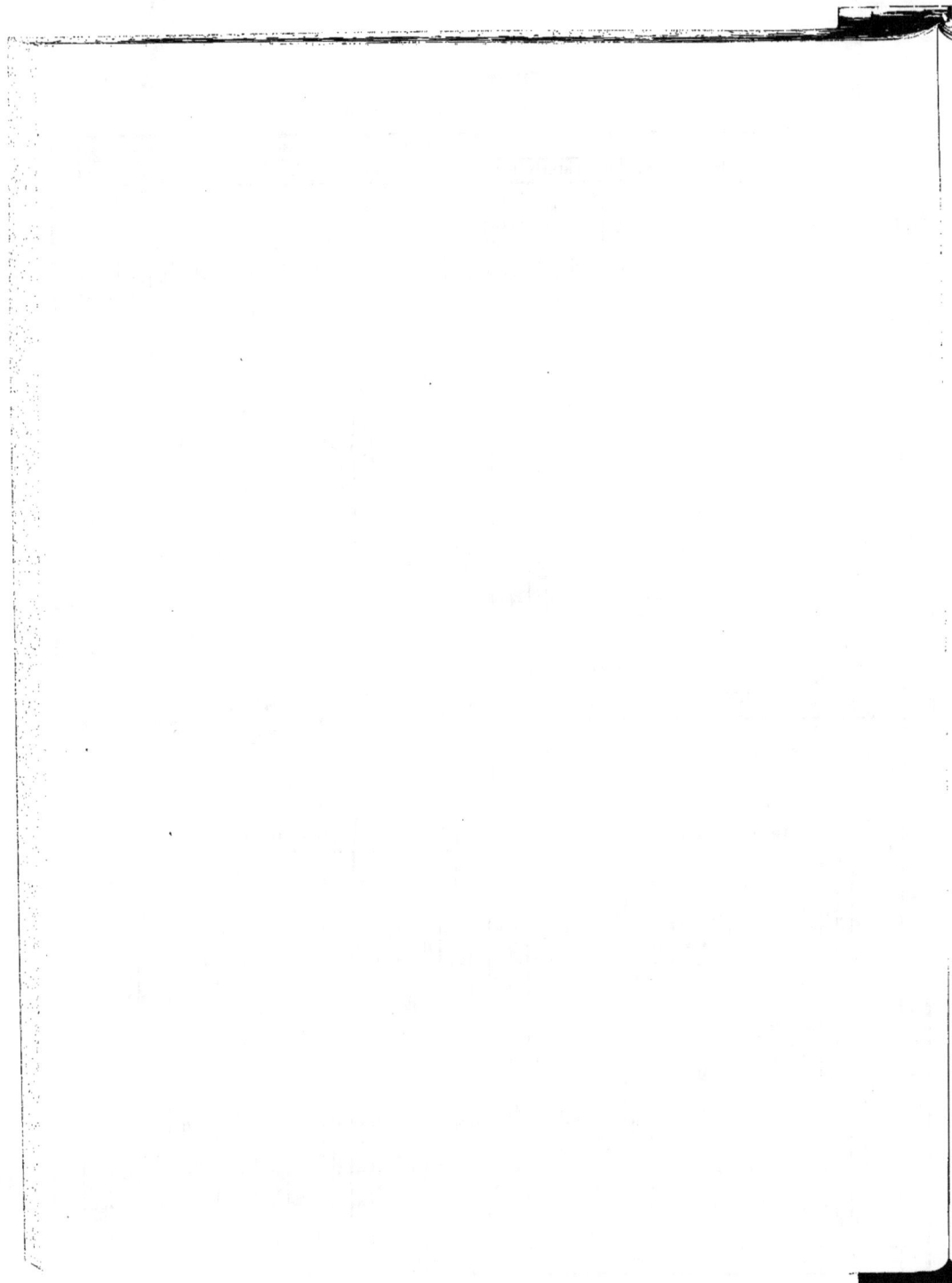

RÉPARTITION DIURNE-NOCTURNE DES SÉISMES DE TROIS MINUTES EN TROIS MINUTES.